SOLIDWORKS 2024 三维设计及工程图应用

赵建国　高　琳　李怀正　主　编

杨　炯　张　琳　田　辉　副主编

电子工业出版社·

Publishing House of Electronics Industry

北京·BEIJING

内 容 简 介

本书以 SOLIDWORKS 2024 为平台，结合产品三维设计的特点，按照软件功能和学习规律，介绍三维设计及工程图创建的方法与步骤。

本书共 11 章，主要内容有 SOLIDWORKS 基础知识，三维模型的草图绘制，三维实体特征造型，参考几何体及零件建模举例，标常件设计，曲线、曲面及应用举例，装配体，工程图，钣金设计，焊件设计，文件输出与输入。

本书的特点是将软件基本操作与产品设计相结合，通过实例介绍常用工具的功能及属性设置。每章都有操作实例，每个操作步骤都配有简单的文字说明和清晰的图例，力求让读者在较短的时间内快速掌握用 SOLIDWORKS 进行产品设计的方法和技巧，达到事半功倍的效果。

本书可以作为工程设计人员学习三维设计和创建工程图的自学用书，也可以作为高等院校机械、机电、热能、过程控制、自动化、计算机辅助设计等相关专业学习计算机辅助设计和机械 CAD 课程的教材或参考书。

图书在版编目（CIP）数据

SOLIDWORKS 2024 三维设计及工程图应用 / 赵建国，高琳，李怀正主编. -- 北京 ： 电子工业出版社，2025.

1. -- ISBN 978-7-121-49524-3

Ⅰ. TH122

中国国家版本馆 CIP 数据核字第 202577QJ68 号

责任编辑：陈韦凯

印　　刷：天津嘉恒印务有限公司

装　　订：天津嘉恒印务有限公司

出版发行：电子工业出版社

　　　　　北京市海淀区万寿路 173 信箱　　　邮编：100036

开　　本：787×1 092　　1/16　　印张：20.75　　字数：531 千字

版　　次：2025 年 1 月第 1 版

印　　次：2025 年 1 月第 1 次印刷

定　　价：69.00 元

凡所购买电子工业出版社图书有缺损问题，请向购买书店调换。若书店售缺，请与本社发行部联系，联系及邮购电话：（010）88254888，88258888。

质量投诉请发邮件至 zlts@phei.com.cn，盗版侵权举报请发邮件至 dbqq@phei.com.cn。

本书咨询联系方式：chenwk@phei.com.cn。

前　　言

本书在《SolidWorks 2020 三维设计及工程图应用》的基础上，以 SOLIDWORKS 2024 为平台，根据教育部高等学校工程图学教学指导委员会、中国图学学会制图技术专业委员会、中国图学学会产品信息建模专业委员会 2019 年颁布的全国大学生先进成图技术与产品信息建模创新大赛机械类考试大纲，以及编者的多年教学实践经验和读者提出的宝贵意见编写而成。《SolidWorks 三维设计及工程图速成》和《SolidWorks 三维设计及工程图应用》自出版以来被多所高等院校采用，深受同行看重和使用者好评。本书继承了前 4 版的优点，并对过去版本中存在的不足做了进一步的改进，优化了创建步骤，实例和习题的编排设计更加合理。图中尺寸标注采用 ISO 标准，更易于读者识读。

本书突出的特点是仍将重点放在软件应用实例介绍上，每个实例都有完整的操作过程讲解，每个操作步骤都配有简单的文字说明和清晰的图例，力求让读者在较短的时间内快速掌握用 SOLIDWORKS 进行产品设计的方法和技巧，达到事半功倍的效果。

本书内容如下。

（1）SOLIDWORKS 基础知识。介绍操作界面、入门实例、视图控制、对象选择和帮助的使用方法。

（2）三维模型的草图绘制。介绍二维草图绘制方法、草图绘制实体和草图工具、提高绘图速度的方法、三维草图及其绘制实例。

（3）三维实体特征造型。介绍特征造型的基础知识、基体特征、附加特征与特征的编辑操作及零件建模举例。

（4）参考几何体及零件建模举例。重点介绍基准面的用途、创建方法和创建示例，以及较复杂零件模型的创建。

（5）标常件设计。介绍螺纹紧固件、系列零件建模、弹簧、齿轮及蜗轮、蜗杆的建模方法。

（6）曲线、曲面及应用举例。介绍曲线、曲面工具和产品设计应用举例。

（7）装配体。介绍装配体设计的基本概念、步骤、方法、特征，以及装配体爆炸视图、Toolbox 应用和装配体设计。

（8）工程图。介绍创建工程图的步骤、工程图环境设置、工程图模板制作方法、各种工程视图的创建方法、标注和综合举例。

（9）钣金设计。介绍钣金设计特征、钣金成型工具和设计方法。

（10）焊件设计。介绍焊件的设计方法。

（11）文件输入与输出。介绍文件输入与输出格式，以及用 dwg 文件制作三维模型的方法。

本书每章都配有精选习题，并且对较难的习题配有简要提示。读者可通过实例操作初步掌握 SOLIDWORKS 的基本知识，通过练习融会贯通。实例和习题涵盖轴、盘、支架、壳体、箱体等一般类零件，螺母、弹簧、齿轮、蜗轮、蜗杆等标常件，曲线、曲面、钣金和焊件设计，涉及装配体设计自下而上和自上而下的设计思想、动画仿真、色彩设置等，使读者学习完本书之后能够独立进行产品设计。

本书适用于 SOLIDWORKS 的初中级用户，可以作为高等院校机械、机电、自动化、计算机辅助设计等专业的学生和教师用书，也可以作为广大设计人员的参考书。

本书由郑州大学的赵建国（第 1 章、第 2 章）、杨炯（第 3 章、第 10 章）、高琳（第 4 章、第 7 章、第 8 章）、李怀正（第 9 章、第 11 章），河南农业大学的田辉（第 5 章），郑州轻工业大学的张琳（第 4 章、第 6 章）编写，赵建国负责统稿和定稿。

本书在编写过程中参考了一些同类著作，特向其作者表示感谢，具体书目作为参考文献列于书末。

由于编者水平有限和时间紧迫，书中难免会出现一些错误和不足，恳请广大读者批评指正。

编　者

2024 年 8 月

目　　录

SOLIDWORKS 2024 三维设计及工程图应用

第1章 SOLIDWORKS 基础知识

SOLIDWORKS 是 Windows 环境下的三维 CAD/CAM/CAE/PDM 集成化设计软件。该软件包含"零件""装配体""工程图"三大模块。在零件设计模式下，用户不仅可以轻松完成制图传统分类中的轴套类、轮盘类、支架叉架类、壳体箱体类零件设计，也可方便地进行曲线、曲面、钣金、焊件等的设计。该软件可以最大限度地满足设计者的设计意图，界面友好、操作简单、功能强大、易于使用，适用于机械、电器、化工、医疗、服装设计、汽车内饰设计和造船等行业。它具有全面的零件实体建模功能和变量化的草图轮廓绘制功能，能够自动进行动态约束检查，可以将三维实体图自动转换成二维平面图。一体化的三维开发环境，涵盖产品开发流程的所有环节，包括三维设计、仿真、电气设计、产品数据管理和技术沟通等；协同分享功能，让用户能进入达索系统的三维体验平台并使用基于云的其他功能，获得更完整的数字化设计。设计人员和工程师可以实现沉浸式互动，轻松地实现缩短设计周期、提高工作效率、优化协作、加快产品上市进程等多个目标。

SOLIDWORKS 2024 与以前的版本相比，进一步改进了不足，提升了运行速度，从零件和特征、钣金和结构、装配体、出详图和工程图，到 SOLIDWORKS Visualize、SOLIDWORKS MBD 等，加入了一系列全新的功能，提高了智能化程度，能够很好地提升相关用户的工作效率和质量。通过 SOLIDWORKS 产品的增强功能（包括 PDM、Simulation、Electrical、Visualize、MBD、Composer 等）为跨产品开发领域的技术人员提供支持。迄今最出色的是，SOLIDWORKS 现在提供对 3DEXPERIENCE Platform® 的访问权限，使用户在此平台上工作，发布、交流和共享结果更容易。SOLIDWORKS 不仅提供了向下兼容的功能，用户可以将文件保存为 SOLIDWORKS 2023 或 2022 版本，还提供了丰富的插件，满足用户对 Motion、Routing、Simulation、TolAnalyst、ScanTo3D 等插件的需求。

SOLIDWORKS 2024 对操作系统的要求是 Windows 10.0 以上版本的 64 位操作系统。

1.1 启动 SOLIDWORKS 2024

启动 SOLIDWORKS 2024 的方法主要有以下两种。

（1）用鼠标双击桌面上的 SOLIDWORKS 2024 图标 ，如图 1-1 所示。

（2）依次选择菜单命令"开始"→"程序"→"SOLIDWORKS 2024"。

系统启动时先显示启动画面，然后进入 SOLIDWORKS 2024 的欢迎界面，如图 1-2 所示。

图 1-1 SOLIDWORKS 2024 图标

欢迎界面中"主页"选项卡的"新建"栏提供了"零件""装配体""工程图"三种文件类型，用户可以选择其中一种开展工作。

单击"确定"按钮，进入"零件"设计模式。

> 提示：在 SOLIDWORKS "新手"模式下，零件的默认模板是"零件.prtdot"，装配体的默认模板是"装配体.asmdot"，工程图的默认模板是"工程图.drwdot"。默认模板一般在"C:\ProgramData\ SOLIDWORKS\SOLIDWORKS 2024\templates\"中，可以通过"选项"设置。

图 1-2　SOLIDWORKS 2024 的欢迎界面

1.2　SOLIDWORKS 2024 的用户界面

SOLIDWORKS 的用户界面与设计模式有关，不同设计模式下，用户界面的菜单栏与工具栏的构成均有所不同。SOLIDWORKS 2024 零件设计模式的用户界面如图 1-3 所示，包括标题栏、菜单栏、工具栏等 Windows 通用界面要素，工作区域分为"控制区"和"图形区"两部分。

（1）标题栏：主要用于显示当前文件名和控制当前窗口大小。

（2）菜单栏：当鼠标移动到 SOLIDWORKS 徽标上或单击它时，菜单栏可见。它包含了几乎所有的 SOLIDWORKS 命令，关键功能都集中在"插入"和"工具"菜单中。菜单与具体的工作环境对应，在不同的工作环境中，菜单及其选项会有所不同。在具体操作中，无效的菜单工具会临时变灰，此时，该菜单工具不能被用户激活。

（3）工具栏：工具栏将工具按钮分类并集中起来，是启动工具的一种快捷方式。用户可以直接单击工具栏上的按钮实现各种功能。图 1-3 所示的界面仅显示了部分常用工具栏，其他工具栏可以通过选择"视图"→"工具栏"来打开；或者在任意一个工具栏上单击鼠标右键，在弹出的"工具栏"快捷菜单上选择要打开的工具栏，如图 1-4 所示。"工具栏"快捷菜单显示所有工具栏的名称，带有复选标记 ✔ 的工具栏表示其已经打开。

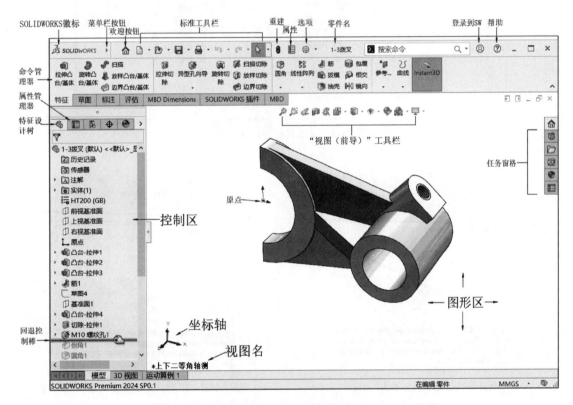

图 1-3　SOLIDWORKS 2024 零件设计模式的用户界面

　　可以显示或隐藏工具栏，也可以将其拖放到 SOLIDWORKS 窗口的四个边界，或者使其浮动在 SOLIDWORKS 窗口的任意区域，双击空白区域可以使其返回上次停放的位置。

　　SOLIDWORKS 可以记忆各个会话的工具栏状态，也可以通过添加或删除工具来自定义工具栏。将鼠标指针悬停在每个按钮上方时，会弹出一个窗口，显示该工具的名称、功能及定义的快捷键名称，"拉伸凸台/基体"和"旋转凸台/基体"按钮的功能提示如图 1-5 所示。

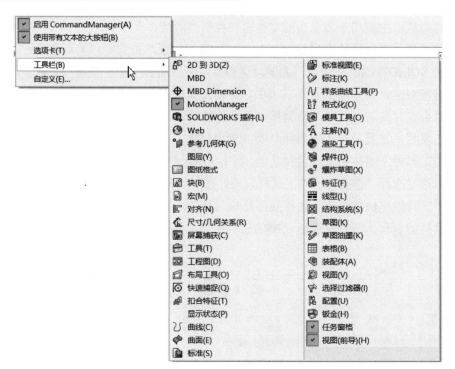

图 1-4 "工具栏"快捷菜单

（a）鼠标指针悬停在"拉伸凸台/基体"按钮上方时的
功能提示

（b）鼠标指针悬停在"旋转凸台/基体"按钮上方时的
功能提示

图 1-5 工具栏按钮的功能提示

（4）命令管理器（CommandManager）：这是一个上下文相关工具栏，在执行不同的任务时系统自动切换，默认显示"特征"工具栏，如图 1-6（a）所示。单击命令管理器下面的选项卡时，将显示对应的工具栏。例如，单击"草图"选项卡，"草图"工具栏将出现，如图 1-6（b）所示。

按功能键"F10"，可关闭（或开启）命令管理器。单击命令管理器区域右下角的折叠按钮 ∧，可折叠命令管理器。要展开折叠的命令管理器，单击其下的任意一个选项卡，在展开的命令管理器区域的右下角，单击固定按钮 ➤。

（a）"特征"工具栏

（b）"草图"工具栏

图 1-6　命令管理器

　　若想切换按钮的说明和大小，在命令管理器选项卡区域右击，弹出图 1-7 所示的命令管理器快捷菜单，选择或取消选择"使用带有文本的大按钮"复选框。也可以从菜单栏上的"工具"→"自定义…"对话框中选择"工具栏"的图标大小。

图 1-7　命令管理器快捷菜单

　　在命令管理器选项卡各选项的名称处按下鼠标左键并拖动，可以将其拖动到指定位置。命令管理器在屏幕中间时为浮动状态。要在命令管理器浮动时将之定位，进行以下操作之一即可。

　　① 将命令管理器拖动到 SOLIDWORKS 窗口上时，将鼠标指针移到定位按钮上：▲为上定位按钮，◀为左定位按钮，▶为右定位按钮。

　　② 双击浮动的命令管理器，使其返回上次的定位位置。

　　（5）状态栏：位于 SOLIDWORKS 主窗口的底部，显示当前任务的文字说明、指针位置坐标及草图状态等参考信息。

　　（6）特征设计树（FeatureManager）：位于 SOLIDWORKS 主窗口的左侧，用于列出零件、装配体或工程图的结构，窗口内容是动态的。它记录的特征、参考几何体、草图等模型要素与具体操作过程密切相关。对特征设计树可进行以下主要操作。

　　① 单击名称选择模型中的项目，在特征上单击显示尺寸。选择项目时按住 Shift 键或 Ctrl键可以选择连续或非连续项目，在控制区的空白处拖动鼠标可框选项目。

　　② 双击特征名称可以展开或折叠特征项目。

　　③ 拖动特征可以调整特征的生成顺序。

　　④ 若想更改项目名称，先在名称上长按鼠标左键，然后单击并输入新名称即可。

　　⑤ 拖动回退控制棒使模型或装配体回退到早期状态。

　　⑥ 将所选零件特征进行压缩或解除压缩。

　　⑦ 添加文件夹到特征设计树。

　　⑧ 单击每个项目均弹出一个快捷菜单，项目性质不同，弹出的快捷菜单也不同。快捷菜单一般包含隐藏/显示所选项目、放大所选范围、修改特征外观等命令。

⑨ 右击每个项目会弹出上下两个快捷菜单，上菜单与单击时弹出的菜单相同，下菜单的命令较多，不同项目的下菜单也不同，如图 1-8 所示，用户可根据需要进行选择。

⑩ 可查看特征设计树中项目之间的父子关系。在特征设计树中右击某个特征，在弹出的快捷菜单中选择"父子关系"命令，弹出"父子关系"对话框，如图 1-9 所示。

图 1-8　右键快捷菜单

图 1-9　"父子关系"对话框

控制区（左窗格区域）除了特征设计树，还有属性管理器 ▤、配置管理器 ▨、尺寸和公差管理器 ✛、显示管理器 ◉。

（7）图形区：显示模型或工程图的窗口的主要部分为图形区。为便于操作，此区域包含"原点"、"视图（前导）"工具栏、"三重轴"和"参考三重轴"等。图形区可分为多个视口。

若想在图形区获得尽可能多的空间，应使用"全屏模式"（按功能键"F11"切换），这样可以隐藏菜单，也可以切换所有打开的工具栏和特征设计树区域的显示状态。

1.3　入门实例

下面通过实例介绍使用 SOLIDWORKS 创建三维模型的一般步骤。

1. 创建新文件

进入 SOLIDWORKS 系统，单击"欢迎"对话框"主页"选项卡"新建"栏中的"零件"按钮，进入零件设计模式下的用户界面，如图 1-10 所示，系统默认文件名为"零件 1"。

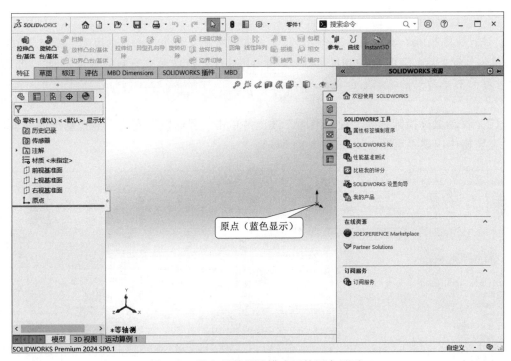

图 1-10　进入零件设计模式下的用户界面

2．创建拉伸基体

（1）在命令管理器的"特征"工具栏中，单击"拉伸凸台/基体"按钮 ![按钮]，左窗格出现"选择一基准面来绘制特征横断面"的提示信息，此时，鼠标指针的形状变为 ![指针]，如图 1-11 所示。

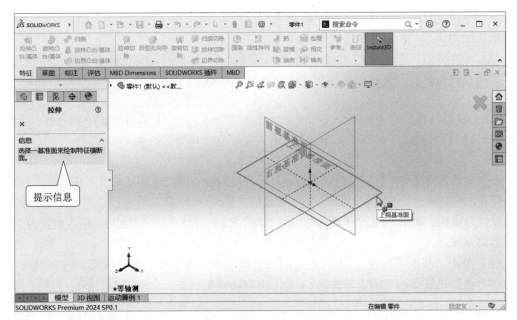

图 1-11　选择绘制草图的基准面

> 注：创建基体必须从草图开始，二维草图必须绘制在一个平面上。因此，执行"拉伸凸台/基体"命令后，SOLIDWORKS 系统会提示"选择一基准面来绘制特征横断面"。若选定的基准面有平面，系统就不会提示此信息。

（2）移动鼠标指针到"上视基准面"线上并单击，界面发生变化，上视基准面与屏幕对齐，左窗格中出现"草图 1"，如图 1-12 所示。

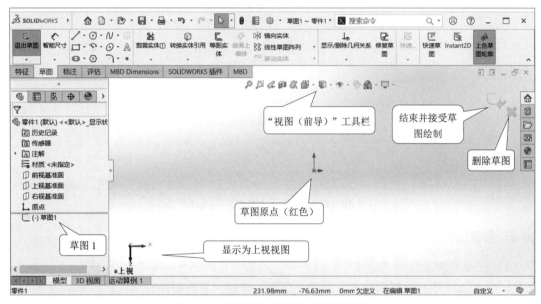

图 1-12　系统进入"草图 1"绘制状态

（3）单击"草图"工具栏上的"边角矩形"按钮▢，将鼠标指针移到原点╙处，鼠标指针的形状变为▧，表示指针正位于原点。

（4）先在原点╙处单击（确定矩形的第一个角点），然后移动鼠标指针到另一个角点（注意：移动鼠标指针时，鼠标指针会显示当前的 X-Y 坐标），再次单击即可完成矩形的绘制。

> 注：模型原点显示为蓝色，代表模型的原点坐标(0,0,0)；当草图为激活状态时，草图原点显示为红色，代表草图的原点坐标(0,0,0)，常将原点作为定位点。

（5）单击"智能尺寸"按钮⟋，鼠标指针形状变为⟋，单击水平边线且下移鼠标，出现该边线的尺寸，单击确定尺寸线的位置，弹出尺寸数值"修改"对话框，输入"120"（本书软件中尺寸单位默认为 mm），单击"确定"按钮✔。用同样的方法标注竖直边线的尺寸，输入数值为"120"，如图 1-13 所示。

（6）单击"视图（前导）"工具栏上的"整屏显示"按钮🔍，调整视图。

（7）单击确认角的"确认"按钮⤷，退出草图绘制状态，自动进入"凸台-拉伸"属性设置状态，如图 1-14 所示。

（8）在"方向 1"区域，将"给定深度"改为"60"，单击"确定"按钮✔，完成拉伸基体操作，拉伸结果如图 1-15 所示。

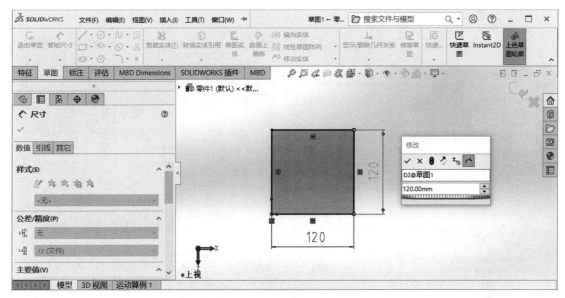

图 1-13　绘制草图并标注尺寸

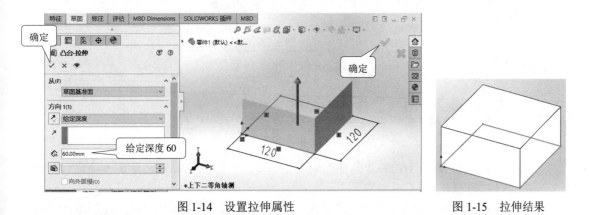

图 1-14　设置拉伸属性　　　　　　　　　图 1-15　拉伸结果

3. 添加拉伸切除特征

（1）单击"特征"工具栏上的"拉伸切除"按钮 ，将鼠标指针移到长方体的上表面并单击，选择长方体的上表面为拉伸切除的草图平面，如图 1-16 所示。系统自动将所选平面对齐屏幕。

（2）单击"草图"工具栏上的"圆"按钮 ，在长方体的上表面绘制一个圆形（先不设置大小），如图 1-17 所示。

（3）单击"智能尺寸"按钮 ，再单击圆边线将圆的直径设为 60。单击圆边线并移动鼠标指针至竖直边线处，出现边线图标时单击（出现圆心至边线的距离），标出水平定位尺寸 60。用同样的方法标出上下定位尺寸 60，此时，状态栏提示草图"完全定义"，如图 1-18 所示。

（4）单击确认角的"确认"按钮 ，结束并接受草图绘制，自动进入"切除-拉伸"属性设置状态。

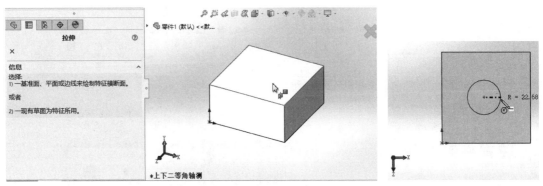

图 1-16　选择拉伸切除的草图平面　　　　　　图 1-17　绘制圆形

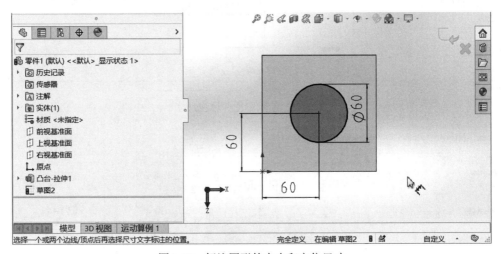

图 1-18　标注圆形的大小和定位尺寸

（5）将"方向 1"区域中的终止条件改为"完全贯穿"（见图 1-19），单击"确定"按钮，完成拉伸切除操作。

（6）按"Ctrl+7"组合键［或者单击"视图（前导）"工具栏中视图定向按钮下的"等轴测"按钮］，将显示方式变为"等轴测"，结果如图 1-20 所示。

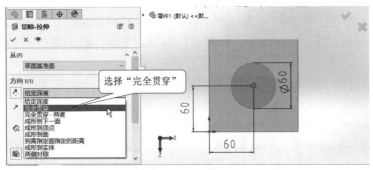

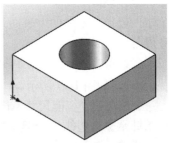

图 1-19　设置"切除-拉伸"属性　　　　　　　图 1-20　拉伸切除结果

4．设置圆角

（1）单击"视图（前导）"工具栏中"显示样式"按钮 下的"隐藏线可见"按钮 （见图 1-21），将零件变为线框显示。

（2）选择长方体上竖直边线，在弹出的菜单中单击"圆角"按钮 （见图 1-22），将圆角参数的数值改为"20"，如图 1-23 所示，再依次选择其他三条边线进行圆角参数的设置。

（3）单击"确定"按钮 ，完成设置圆角操作，结果如图 1-24 所示。

图 1-21　设置显示模式

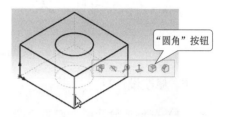

图 1-22　单击"圆角"按钮

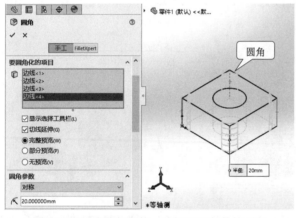

图 1-23　设置圆角参数、选择要圆角化的项目

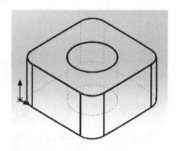

图 1-24　圆角设置结果

> **注：**系统默认设置零件/装配体上的切边为显示状态，因此，可看到模型上的切边。可通过"视图"→"显示"菜单命令控制是否显示切边。

（4）单击"视图（前导）"工具栏中"显示样式"按钮 下的"带边线上色"按钮 ，将视图设置为带边线上色视图。

5．抽壳

（1）单击"特征"工具栏中的"抽壳"按钮 ，左窗格显示"抽壳 1"属性管理器。将抽壳厚度设为"2"，单击模型的上表面，此时，若不移动鼠标指针，鼠标指针右侧将出现鼠标按钮（见图 1-25），单击鼠标右键（或者单击"确定"按钮 ），完成抽壳操作，结果如图 1-26 所示。

（2）按鼠标中键滚轮[或者单击"视图（前导）"工具栏中的"旋转视图"按钮]，在图形区拖动鼠标，查看显示结果。

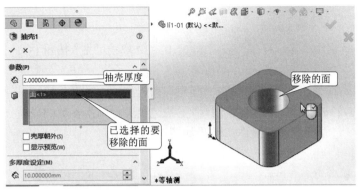

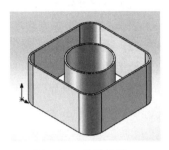

图 1-25　设置抽壳属性　　　　　　　　　　图 1-26　抽壳结果

6. 修改设计

（1）在特征设计树上双击"凸台-拉伸 1"选项，图形区的模型上会显示尺寸，如图 1-27 所示。

（2）双击水平尺寸数值"120"，将其改为"180"，单击"重建模型"按钮 ，再单击"确定"按钮 ，修改后的结果如图 1-28 所示。

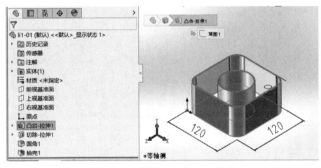
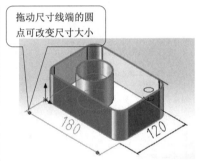

图 1-27　修改草图 1 的尺寸数值（1）　　　　图 1-28　修改后的结果（1）

（3）将鼠标指针移到拉伸高度的尺寸数值"60"上（见图 1-29）并双击，在弹出的"修改"对话框中，将拉伸高度改为"30"（见图 1-30），先单击"重建模型"按钮 （模型高度变为"30"），再单击"确定"按钮 ，修改后的结果如图 1-30 所示。

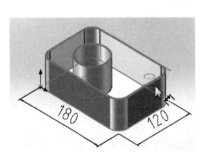
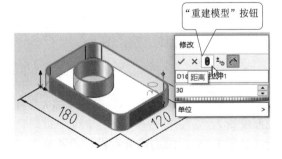

图 1-29　修改草图 1 的尺寸数值（2）　　　　图 1-30　修改后的结果（2）

（4）如图 1-31 所示，在特征设计树上单击"切除-拉伸 1"选项，在弹出的快捷菜单中单击"编辑草图"按钮 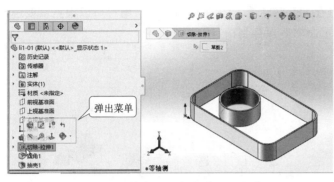，进入草图 2 的编辑，图形区显示草图 2 的图形及尺寸（见图 1-32）。

图 1-31　单击"切除-拉伸 1"选项

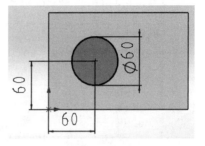

图 1-32　编辑草图 2

（5）在同一水平方向添加一个直径为 28 的圆形（见图 1-33），标注两圆的中心距尺寸"80"。此时，状态栏显示草图"欠定义"，因为添加的圆形缺少定位尺寸，此圆形为蓝色显示。

（6）单击"确认"按钮 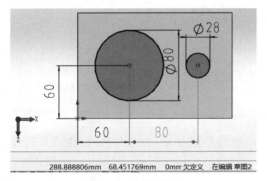，退出草图编辑，按"Ctrl+7"组合键，修改后的结果如图 1-34 所示。

图 1-33　添加圆形

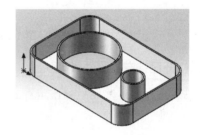

图 1-34　修改后的结果

（7）移动鼠标指针到特征设计树下的"回退控制棒"（鼠标指针变为手形），将"回退控制棒"移到"抽壳 1"上方，结果如图 1-35 所示。

（8）将"回退控制棒"移到"抽壳 1"下方，草图恢复原状。

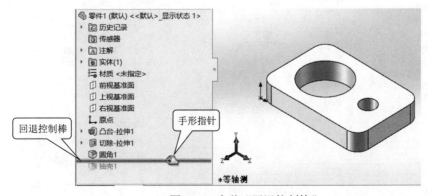

图 1-35　上移"回退控制棒"

7．保存文件

单击"保存"按钮 🖫，打开"另存为"对话框，如图 1-36 所示，用户可以根据需要选择保存类型（默认为*.sldprt），将文件重命名并保存到指定的文件夹中。

图 1-36 "另存为"对话框

8．打开已存在的零件模型

单击"打开"按钮 📂，弹出"打开"对话框，如图 1-37 所示，用户可以根据需要打开指定的文件。

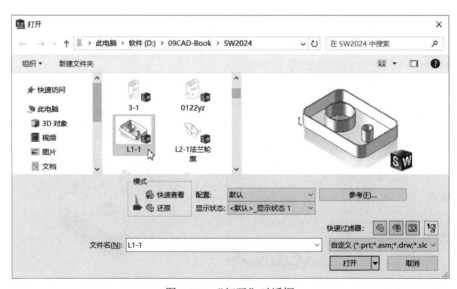

图 1-37 "打开"对话框

1.4　视图的控制

　　在使用 SOLIDWORKS 创建三维模型时，需要不断地调整视图，因此，熟练掌握视图的操作技能十分重要。SOLIDWORKS 的主要视图控制命令分别在"视图"和"标准视图"工具栏、"视图"菜单栏（见图 1-38）、"视图（前导）"工具栏及图形区的右键菜单（见图 1-39）中。

图 1-38　"视图"菜单栏　　　　　　　　　　　图 1-39　图形区的右键菜单

1. 视图的定义与控制

　　按键盘上的空格键（或在"标准视图"工具栏中单击"视图定向"按钮），弹出"方向"

对话框，同时，模型四周被投影面包围，当鼠标指针移至某个投影面时，在旁边显示该投影面上的投影，如图 1-40 所示。单击"方向"对话框中的图标或投影面可以选择、定制标准视图。

当想要使用某个视图，而它又不属于标准视图时，用户可以创建新视图。如图 1-41 所示，先在工作区将模型旋转到需要的位置，按空格键，再单击"方向"对话框中的"新视图"按钮，在弹出的"命名视图"对话框中输入视图名称，最后单击"确定"按钮，新视图添加完成，以后就可以方便地调用该视图了。

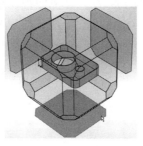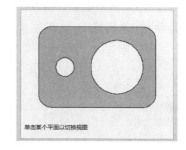

图 1-40　视图定向

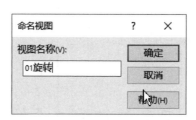

（a）单击"新视图"按钮　　　　（b）给新视图命名　　　　（c）已添加的新视图

图 1-41　创建新视图的过程

当操作平面不与 SOLIDWORKS 定义的基准面正交，又需要对这些斜面进行操作时，可以将这些斜面作为构建标准视图的基准，重新定义标准视图。选中斜面后单击"更新标准视图"按钮就可以实现此功能。单击"重设标准视图"按钮，可以恢复到系统默认的标准视图设置。

要想回到上一个视图，单击"视图（前导）"工具栏中的"上一视图"按钮，SOLIDWORKS会保存用户切换视图的过程。

选择一个平面，按"Ctrl+8"组合键（或单击"标准视图"工具栏中的"正视于"按钮），可以使该平面平行于屏幕，面向操作者。标准视图的显示效果如表 1-1 所示。

表 1-1　标准视图的显示效果

按　钮	显　示　方　式	按　钮	显　示　方　式	按　钮	显　示　方　式
前视		左视		等轴测	

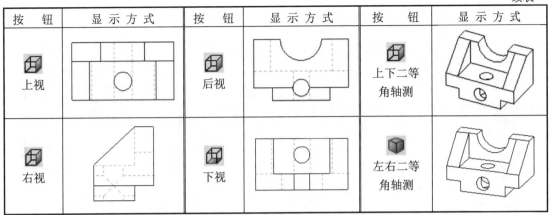

按　钮	显 示 方 式	按　钮	显 示 方 式	按　钮	显 示 方 式
上视		后视		上下二等角轴测	
右视		下视		左右二等角轴测	

2．视图调整

除了用前面介绍的按钮调整视图，还可以利用键盘和鼠标对视图进行调整，这是提高工作效率的有效手段。视图调整按键及其功能如表 1-2 所示。

表 1-2　视图调整按键及其功能

按　键	功　能	按　键	功　能
F	将模型充满整个图形区	Alt+左、右方向键	围绕中心旋转
Z	缩小模型	Shift+左、右方向键	围绕 Y 轴旋转模型 90°
Shift+Z	放大模型	Shift+上、下方向键	围绕 X 轴旋转模型 90°
上、下方向键	围绕 X 轴旋转模型	Ctrl+鼠标中键或方向键	移动模型
左、右方向键	围绕 Y 轴旋转模型	Shift+鼠标中键	缩放模型
鼠标中键	自由旋转模型	鼠标中键滚轮	缩放模型
Ctrl+左、右方向键	左、右平移模型	Ctrl+上、下方向键	上、下平移模型
Ctrl+1	前视	Ctrl+2	后视
Ctrl+3	左视	Ctrl+4	右视
Ctrl+5	上视	Ctrl+6	下视
Ctrl+7	等轴测	Ctrl+8	正视

3．窗口分割

SOLIDWORKS 窗口可以根据需要进行分割。单击"视图（前导）"工具栏中的"视图定向"按钮，在弹出的菜单中单击"四视图"按钮，将图形区分为四部分，如图 1-42 所示。四视图中带有"视图（前导）"工具栏的是激活的视图。

拖动分栏线可控制视图显示区域的大小。如果将纵向分栏线拖动到图形区域的最左边（或最右边），视图变成竖直二视图。同理，如果将横向分栏线拖动到图形区域的最上边（或最下边），视图变成水平二视图。双击分栏线可取消该向分栏。

控制区的上方有一条窗口分栏线，向下拖动它可将控制区分为两部分，用于显示不同的管理器（见图 1-43）。只要将窗口分栏线移回原处即可取消分割。

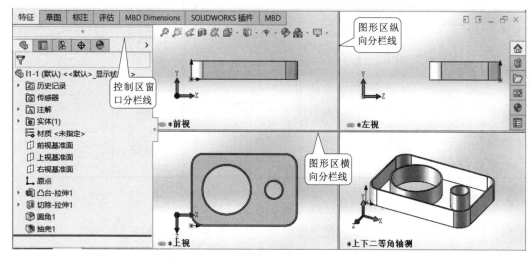

图 1-42　SOLIDWORKS 的窗口分栏线

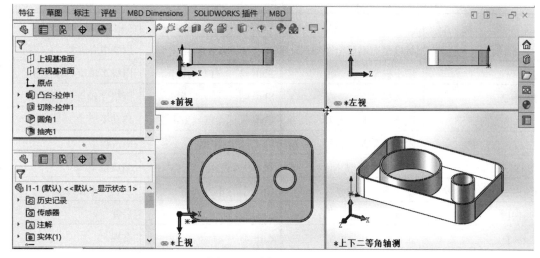

图 1-43　分割后的控制区

1.5　选择对象的方法

建模时需要频繁地选择操作对象，SOLIDWORKS 默认的工作状态是选择命令状态，指针形状为箭头。用户可以通过以下方法从其他命令状态转换到选择命令状态：

（1）按 Esc 键退出当前命令状态。

（2）单击当前命令状态下属性管理器的按钮。

（3）单击标准工具栏中的按钮。

（4）在图形区单击鼠标右键，在弹出的快捷菜单中选取"选择"方式，如图 1-44 所示。

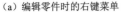

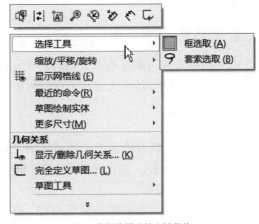

（a）编辑零件时的右键菜单　　　　　　　　　　　　（b）编辑草图时的右键菜单

图 1-44　图形区右键菜单

SOLIDWORKS 为用户正确选择对象提供了很多支持，包括选择类型显示、选择过滤器和选择其他等。常用的选择方法如下。

1. 用指针选择

当指针指向某一对象时，单击鼠标左键可选择该对象，其所在的特征会在特征设计树中高亮显示。

在进行交互操作时，指针提供了重要的反馈信息。在图形区，指针通常由两个图标组成，一个图标表示当前执行的任务，另一个图标表示当前所指的对象。当指针指到不同的对象时，指针形状发生相应的变化，如图 1-45 所示。因此，通过指针形状的变化，用户可快速了解当前进行的操作和操作位置。例如，当指针指向"拉伸 1"的边线时，指针变为图 1-45（a）所示的形状；当指针指向"切除-拉伸 1"的面时，指针变为图 1-45（b）所示的形状；当指针指向"圆角 1"的面时，指针变为图 1-45（c）所示的形状。

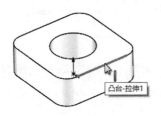
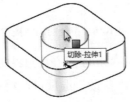

（a）指向"拉伸 1"的边线　　　　（b）指向"切除-拉伸 1"的面　　　　（c）指向"圆角 1"的面

图 1-45　指针形状的变化

2. 通过特征设计树进行选择

通过特征设计树可选择模型中特征、草图等层次的对象，在特征设计树中选择的对象会在图形区高亮显示。按住 Shift 键可以同时选择两个不相邻节点之间的所有对象；按住 Ctrl 键可以同时选择多个对象。

3. 框选取、索套选取

当采用框选取与索套选取方法时，从左向右拉框是窗口方式，只有被完全框住的对象被选中；从右向左拉框是交叉窗口方式，被框住的对象和与框相交的对象均被选中。

4. 选择其他

当模型复杂、特征密集时，还可使用"强劲选择"按钮（位于标准工具栏"选择"按钮的下拉菜单中）。强劲选择公用程序允许在零件中选择所有满足定义的特定准则的实体（边线、环、面或特征）。

在对象边线目标附近单击鼠标右键，在弹出的快捷菜单中选择项目，如"线段的中点""选择环"等。

1.6　使 用 帮 助

SOLIDWORKS 提供了方便、快捷的帮助系统，当鼠标指针停留在某一按钮上时，鼠标指针旁和状态栏提示该按钮的功能和使用方法（见图 1-46），便于用户操作。同时，如果用户在使用过程中遇到问题，也可以通过帮助系统寻找答案。

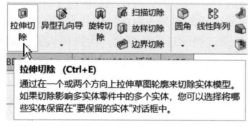
（a）鼠标指针停留在"拉伸切除"按钮上

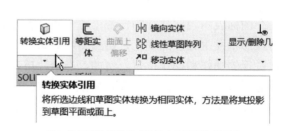
（b）鼠标指针停留在"转换实体引用"按钮上

图 1-46　指针的功能提示

如需获取 SOLIDWORKS 2024 的"帮助"，在用户界面的右上角单击按钮，弹出图 1-47 所示的"帮助"菜单。单击其下的"帮助"选项可获得在线帮助（见图 1-48）或启动本地帮助。

用户还可以通过软件自带的"SOLIDWORKS 指导教程"进行学习。

选择"帮助"菜单中的"教程"选项，打开 SOLIDWORKS 指导教程（见图 1-49），用户按教程安排认真学习，可掌握 SOLIDWORKS 的绝大部分功能。

通过"欢迎"对话框中的"学习"选项卡，也可访问、了解 SOLIDWORKS 提供的各项学习功能，如图 1-50 所示。

图 1-47　SOLIDWORKS 2024 的"帮助"菜单

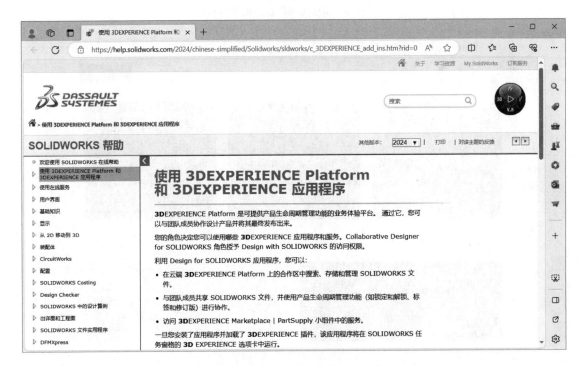

图 1-48　在线帮助

图 1-49　SOLIDWORKS 指导教程

图 1-50　"欢迎"对话框中的"学习"选项卡

习　　题

1-1　参照入门实例，上机练习操作，熟悉 SOLIDWORKS 2024 的界面及帮助内容。

1-2　使用 SOLIDWORKS 2024 绘制图 1-51 所示的模型。

> 提示：创建形体上有孔的模型时，先拉伸后切除。

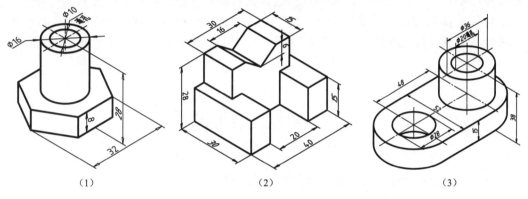

（1）　　　　　　　　　　（2）　　　　　　　　　　（3）

图 1-51　题 1-2 图

绘制上述（1）（2）模型的步骤如图 1-52 所示。

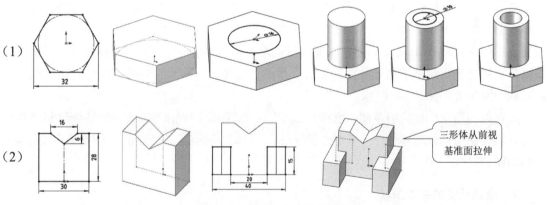

图 1-52　题 1-2 参考操作步骤

第 2 章　三维模型的草图绘制

草图是用直线、圆、样条曲线、中心线等草图工具绘制的二维或三维图形。二维草图依存于基准面或特征表面等草图平面；三维草图存在于三维空间，且不与特定的草图基准面相关。用户可以通过尺寸标注、添加几何关系，对草图进行精确定位。进行特征设计时，通常要先绘制一个二维草图，再对该草图进行某种特征操作。用户可以重新编辑或定义已生成的特征截面草图，更新零件造型。除了孔、倒角、圆角等标准放置特征及参数化抽壳不需要绘制草图，其他造型特征都需要绘制草图。以拉伸或旋转凸台/基体开始的草图必须为闭合草图。

2.1　草图绘制过程

二维草图绘制的一般步骤：选择草图绘制基准面→进入草图绘制环境→绘制草图的基本形状→添加几何关系和标注尺寸→退出草图绘制。

1. 进入草图绘制环境

在命令管理器中，单击"草图"选项卡，打开"草图"工具栏（见图 2-1）。选择"草图"工具栏上的草图实体工具（直线、圆、矩形等，假设单击"圆"按钮），系统提示"选择一基准面为实体生成草图"，可根据建模需要选择基准面。选择基准面（假设选择上视基准面，即将鼠标指针移到上视基准面上并单击）后，系统自动进入草图绘制环境，同时所选基准面自动正视于操作者，如图 2-1 所示。

还可以利用菜单栏绘制草图（选择"工具"→"草图绘制实体"菜单下的某个绘制工具），也可以直接使用创建基体命令（单击"拉伸凸台/基体"按钮 或"旋转凸台/基体"按钮 ）绘制草图。

2. 绘制草图的基本形状

用户可以根据建模需要，利用绘制、编辑草图的工具绘制草图。大多数情况下，草图绘制开始于原点，原点为其提供了定位点。绘制草图时不必刻意保证尺寸的精确性，只要图形大致准确就可以，待图形画好后添加尺寸标注和几何关系将其精确化。例如，绘制直径为 20 的圆，以及长为 40、高为 32 的矩形，方法如图 2-2 所示。

绘制草图时，注意鼠标的使用方法及鼠标指针形状的变化，充分利用系统提供的推理指针和自动推理线功能。

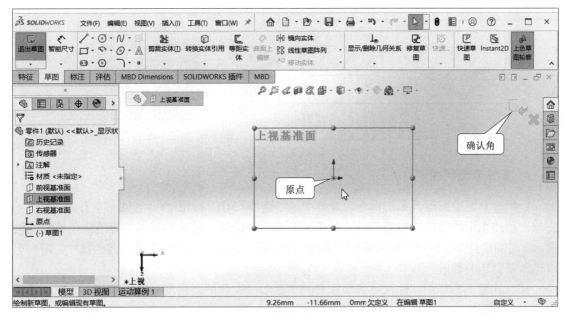

图 2-1　草图绘制界面

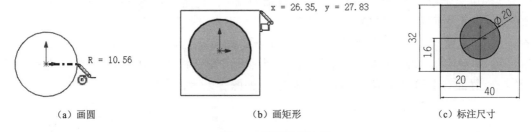

（a）画圆　　　　　　　　　（b）画矩形　　　　　　　　　（c）标注尺寸

图 2-2　草图绘制方法

绘制草图实体时鼠标有以下两种操作方法。

（1）"单击—单击"方法：首先，在图形区单击鼠标左键来确定草图实体的第一点；其次，移动鼠标指针到草图实体的第二点；最后，单击鼠标左键，完成草图实体的绘制。

（2）"单击—拖动"方法：在图形区单击鼠标左键来确定草图实体的第一点，拖动鼠标到草图实体的第二点，松开鼠标左键，完成草图实体的绘制。

3. 草图几何关系

草图实体自身具有竖直▊、水平▬、重合◢、共线◿等几何属性，实体之间也可以定义平行◥、垂直▐、同心◉、相等═、相切◐等几何关系，如图 2-3 所示。用户可以通过单击"显示/删除几何关系"按钮⊥显示或删除已存在的几何关系；利用"添加几何关系"按钮⊥或框选实体为草图添加几何关系，如图 2-4 所示。

通过选择"视图"→"隐藏/显示"→"草图几何关系"菜单命令可隐藏或显示已存在的几何关系。

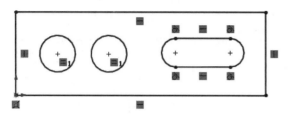

图 2-3　草图实体间的几何关系

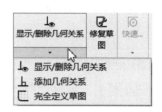

图 2-4　"显示/删除几何关系"下拉菜单

4．标注草图尺寸

绘制好草图轮廓后，单击命令管理器中的"智能尺寸"按钮 ，对图形进行尺寸标注。先单击标注图形的边线，然后移动鼠标指针到合适的位置，再单击鼠标左键确定尺寸线的位置，此时弹出图 2-5 所示的尺寸数值"修改"对话框，其中显示的数值是当前的尺寸，用户可以输入要设定的数值。

按设计意图为草图标注尺寸和添加几何关系后，实体的自由度将被限制，当约束小于自由度时，草图实体还可以在某个方向上移动或旋转，这种情况为欠定义，草图显示为蓝色；当约束等于自由度时，草图实体被完全限制在当前位置，这种情况为完全定义，草图显示为黑色；当约束大于自由度时为过定义，草图显示为黄色。过定义是系统不允许的，因为某个实体在约束定义之间发生了冲突，造成某个实体对象不是唯一解。图 2-6 所示为欠定义草图，矩形缺少上下定位尺寸，图 2-7 所示为完全定义草图。如果标注尺寸多于所需尺寸，系统会弹出图 2-8 所示的对话框，若用户单击"保留此尺寸为驱动"单选按钮，则系统在下方状态栏提示"过定义"，界面右下角也提示"项目无法解出"，如图 2-9 所示。

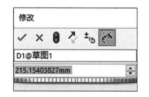

图 2-5　尺寸数值"修改"对话框

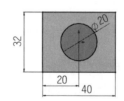

图 2-6　欠定义草图

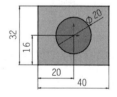

图 2-7　完全定义草图

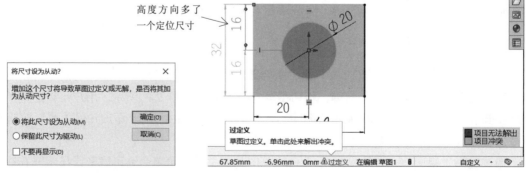

图 2-8　"将尺寸设为从动？"对话框　　　　图 2-9　草图过定义

绘制好草图轮廓后，也可选择"工具"→"尺寸"→"完全定义草图"菜单命令（或单击"显示/删除几何关系"下拉菜单中的"完全定义草图"按钮）让系统自动添加标注。选择"完全定义草图"命令，显示"完全定义草图"属性（见图 2-10），单击"计算"按钮 计算(U) ，系统自动标注草图尺寸，用户可以根据需要修改尺寸数值。

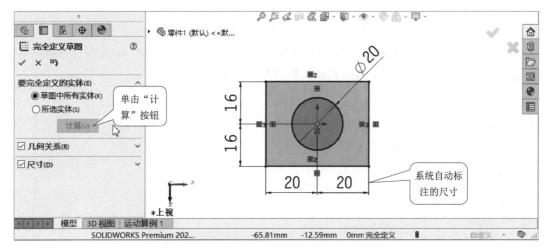

图 2-10   利用"完全定义草图"命令标注草图尺寸

5．草图绘制出现错误时的修正

在草图绘制过程中如果出现错误操作，例如，多绘制实体、多标注尺寸等，可以按"Ctrl+Z"组合键（或单击工具栏中的"撤销"按钮）撤销上一次的操作。如果想删除某一实体或尺寸，则将鼠标指针移动到该实体上并右击，在弹出的快捷菜单中选择"删除"命令。

6．退出草图绘制

在草图绘制过程中可以随时退出草图。退出草图时可以保存草图，系统自动为其编号并显示在特征设计树中；也可以不保存草图，即取消草图绘制。

退出草图绘制的常用方法如下。

（1）单击确认角中的按钮 ，保存并退出草图。

（2）单击确认角中的按钮 ，丢弃并退出草图。

（3）单击命令管理器中的"退出草图"按钮 。

（4）单击标准工具栏中的"草图绘制"按钮 。

（5）单击标准工具栏中的"重建模型"按钮 。

此外，也可以通过菜单、用户定义的快捷键退出草图。

2.2   草图绘制实体与草图工具

SOLIDWORKS 提供了草图绘制实体工具，如直线、圆形、圆弧、矩形等，也提供了圆角、

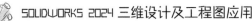

阵列、镜向等用于草图编辑的工具，用这些工具可以绘制复杂的轮廓。

用户可以通过以下方法使用这些工具。

（1）使用"草图"工具栏。

（2）执行"工具"→"草图绘制实体"命令，如图 2-11 所示，或者执行"工具"→"草图工具"命令，如图 2-12 所示。

（3）执行右键菜单中的"草图绘制实体"命令，如图 2-13 所示。

图形区的右键菜单，根据选择的对象不同，菜单内容也有所不同。未选择对象时的右键菜单如图 2-13 所示，选择对象时的右键菜单如图 2-14 所示。

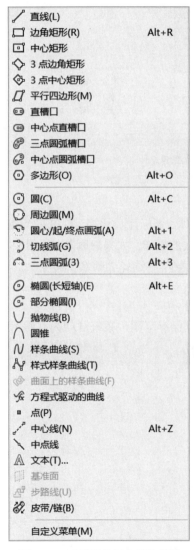

图 2-11 "草图绘制实体"菜单

图 2-12 "草图工具"菜单

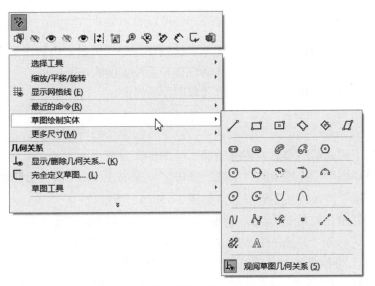

图 2-13　"草图绘制实体"右键菜单

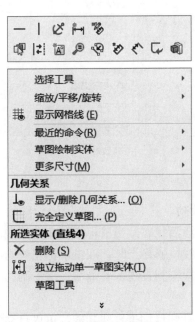

（a）选择实体后的右键菜单

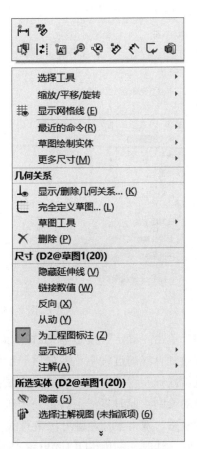

（b）选择一个线性尺寸后的右键菜单

图 2-14　图形区的右键菜单

1. 草图绘制实体

草图绘制实体工具的使用方法比较简单，这里仅介绍几种最常用的工具，其他工具的使用方法与此大同小异，具体请参考 SOLIDWORKS 系统提供的帮助文档。

用前面介绍的方法创建一个草图，进入草图绘制界面。

1）绘制直线

绘制直线用于构成草图实体或特征轮廓。操作步骤如下。

（1）单击"草图"工具栏中的"直线"按钮 ╱（或按 L 键），鼠标指针形状变为 ，窗口左侧控制区出现"插入线条"管理器，如图 2-15（a）所示。

（2）在图形区单击直线的起点，将鼠标指针移动到直线的终点并单击鼠标左键，绘制出一条直线（也可以用"单击—拖动"的方式绘制直线），控制区的"线条属性"管理器如图 2-15（b）所示。继续画线时，系统默认第一段直线的终点为第二段直线的起点，移动鼠标并在图形区单击鼠标左键，可以画出第二条直线。重复此操作，直到完成多条直线的绘制。

（a）未画线条时

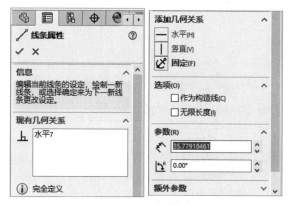

（b）画一水平直线时

图 2-15　"线条属性"管理器

（3）单击"确定"按钮 或按 Esc 键退出直线绘制。

在绘制直线的过程中，若最后一次绘制的线段为激活状态，当鼠标指针在此线段的终点时，双击鼠标左键可撤销该线段；当鼠标指针不在此线段的终点时，双击鼠标左键则结束该线段链的绘制，此时直线工具仍处于激活状态，可继续绘制直线。若最后一次绘制的线段为非激活状态，双击鼠标左键可结束直线命令。

绘制直线时，利用 SOLIDWORKS 提供的推理指针和自动推理线功能，可以自动添加几何关系。鼠标指针的形状如表 2-1 所示。

表 2-1　鼠标指针的形状

指 针 形 状	含　义	指 针 形 状	含　义
	绘制水平线		捕捉到线上的点
	绘制竖直线		捕捉到两条线的交点
	捕捉到线段的端点		垂直于一条直线
	捕捉到线段的中点		平行于一条直线

　　画好直线后，在选择状态下（鼠标指针形状为 ），可以通过以下方法进行修改。

　　（1）拖动鼠标修改直线。选择直线的端点并拖动鼠标，可以延长、缩短直线的长度，或者改变直线的角度；选择直线后拖动鼠标可以改变直线的位置。

　　（2）通过"线条属性"管理器修改直线。"线条属性"管理器显示直线的全部信息，通过定义其中的选项，可以精确地确定直线的位置、角度和几何约束关系。

　　使用直线工具可以绘制切线圆弧，操作步骤如图 2-16 所示。

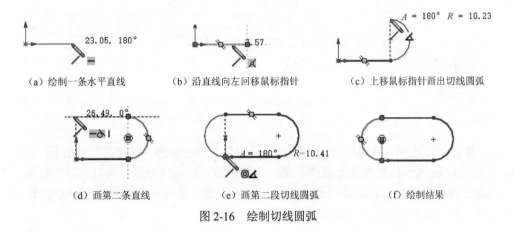

　　（a）绘制一条水平直线　　　（b）沿直线向左回移鼠标指针　　　（c）上移鼠标指针画出切线圆弧

　　（d）画第二条直线　　　（e）画第二段切线圆弧　　　（f）绘制结果

图 2-16　绘制切线圆弧

　　① 从原点向右绘制一条水平直线。

　　② 沿直线向左回移鼠标指针，再沿直线水平向右移动鼠标指针（也可按 A 键），移出直线范围后以画圆弧的方式向上移动鼠标指针，系统就会自动转为绘制切线圆弧方式。

　　③ 上移鼠标指针画出 180°切线圆弧。

　　④ 向左水平移动鼠标指针使其和原点对齐并单击，画出第二条直线。

　　⑤ 同理，沿直线向右回移鼠标指针，再沿直线水平向左移动鼠标指针，移出直线范围后以画圆弧的方式向下移动鼠标指针到原点，画出第二段切线圆弧。

　　根据鼠标指针移动方向的不同，可以绘制不同的圆弧，如图 2-17 所示。

图 2-17　绘制不同的圆弧

单击"草图"工具栏中"直线"按钮 ⁄ ·右侧的小三角图标，显示如图 2-18 所示的"直线"下拉菜单。中心线的绘制方法与直线的绘制方法相同。

中点线是指在起始点绘制一对称线段，起始点即该线段的中点。使用中点线的同时将中点作为一个约束，如图 2-19 所示。

图 2-18　"直线"下拉菜单　　　　　　　图 2-19　绘制中点线

2）绘制圆

SOLIDWORKS 提供了两种绘制圆的基本方法，即"圆"按钮 ⊙（给定圆心、半径创建圆）和"周边圆"按钮 ⬭（给定两点或三点创建圆）。单击"草图"工具栏中"圆"按钮 ⊙ ·右侧的小三角图标，显示如图 2-20 所示的"圆"下拉菜单。

（1）单击"圆"按钮绘制圆：单击"草图"工具栏中的"圆"按钮 ⊙，在图形区单击确定圆心的位置，移动鼠标确定半径，再次单击绘制出圆，如图 2-21 所示。

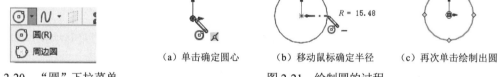

（a）单击确定圆心　　（b）移动鼠标确定半径　　（c）再次单击绘制出圆

图 2-20　"圆"下拉菜单　　　　图 2-21　绘制圆的过程

（2）单击"周边圆"按钮绘制圆：单击"草图"工具栏中的"周边圆"按钮 ⬭（在"圆"下拉菜单中），在图形区单击确定圆周上第一点的位置，移动鼠标给定第二点，此时鼠标指针处会出现右键提示图标 🖱，若要两点画圆，按鼠标右键；若要三点画圆，可移动鼠标指针给定第三点。绘制过程如图 2-22 所示。

图 2-22　单击"周边圆"按钮绘制圆的过程

3）绘制圆弧

SOLIDWORKS 提供了三种绘制圆弧的工具，适用于不同的应用场合，分别是"圆心/起/

终点画弧"按钮 、"切线弧"按钮 和"3 点圆弧"按钮 。单击"圆心/起/终点画弧"按钮 右侧的小三角图标,显示图 2-23 所示的下拉菜单。

(1)单击"圆心/起/终点画弧"按钮 ,在图形区先定义圆心,再定义圆弧上的两个端点,如图 2-24 所示。这种方法适用于绘制已知圆心和半径的圆弧。

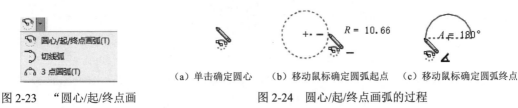

图 2-23 "圆心/起/终点画 弧"下拉菜单

(a)单击确定圆心　(b)移动鼠标确定圆弧起点　(c)移动鼠标确定圆弧终点

图 2-24 圆心/起/终点画弧的过程

(2)单击"切线弧"按钮 ,在直线、圆弧、椭圆弧或样条曲线的端点单击后移动鼠标,在鼠标指针附近显示当前切线弧对应的圆心角和半径,得到切线弧后单击鼠标完成绘制。按 Esc 键可以退出命令。画直线的切线弧的过程如图 2-25 所示。

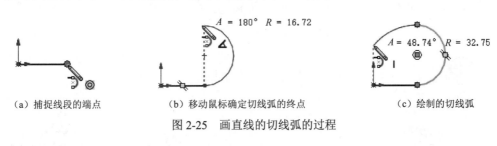

(a)捕捉线段的端点　　　(b)移动鼠标确定切线弧的终点　　　(c)绘制的切线弧

图 2-25 画直线的切线弧的过程

画圆弧的切线弧的过程如图 2-26 所示。

注意:改变鼠标指针移动的方向会改变切线弧与选定直线(圆弧)的连接方式,如图 2-27 所示。

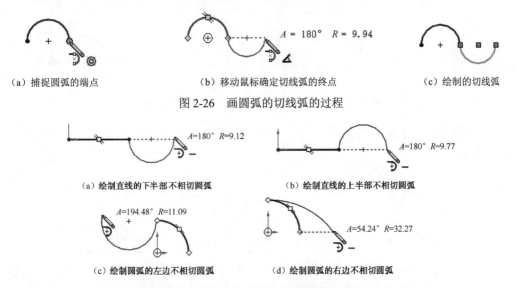

(a)捕捉圆弧的端点　　　(b)移动鼠标确定切线弧的终点　　　(c)绘制的切线弧

图 2-26 画圆弧的切线弧的过程

(a)绘制直线的下半部不相切圆弧　　　　(b)绘制直线的上半部不相切圆弧

(c)绘制圆弧的左边不相切圆弧　　　　(d)绘制圆弧的右边不相切圆弧

图 2-27 单击"切线弧"按钮画圆弧的过程

（3）单击"3 点圆弧"按钮，在图形区单击确定圆弧的起点，移动鼠标指针到圆弧终点后单击确定，再次移动鼠标指针改变圆弧的方向和半径，在合适位置单击完成 3 点圆弧的绘制，如图 2-28 所示。这种方法适用于绘制连接弧。

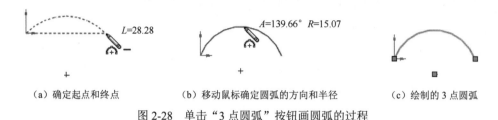

（a）确定起点和终点　　　　（b）移动鼠标确定圆弧的方向和半径　　　　（c）绘制的 3 点圆弧

图 2-28　单击"3 点圆弧"按钮画圆弧的过程

4）绘制矩形

SOLIDWORKS 提供了五种绘制矩形的方法，如图 2-29 所示。

（1）单击"草图"工具栏中的"边角矩形"按钮，在图形区单击确定矩形的第一个顶点，移动鼠标，在指针附近显示矩形当前的长和宽，再次单击完成矩形的绘制，如图 2-30 所示。

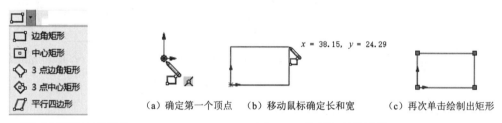

（a）确定第一个顶点　　（b）移动鼠标确定长和宽　　（c）再次单击绘制出矩形

图 2-29　"边角矩形"下拉菜单　　　　　　图 2-30　绘制矩形的过程

（2）单击"中心矩形"按钮，绘制矩形的过程如图 2-31 所示。

（a）确定矩形中心　　　　　　（b）移动鼠标确定长和宽　　　　　　（c）再次单击绘制出矩形

图 2-31　单击"中心矩形"按钮绘制矩形的过程

（3）分别单击"3 点边角矩形""3 点中心矩形""平行四边形"按钮，绘制的图形如图 2-32 所示。

（a）3 点边角矩形　　　　　　（b）3 点中心矩形　　　　　　（c）平行四边形

图 2-32　绘制的图形

在绘制矩形前，若在"矩形"属性管理器中勾选"添加构造性直线"复选框，绘制的矩形将自动添加构造性直线，如图 2-33 所示。

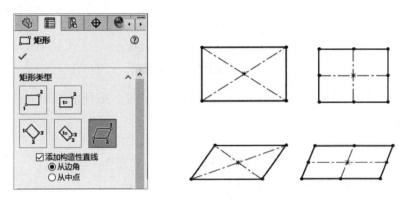

图 2-33　添加构造性直线的四边形

5）绘制多边形

SOLIDWORKS 提供了"内切圆"和"外接圆"两种绘制正多边形的方式，如图 2-34 所示。绘制正多边形的方法：单击"草图"工具栏中的"多边形"按钮◉，在属性管理器中设定侧边数后，在图形区单击确定多边形的中心，移动鼠标确定内切（外接）圆的半径，绘制出正多边形。

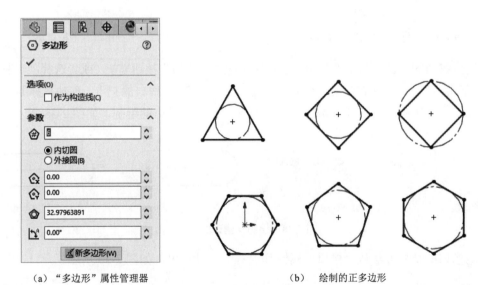

（a）"多边形"属性管理器　　　　（b）　绘制的正多边形

图 2-34　正多边形的绘制

6）绘制样条曲线

样条曲线是经过一系列点的光滑曲线。绘制样条曲线的方法：单击"草图"工具栏中的"样条曲线"按钮Ⅳ，在图形区单击确定样条曲线的起点，移动鼠标并单击依次确定样条曲线的第二点、第三点……双击鼠标或按 Esc 键完成绘制，如图 2-35 所示。

（a）确定起点　（b）移动鼠标并单击确定第二点　（c）再次移动鼠标并单击确定第三点　　　（d）绘制的样条曲线

图 2-35　绘制样条曲线的过程

单击"样条曲线"按钮 **∿ ·** 右侧的小三角图标，显示图 2-36 所示的下拉菜单。

7）绘制槽口

SOLIDWORKS 为绘制槽口提供了四种类型的工具，如图 2-37 所示。

（1）直槽口：用两个端点绘制直槽口。

（2）中心点直槽口：从中心点绘制直槽口。

（3）三点圆弧槽口：在圆弧上用三个点绘制圆弧槽口。

（4）中心点圆弧槽口：用圆弧半径的中心点和两个端点绘制圆弧槽口。

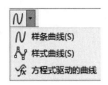 

图 2-36　"样条曲线"下拉菜单　　　　　　图 2-37　"直槽口"下拉菜单

绘制直槽口的方法：单击"草图"工具栏中的"直槽口"按钮 ⬭ （或者选择"工具"→"草图绘制实体"→"直槽口"菜单命令），在图形区单击确定槽口的起点，移动鼠标并单击确定槽口长度，再次移动鼠标并单击确定槽口宽度，完成直槽口的绘制，如图 2-38 所示。

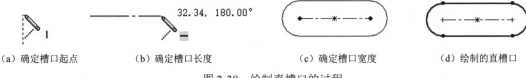

（a）确定槽口起点　　　　（b）确定槽口长度　　　　　　（c）确定槽口宽度　　　　　（d）绘制的直槽口

图 2-38　绘制直槽口的过程

其他槽口的绘制方法从"槽口"属性管理器中可以看出，如图 2-39 所示。

8）绘制椭圆

SOLIDWORKS 提供了绘制完整椭圆和部分椭圆的工具，如图 2-40 所示。

绘制椭圆的方法：单击"草图"工具栏中的"椭圆"按钮 ⊘，在图形区单击确定椭圆的中心，移动鼠标并单击确定主轴半径，改变方向，移动鼠标并单击确定次轴半径，完成椭圆的绘制，如图 2-41 所示。

其他草图绘制实体工具的使用方法，请参阅系统提供的帮助和功能提示。

图 2-39 "槽口"属性管理器

图 2-40 "椭圆"下拉菜单

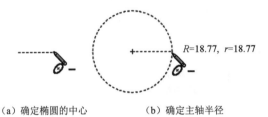

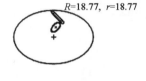

（a）确定椭圆的中心　　　　（b）确定主轴半径　　　　（c）确定次轴半径　　　　（d）绘制的椭圆

图 2-41 绘制椭圆的过程

2. 草图工具

SOLIDWORKS 提供了功能强大的草图实体编辑工具，如复制、镜向、移动、旋转、阵列、圆角、倒角等。这些工具集中在"草图"工具栏和"工具"→"草图工具"菜单栏。

1）绘制圆角（按钮 ⬚，选择"工具"→"草图工具"→"绘制圆角"菜单命令）

功能：在两个草图实体的交点处生成一个与两个草图实体都相切的圆弧。若两个草图实体不相交，绘制圆角后两个草图实体将自动延伸。

操作步骤：单击"草图"工具栏中的"绘制圆角"按钮 ⬚，在圆角参数栏设置圆角半径，选择要绘制圆角的两个实体后单击鼠标右键，完成绘制圆角操作，如图 2-42 所示。

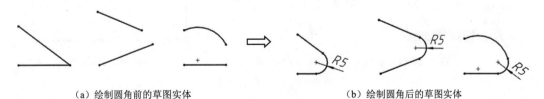

（a）绘制圆角前的草图实体　　　　　　　　　　（b）绘制圆角后的草图实体

图 2-42 绘制圆角

2）镜向实体（按钮 ⬚，选择"工具"→"草图工具"→"镜向"菜单命令）

功能：生成对称于直线的草图实体的副本，主要用于对称图形的绘制。

操作步骤如下。

（1）单击"草图"工具栏中的"镜向实体"按钮 ，在控制区显示"镜向"属性管理器，如图 2-43（a）所示。

（2）框选要镜向的实体，如图 2-43（b）所示，若不移动鼠标指针，鼠标指针旁出现鼠标图标，如图 2-43（c）所示，单击鼠标右键，完成要镜向实体的选择。若移动鼠标指针，鼠标图标会消失，需单击"镜向"属性管理器"镜向轴"下的列表框，切换到选择镜向轴，如图 2-43（d）所示。

（3）选择一条直线（中心线）作为镜向轴，如图 2-43（e）所示。

（4）单击"确定"按钮 ，完成镜向实体操作，结果如图 2-43（f）所示。

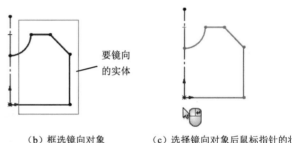

（a）"镜向"属性管理器　　　　（b）框选镜向对象　　　　（c）选择镜向对象后鼠标指针的状态

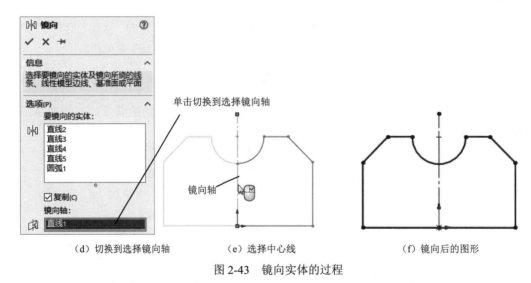

（d）切换到选择镜向轴　　　　（e）选择中心线　　　　（f）镜向后的图形

图 2-43　镜向实体的过程

注意： 镜向时，可先选择实体，后执行命令，若选择的实体中仅包含一条直线，则以此直线作为镜向轴镜向，如图 2-44 所示；若选择的实体中仅包含一条中心线，则以此中心线作为镜向轴镜向，如图 2-45 所示。

图 2-44　以直线作为镜向轴镜向　　　　　图 2-45　以中心线作为镜向轴镜向

3）动态镜向实体（按钮 △，选择"工具"→"草图工具"→"动态镜向"菜单命令）

功能：动态生成对称于直线的草图实体副本，主要用于对称图形的绘制。

操作步骤如下。

（1）绘制对称中心线，使其处于被选中状态，单击"草图"工具栏中的"动态镜向实体"按钮 △，对称中心线两端出现"＝"，如图 2-46（a）所示。

（2）在对称中心线的一侧绘制图线（不要超过中心线），如图 2-46（b）所示，当一个实体绘制结束时，会自动生成对称图线，如图 2-46（c）所示。

（3）依次完成对称图线的绘制，如图 2-46（d）所示。

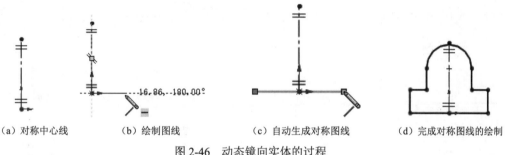

（a）对称中心线　　　　（b）绘制图线　　　　（c）自动生成对称图线　　　　（d）完成对称图线的绘制

图 2-46　动态镜向实体的过程

4）等距实体（按钮 ⊏，选择"工具"→"草图工具"→"等距实体"菜单命令）

功能：将已有草图实体沿其法线方向偏移复制。

操作步骤：单击"草图"工具栏中的"等距实体"按钮 ⊏，在参数栏设置等距距离，选择要等距的实体，确定等距方式，单击"确定"按钮 ✔，完成等距实体操作，如图 2-47 所示。

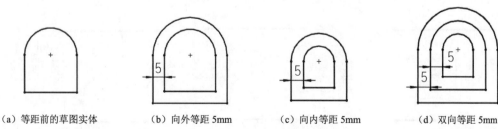

（a）等距前的草图实体　　（b）向外等距 5mm　　（c）向内等距 5mm　　（d）双向等距 5mm

图 2-47　等距实体

5）剪裁实体（按钮 ，选择"工具"→"草图工具"→"剪裁实体"菜单命令）

功能：剪裁已有的几何实体。剪裁操作主要针对具有相交关系的几何实体对象，将相交点一侧的多余实体删除，另一侧的实体保留。其功能非常强大，提供的剪裁方式如图 2-48 所示。

操作步骤：单击"草图"工具栏中的"剪裁实体"按钮 ，使用系统默认的"强劲剪裁"方式，使鼠标指针滑过要剪裁的几何实体，被选中的实体被删除，如图 2-49（b）所示[也可以选择其他剪裁方式，如图 2-49（c）～（f）所示]，单击"确定"按钮 ，完成剪裁实体操作。

选择不同的剪裁方式时，属性管理器会显示相应的使用方法提示信息。

6）延伸实体（按钮 ，选择"工具"→"草图工具"→"延伸实体"菜单命令）

功能：延伸已有的线段或弧。可将选取的线段或弧由指定位置的端点向外延伸，直到与另一几何实体相交，如图 2-50 所示。

图 2-48　"剪裁"属性管理器

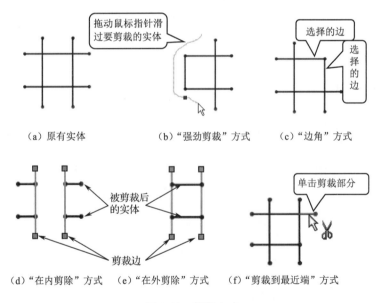

（a）原有实体　　（b）"强劲剪裁"方式　　（c）"边角"方式

（d）"在内剪除"方式　（e）"在外剪除"方式　（f）"剪裁到最近端"方式

图 2-49　剪裁方式

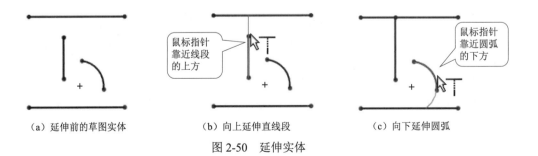

（a）延伸前的草图实体　　　（b）向上延伸直线段　　　（c）向下延伸圆弧

图 2-50　延伸实体

7）转换实体引用（按钮 ，选择"工具"→"草图工具"→"转换实体引用"菜单命令）

功能：将边线、环、面、曲线、外部草图轮廓线、一组边线或一组草图曲线投影到当前草图基准面，生成包含一个或多个草图实体的草图。

引用的草图实体和被引用的草图实体之间会自动添加"在边线上"几何关系。在三维模型的边线上创建草图实体的过程如图 2-51 所示。

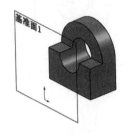
（a）创建三维模型和基准面

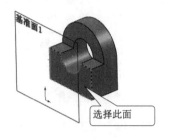
（b）按住 Ctrl 键选择模型边线

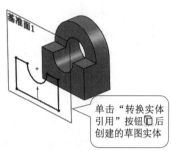
（c）生成的草图实体

图 2-51　转换实体引用

8）生成线性草图阵列（按钮 ，选择"工具"→"草图工具"→"线性阵列"菜单命令）

功能：将草图中的图形生成线性阵列。
生成线性阵列的操作方法如图 2-52 所示，操作步骤参见 2.3 节例 2-3。

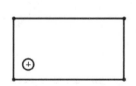
（a）生成阵列前的图形

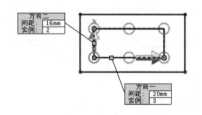
（b）将小圆沿水平、竖直方向生成阵列

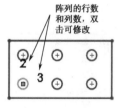
（c）线性阵列生成结果

图 2-52　生成线性阵列的操作方法

9）生成圆周草图阵列（按钮 ，选择"工具"→"草图工具"→"圆周阵列"菜单命令）

功能：将草图中的图形生成圆周阵列。
生成圆周阵列的操作方法如图 2-53 所示，操作步骤参见 2.3 节例 2-4。

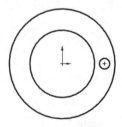
（a）生成阵列前的图形

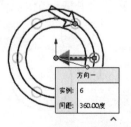
（b）将小圆绕原点生成圆周阵列

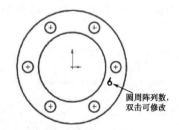
（c）圆周阵列生成结果

图 2-53　生成圆周阵列的操作方法

10）移动实体（按钮 ，选择"工具"→"草图工具"→"移动实体"菜单命令）

功能：将草图中的实体和注释平移到新的位置。

移动实体的操作方法如图 2-54 所示。

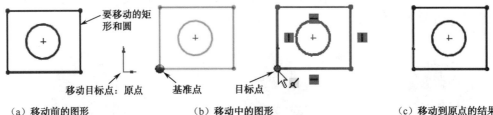

图 2-54　移动实体的操作方法

"移动实体"下拉菜单中还包括"复制实体""旋转实体""缩放实体比例""伸展实体"命令，如图 2-55 所示。这些命令在建模时一般不常用，使用方法也不复杂，在此不做介绍，用户可参阅 SOLIDWORKS 提供的帮助文档查阅其功能和用法。

11）修复草图（按钮 ，选择"工具"→"草图工具"→"修复草图"菜单命令）

功能：找出草图错误，有些情况下还可以修复这些错误。

"修复草图"工具能够找出链长度小于两倍最大缝隙值的实体、重叠的草图线和圆弧，并将它们从草图中删除；也可以找出三个或多个实体共享的点等，如图 2-56 所示。

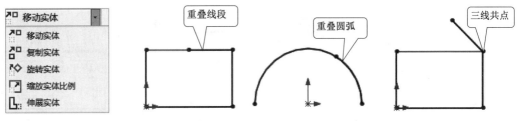

图 2-55　"移动实体"下拉菜单　　　　　图 2-56　存在错误的草图

12）分割实体（按钮 ，选择"工具"→"草图工具"→"分割实体"菜单命令）

功能：将一个草图实体分割成两个草图实体；使用两个分割点分割一个圆、完整椭圆或闭合样条曲线，如图 2-57 所示。

用户可以为分割点标注尺寸，也可以在步路装配体的分割点处插入零件。

删除一个分割点，可以将两个草图实体合并成一个单一草图实体。

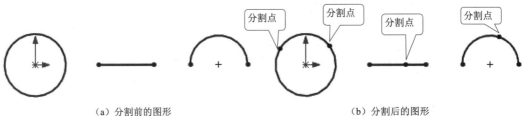

（a）分割前的图形　　　　　　　　　　（b）分割后的图形

图 2-57　分割实体

2.3 草图绘制实例

SOLIDWORKS 没有提供单独的草图绘制模式，进行草图绘制时需要先进入零件设计模式，然后单击"草图"工具栏中的"草图绘制"按钮 □，进入草图绘制状态。

例2-1 绘制法兰轮廓（见图2-58，该图形为完全约束）

（1）分析图形。该轮廓由四段对称圆弧和四段切线组成，且上下、左右对称，所以可以先绘制出图形的1/4，其余部分用镜向工具绘出。

（2）进入零件设计模式。先单击"新建"按钮 □，再双击"零件"按钮，进入零件设计模式。

（3）进入草图绘制状态。在左窗格单击"前视基准面"，在弹出的菜单中单击"草图绘制"按钮 □，再单击"中心线"按钮（在"直线"按钮 / 的下拉列表中），进入绘制中心线草图状态，如图2-59所示。

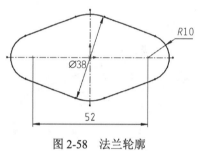

图2-58 法兰轮廓

（4）绘制中心线。过原点绘制一条水平中心线，双击鼠标左键结束水平中心线的绘制，再过原点绘制一条竖直中心线，双击鼠标左键结束竖直中心线的绘制，如图 2-60（a）所示。单击"确定"按钮，结束绘制中心线命令。

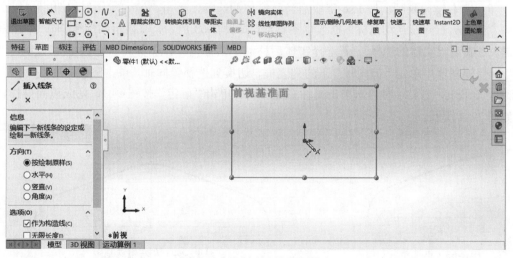

图2-59 绘制中心线草图状态

（5）绘制两圆弧。单击"圆心/起/终点画弧"按钮，将ϕ38圆弧的圆心定在原点，终点定在竖直中心线上；将R10圆弧的圆心和起点定在水平中心线上，画出两圆弧，如图2-60（b）所示。

（6）画切线。先单击"直线"按钮 /，再单击两圆弧端点，用直线连接两圆弧，如图2-60（c）所示。

（7）使直线与圆弧相切。单击"添加几何关系"按钮 ⊥（在"显示/删除几何关系"下拉列表中），选择圆弧 1 与直线，在属性栏中单击"相切"按钮 ♂。同理，选择圆弧 2 与直线，添加相切关系，如图 2-61 所示。

> 提示：可以用交叉窗口方式框选两实体，在弹出的快捷菜单（见图 2-62）中选择要添加的几何关系；也可以按住 Ctrl 键不放，选择要添加几何关系的两个实体。几何关系图标的"显示/关闭"命令，可以通过"视图"→"草图几何关系"菜单命令控制。

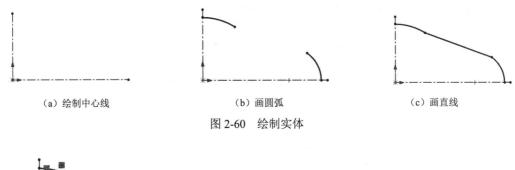

| （a）绘制中心线 | （b）画圆弧 | （c）画直线 |

图 2-60　绘制实体

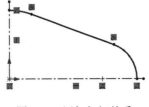

图 2-61　添加相切关系

图 2-62　选择直线与圆弧两实体时的快捷菜单

（8）左右镜向复制。按 Esc 键取消当前实体的选择，单击"镜向实体"按钮 ⋈，以交叉窗口方式（从右向左拖动鼠标）框选草图右部，如图 2-63 所示，在显示图标 时，单击鼠标右键（完成镜向实体的选择）。若选择实体后移动了鼠标指针使图标 消失，需在控制区"镜向"属性管理器中单击"镜向轴"下的列表框，切换到选择镜向轴。单击竖直中心线（作为镜向轴），在图标 显示时再次单击鼠标右键（或者单击"确定"按钮 ✓），完成镜向操作，结果如图 2-64 所示。

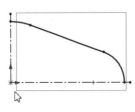

图 2-63　框选草图右部

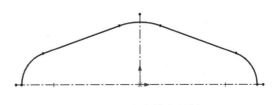

图 2-64　左右镜向复制

（9）上下镜向复制。按 Enter 键重复镜向命令，选择草图上部，以水平中心线为镜向轴，镜向复制出全图，如图 2-65 所示。因缺少尺寸标注，此时圆弧和切线都是蓝色显示的。

（10）标注尺寸。单击"智能尺寸"按钮 ✎，选择右边的小圆弧，移动鼠标指针到合适位置并单击，将尺寸数值改为"10"，单击"确定"按钮 ✓。同理，标注上圆弧，将尺寸数值改为"19"。选择左右两圆弧，标注中心距，将尺寸数值改为"52"，结果如图 2-66 所示。此时圆弧和切线都是黑色显示的，表示已完全定位。

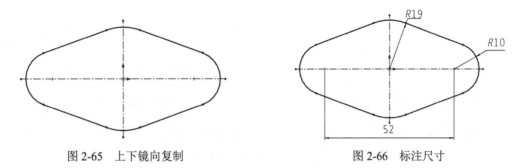

图 2-65　上下镜向复制　　　　　　　　　图 2-66　标注尺寸

（11）修改尺寸标注属性。将鼠标指针移到"R19"尺寸标注上，单击鼠标右键，在弹出的快捷菜单中选择"显示选项"→"显示成直径"命令，将标注"R19"改为"$\phi 38$"。

（12）保存图形。单击"保存"按钮 <kbd>💾</kbd>，将零件命名为"法兰"。

例 2-2　绘制钩子轮廓（见图 2-67，该图形为完全约束）

分析该钩子轮廓可知，它是由一个圆、五段圆弧和两段直线组成的，圆弧与圆弧间、圆弧与直线间均是相切关系。图中有两个定位尺寸 36 和 4，这样可以分析出已知线段（$\phi 11$、R11、R26、R50）、中间线段（R12）与连接线段（R3 和两切线）。根据平面图形的画图步骤画出各线段，然后添加几何关系并标注尺寸，完成草图绘制。操作步骤如下。

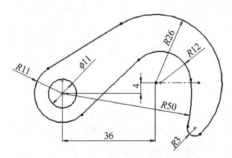

图 2-67　钩子轮廓

（1）用"中心线"工具 <kbd>✏</kbd>、"圆"工具 <kbd>◉</kbd>，画出图 2-68 所示的图形，圆的圆心在原点。

（2）用"圆心/起/终点画弧"工具 <kbd>🗇</kbd>，画出已知圆弧 R11 和 R50，如图 2-69 所示，圆弧的圆心在原点。

图 2-68　画定位中心线和圆$\phi 11$　　　　　图 2-69　画已知圆弧 R11 和 R50

（3）用"圆心/起/终点画弧"工具 <kbd>🗇</kbd>，画出已知圆弧 R26 和 R12，如图 2-70 所示，圆弧的圆心在中心线上。

（4）用"3点圆弧"工具 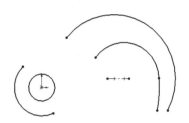，画出连接圆弧 R3，如图 2-71 所示。

图 2-70　画已知圆弧 R26 和 R12　　　　　图 2-71　画连接圆弧 R3

（5）用"直线"工具 ✎，画两条连接直线，如图 2-72 所示。

（6）添加几何关系。用交叉窗口方式（从右向左）框选两个邻接实体，在弹出的快捷菜单中单击"相切"按钮 ∂（或者用"添加几何关系"按钮 上添加约束），如图 2-73 所示。

（7）用"智能尺寸"工具 ✎，标注尺寸，如图 2-67 所示。

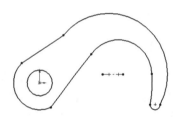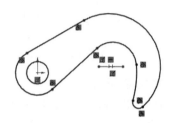

图 2-72　画两条连接直线　　　　　　　　图 2-73　添加几何关系

绘制时让相接的圆弧、线段端点重合，同时注意鼠标指针提示，使初步绘制的草图尺寸与给定的尺寸大致相等，以免添加约束时草图轮廓产生突变。若产生突变，可先按"Ctrl+Z"组合键取消突变的几何关系，再拖动结合点，当其与给定的图形相差不大时再次添加几何关系。

若绘制的草图较为复杂，也可边绘制边标注尺寸和添加几何关系，具体操作步骤参见例 2-4。

通过以上两例可知，绘制草图前，应分析要绘制的草图，如果草图对称则尽量用对称工具。绘制草图时，一般先从原点开始绘制定位中心线，将它作为基准；一般应一次将草图轮廓画好，尽量少用编辑命令；画已知圆弧可单击"圆心/起/终点画弧"按钮 ⌒，画连接圆弧则单击"3点圆弧"按钮 ⌒ 或"圆角"按钮 ⌐。

例 2-3　绘制平面图形（见图 2-74）

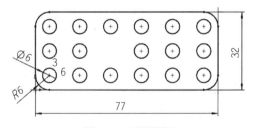

图 2-74　平面图形

分析该平面图形可知，它是由一个 77×32 的圆角矩形和 17 个小圆组成的，小圆等距布局，只是中间空缺一个，因此，小圆可用线性阵列生成。绘制过程如下。

（1）用"矩形"工具▭绘制矩形（矩形左下角在原点上），用"智能尺寸"工具✎标注尺寸，如图 2-75 所示。

（2）用"圆角"工具绘制四个角的圆角，圆角半径为 6，如图 2-76 所示。

（3）用"圆"工具⊙绘制左下角的φ6 小圆，并用"智能尺寸"工具✎标注尺寸，如图 2-77 所示。

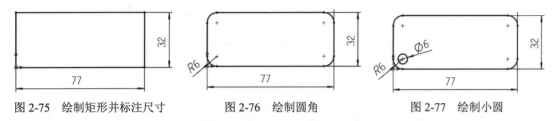

图 2-75　绘制矩形并标注尺寸　　　图 2-76　绘制圆角　　　图 2-77　绘制小圆

（4）单击"草图"工具栏中的"线性草图阵列"按钮，鼠标指针变为，在左侧窗格下方，单击"要阵列的实体"下的列表框，然后将鼠标指针移动到小圆上（鼠标指针变为），单击选取小圆，此时沿 X 轴画出一个黄色小圆，如图 2-78 所示。

（5）将"线性阵列"属性管理器设置成如图 2-79 所示，线性阵列的 3 行 6 列效果如图 2-80 所示。

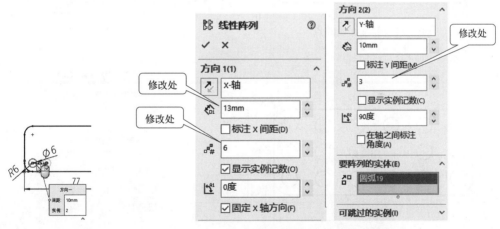

图 2-78　默认阵列效果　　　　　　　图 2-79　设置线性阵列属性

（6）单击"线性阵列"属性管理器最下面的"可跳过的实例"将其展开，并单击其下的列表框将其激活，此时，每个小圆的中心均显示一个红色的点，如图 2-81 所示。

（7）将鼠标指针移动到第 2 行第 3 列的小圆点上（此时指针变为手形）并单击，"可跳过的实例"列表框中出现"(3,2)"，如图 2-82 所示。

（8）单击"确定"按钮✔，完成线性草图阵列。此时画出的小圆均为蓝色，呈欠定义状态，如图 2-83 所示。

（9）选择菜单栏中的"工具"→"标注尺寸"→"完全定义草图"命令（或者单击"显示/删除几何关系"下拉列表中的"草图绘制"按钮），单击"完全定义草图"属性管理器（见图 2-84）中的"计算"按钮　计算(U)　，草图完全定义（可以看到并未增加草图尺寸）。单

SOLIDWORKS 2024 三维设计及工程图应用

击"确定"按钮 ✅，完成草图。

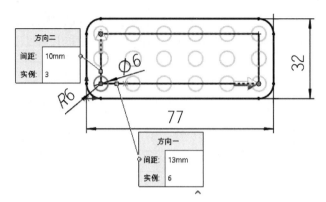

图 2-80　线性阵列的 3 行 6 列效果

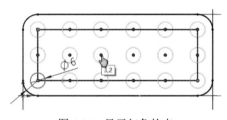

图 2-81　显示红色的点

图 2-82　"可跳过的实例"列表框

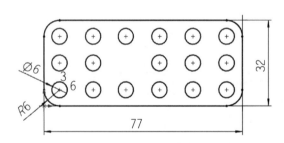

图 2-83　线性阵列后的欠定义图形

图 2-84　"完全定义草图"属性管理器

例 2-4　绘制外棘轮轮廓草图（见图 2-85，该图形为完全约束）

分析该外棘轮轮廓可知，它是由 1 个圆、6 个 U 形槽、6 个圆弧和 12 段直线组成的。其中，6 个 U 形槽分为 R2.5 与 R3.5 两组（圆弧与直线间是相切关系），上面 3 个 U 形槽的圆心在同一高度。6 个圆弧给出了圆心，但没有给出半径，是由与之相连的直线确定的。外边的直线段与对应的点画线是垂直关系。6 个 U 形槽均匀分布，6 个圆弧和 12 段直线是对称和均匀分布的，所以可用镜向方法绘制轮廓的 1/3，再采用圆周阵列绘制出全部轮廓。因此，绘制时先根据平面图形的作图步骤画出由点画线、圆弧、直线组成的基本图形，并添加几何关系、标注尺寸，然后使用镜向、生成阵列操作，最后绘制中间的圆，完成草图绘制。绘制过程如下。

48

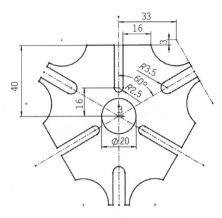

图 2-85　外棘轮轮廓草图

（1）在前视基准面上，用"中心线"工具 ╱、"智能尺寸"工具 ╱，画出图 2-86 所示的图形。

（2）用"圆心/起/终点画弧"工具 ╮、"直线"工具 ╱、"添加几何关系"工具 ╚、"智能尺寸"工具 ╱，画出图 2-87 所示的图形。

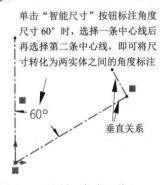

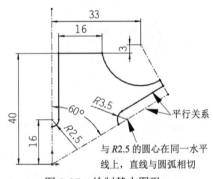

图 2-86　绘制 3 条中心线　　　　图 2-87　绘制基本图形

（3）用"镜向实体"工具 ╟╢，画出图 2-88 所示的图形。

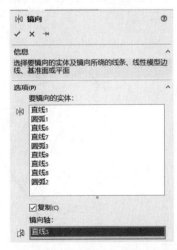

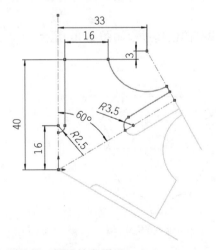

图 2-88　"镜向"属性管理器及镜向图形

（4）用"圆周草图阵列"工具 ，画出另外两部分，"圆周阵列"属性设置及图形显示如图 2-89 所示。

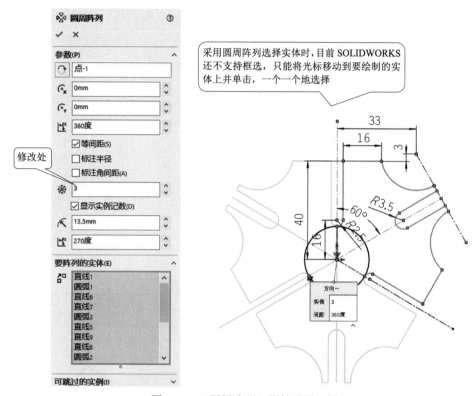

图 2-89　"圆周阵列"属性设置及图形显示

（5）用"圆"工具 绘制中间 $\phi20$ 的圆，并标注尺寸。

注意，此例是为了介绍复杂草图的创建方法，学习草图创建中"镜向实体"和"圆周草图阵列"工具的用法。若是创建外棘轮模型，不宜将多个结构绘制在一个草图上，因为草图过于复杂，不宜修改。草图应根据结构特征创建，越简单越好，这样有利于草图的管理和特征的修改。

外棘轮模型的创建过程如图 2-90 所示。

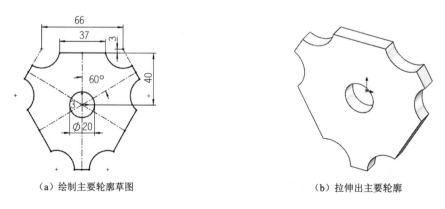

（a）绘制主要轮廓草图　　　　　　　　　　　　　（b）拉伸出主要轮廓

图 2-90　外棘轮模型的创建过程

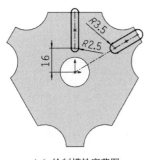

（c）绘制槽轮廓草图

（d）切除拉伸出槽轮廓

（e）圆周阵列出槽轮廓

图 2-90　外棘轮模型的创建过程（续）

2.4　草　图　设　定

选择"工具"→"草图设置"菜单命令，显示图 2-91 所示的菜单。各项含义如下。

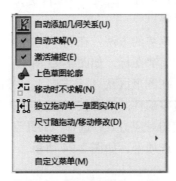

图 2-91　"草图设置"菜单

（1）自动添加几何关系：添加草图实体时自动生成几何关系。

（2）自动求解：生成零件时自动在零件中求解草图几何体。

（3）激活捕捉：除了在选项、系统选项、几何关系/捕捉下列举的网格线，选择所有草图捕捉。

（4）上色草图轮廓：以上色实体的形式查看闭合草图轮廓和子轮廓。上色草图轮廓执行拖动、调整大小和应用关系操作。

（5）移动时不求解：在不求解尺寸或几何关系的情况下，移动草图实体。

（6）独立拖动单一草图实体：从其他实体独立拖动一条草图线段，除非尺寸或几何关系限制，不允许操作。

（7）尺寸随拖动/移动修改：通过拖动草图实体修改尺寸。草图尺寸会在拖动完成后更新，保存为驱动尺寸，并在零件、装配体和工程图中更新。

（8）触控笔设置：SOLIDWORKS 提供了触控模式，使用具有触控功能的设备时，用户界面更易于交互。"触控笔设置"菜单如图 2-92 所示。

图 2-92　"触控笔设置"菜单

2.5　提高绘图速度的方法

1．使用鼠标笔势

用户可使用鼠标笔势快速调用对应的命令。使用鼠标笔势作为执行命令的快捷键，类似于键盘快捷键。SOLIDWORKS 为绘制草图、建模、装配、绘制工程图分别提供了 2 个方向（垂直和水平）、3 个方向、4 个方向、8 个方向、12 个方向的笔势。

启用或禁用鼠标笔势的方法：执行"工具"→"自定义"菜单命令，在"鼠标笔势"选项卡中选择或取消选择启用鼠标笔势。

鼠标笔势启用时，激活鼠标笔势的方法：在图形区从 4 个方向（上、下、左、右）之一按鼠标右键并拖动，则出现鼠标笔势图标，如图 2-93 所示。

对装配体使用鼠标笔势时，在图形区从 4 个方向之一按鼠标右键并拖动，但操作需在远离零部件的位置进行，以免旋转零部件；或者按"Alt 键+鼠标右键"拖动。

查看或编辑各鼠标笔势目前的对应方式：选择"工具"→"自定义"菜单命令，在"自定义"对话框中选择"鼠标笔势"选项卡，如图 2-94 所示。

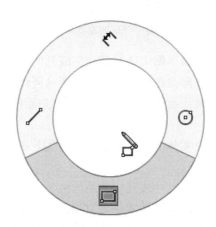

图 2-93　鼠标笔势图标（草图 4 笔势）

用户可以自定义鼠标笔势，方法是将需要的命令图标拖放到指定位置。使用鼠标笔势的具体方法请参阅 SOLIDWORKS 提供的帮助文档。

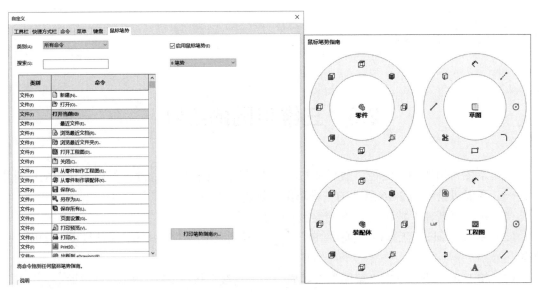

图 2-94 "鼠标笔势"选项卡及鼠标笔势指南

2. 自定义快捷键

绘制草图时用键盘快捷键，可减少鼠标移动和选择按钮的时间，以加快绘制速度。定义快捷键的方法：选择"工具"→"自定义"菜单命令，打开"自定义"对话框，单击"键盘"选项卡，找到要定义的命令后按下想要定义的按键即可。例如，选择"□ 边角矩形(R).."命令，按"Alt + R"组合键就定义了绘制矩形的快捷键，如图 2-95 所示。

图 2-95 自定义快捷键

注意：定义的快捷键要便于记忆。

2.6　三维草图的绘制

三维草图常用作扫描路径、放样或扫描的引导线、放样的中心线或线路系统中的关键实体之一。下面以绘制图 2-96 所示的三维草图为例进行说明。

（1）单击"新建"按钮 ，开始绘制一个新零件。

（2）单击"草图"工具栏"草图绘制" 下拉列表中的"3D 草图"按钮 **3D**，如图 2-97 所示。

（3）按 L 键（或者单击"草图"工具栏中的"直线"按钮 ），在 *XY* 基准面 ，从原点开始沿 *X* 轴绘制一条长约 120 的水平线段（先绘制近似长度的线段，然后标注准确尺寸）。在 *XY* 基准面上水平绘制草图时，鼠标指针形状变成 ，如图 2-98 所示。

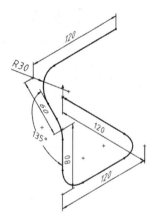

图 2-96　三维草图

图 2-97　"草图绘制"下拉列表

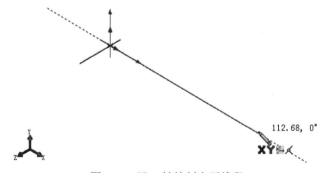

图 2-98　沿 *X* 轴绘制水平线段

（4）按 Tab 键，切换到 *YZ* 基准面 ，沿 *Z* 轴绘制长约 120 的线段，如图 2-99 所示。

（5）沿 *Y* 轴绘制长约 80 的线段，如图 2-100 所示。

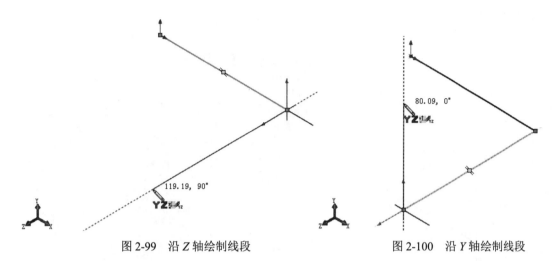

图 2-99　沿 *Z* 轴绘制线段　　　　　　　　　　图 2-100　沿 *Y* 轴绘制线段

（6）按 Tab 键，切换到 *XY* 基准面 ，沿 *XY* 轴对角线绘制长约 60、夹角为 135°的线段，如图 2-101 所示。

（7）按 Tab 键，切换到 *YZ* 基准面 ，沿 *Z* 轴负方向绘制长约 120 的线段，如图 2-102 所示。

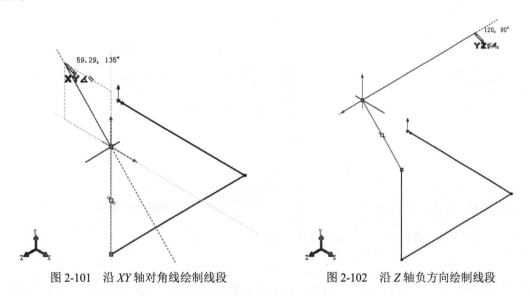

图 2-101　沿 *XY* 轴对角线绘制线段　　　　　图 2-102　沿 *Z* 轴负方向绘制线段

（8）用"智能尺寸"工具 ，按图 2-103 所示标注尺寸，单击"确定"按钮 ，可以看到三维草图并没有完全定义，因为长 60 的倾斜线段没有完全定义，其并非完全在 *XY* 平面上，需要添加几何关系。

（9）按住 Ctrl 键，单击左窗格中的"前视基准面"和图形区长 60 的倾斜线段，在"属性"管理器中选择"平行"，如图 2-104 所示，这时三维草图已完全定义，如图 2-105 所示。

（10）在各转折处绘制圆角。用"草图"工具栏中的"绘制圆角"工具 ，将"圆角参数"设为"30"，选择各线段，如图 2-106 所示。单击"确定"按钮 ，完成圆角的绘制。

（11）单击确认角的"确认"按钮 ，退出三维草图绘制并保存文件。至此，就完成了三维草图的绘制。

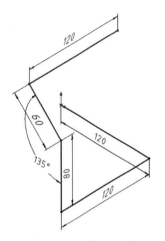

图 2-103　标注尺寸

图 2-104　添加"平行"几何关系

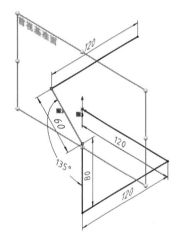

图 2-105　完全定义的草图

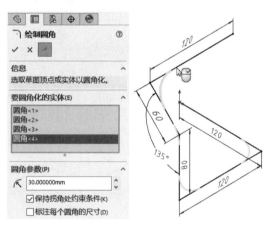

图 2-106　在转折处绘制圆角

关于三维草图应用的举例，请参见 6.3 节例 6-5。

习　　题

2-1　绘制下列二维草图。

注意： 绘制草图时需要先绘制大概形状及位置关系，然后利用几何关系和尺寸标注确定几何体的位置和大小，以提高工作效率。首先确定草图各元素间的几何关系，其次确定位置关系和定位尺寸，最后标注形状尺寸。

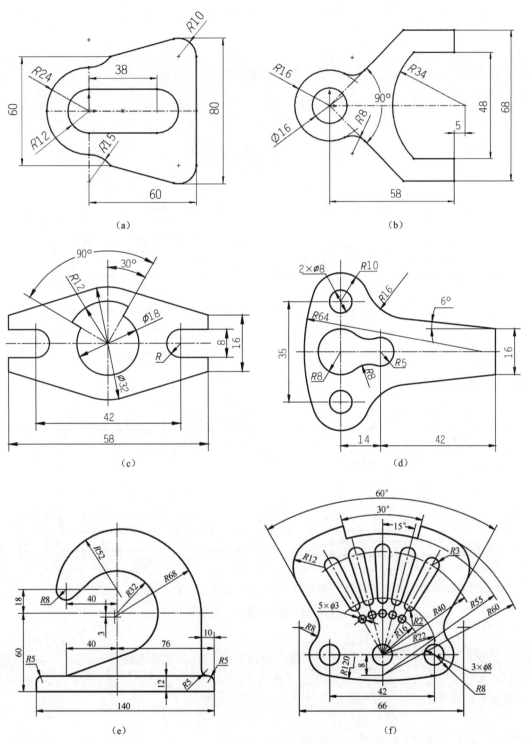

图 2-107　题 2-1 图

注意： 先分析所给图形，确定绘图步骤，再看提示。

提示： 图 2-107（a）~（d）可以利用对称性作图。绘制图 2-107（e）的参考步骤如图 2-108 所示。

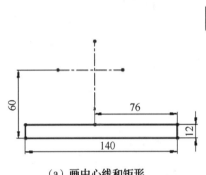

（a）画中心线和矩形

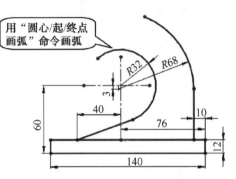

（b）画右端直线、圆弧R68、圆弧R32和斜直线

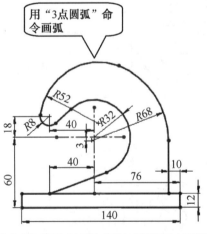

（c）画圆弧与R8间的直线、圆弧R52、圆弧R8

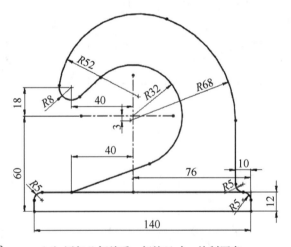

（d）添加几何关系，标注尺寸，绘制圆角

图 2-108　题 2-1 部分参考步骤

注意： 这里的操作仅仅是为了练习 SOLIDWORKS 的草图绘制技巧。实际创建三维模型时，不能在一个基准面上绘制如此复杂的草图，草图越简单越好，这样有利于草图的管理和特征的修改。特别是小圆角，一般用圆角特征创建。

2-2　绘制图 2-109 所示的三维草图。

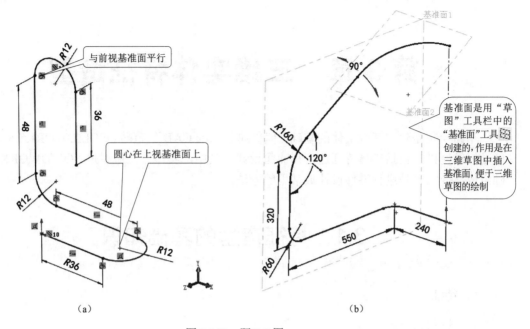

与前视基准面平行

圆心在上视基准面上

基准面1

90°

基准面2

基准面是用"草图"工具栏中的"基准面"工具创建的,作用是在三维草图中插入基准面,便于三维草图的绘制

R160

120°

R36

R12

48

36

48

320

R60

550

240

（a）

（b）

图 2-109　题 2-2 图

第 3 章　三维实体特征造型

草图绘制是建立三维实体的基础，但仍属于二维 CAD 的范畴。SOLIDWORKS 的核心功能是三维建模，包括实体特征造型和曲面设计。其中，实体特征造型是 SOLIDWORKS 的基础组成部分，也是进行零件设计最常用的方法。

3.1　特征造型的基础知识

1. 特征

1）特征的概念

在计算机参数化造型中，零件是由特征组成的。特征是一种具有工程意义的参数化三维几何模型，特征对应零件的某一形状，如圆角、倒角、筋、孔等，是三维建模的基本单元。使用参数化特征造型不仅能够使造型简单，而且能够包含设计信息、加工方法和加工顺序等工艺信息，为后续的 CAD（计算机辅助设计）、CAPP（计算机辅助工艺规划）、CAM（计算机辅助制造）提供正确的数据。

2）特征的分类

特征可以分为基体特征、附加特征和参考特征，如图 3-1 所示。

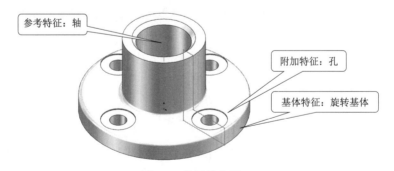

图 3-1　特征的分类

（1）基体特征。基体特征是造型过程中创建的第一个特征，相当于零件的毛坯，作为造型的基体，其他特征直接或间接地以基体特征为参考。基体特征可以是拉伸、旋转、扫描、放样、曲面加厚或钣金法兰。

（2）附加特征。附加特征是对已有特征进行的附加操作，包括圆角、倒角、孔、抽壳等。

（3）参考特征。参考特征是建立其他特征的参考，如基准面、基准轴、基准点、局部坐标系等。参考特征不直接参与三维模型的生成，但在其他特征的生成和组合过程中起到基准定义作用，又称基准特征。

3）特征的编辑

三维 CAD 软件提供特征编辑功能，如矩形阵列、环形阵列、镜向、复制、移动等。在造型过程中，可以对特征进行修改、删除、压缩、解除压缩、隐藏、显示等操作。

4）特征之间的关系

特征之间的关系包括几何拓扑关系、从属关系和时序关系等。

2. 特征造型的基本步骤

创建三维零件模型的一般操作步骤如下。

（1）零件设计规划：主要包括分析模型的特征组成，分析零件特征之间的位置关系，分析特征的造型顺序及特征的构造方法。设计规划越详细，设计时就越顺利，最终的建模就越合理，尤其是创建复杂的零件时。

（2）创建基体特征：基体特征是构建零件的基础，一般选择构成零件基本形态的主要特征或尺寸较大的特征作为基体特征。

（3）添加其他特征：根据零件规划结果，在基体特征上添加其他特征。一般先添加大的特征，后添加小的特征，最后添加圆角、倒角等辅助特征。

（4）编辑修改特征：在特征造型过程中，如果对某一结果不满意，可以随时修改特征的形状、尺寸、位置和从属关系等。

图 3-2 所示为盘类零件的创建过程。

(a) 创建基体特征　　(b) 添加孔特征　　(c) 阵列孔特征　　(d) 添加倒角、圆角　　(e) 修改孔的个数

图 3-2　盘类零件的创建过程

3. SOLIDWORKS 的基础特征工具

SOLIDWORKS 默认的命令管理器中的"特征"工具栏如图 3-3 所示。

图 3-3　"特征"工具栏

为便于管理，SOLIDWORKS 将特征工具集中放在"插入"菜单中，其中"凸台/基体"

"切除""特征""阵列/镜向""扣合特征"菜单的子菜单分别安排了相应的特征命令，如图 3-4
所示。

（a）"插入"菜单　　　（b）"特征"子菜单　　　（e）"阵列/镜向"子菜单　　（f）"扣合特征"子菜单

图 3-4　"插入"菜单及其部分子菜单

3.2　基体特征造型

SOLIDWORKS 2024 提供了拉伸、旋转、扫描、放样、边界等基体特征。

1. 拉伸特征

拉伸特征是指特征截面草图拉伸形成的特征，适合构建等截面的实体特征。图 3-5 所示为创建钩子三维实体的方法，也是生成拉伸特征的一般过程。

通过"拉伸"属性管理器可以定义拉伸特征的特点，生成实体或薄壁、凸台/基体、剪切、曲面等类型的拉伸特征。

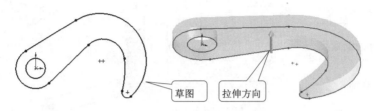

图 3-5　拉伸特征的生成过程

1）拉伸凸台/基体

下面用实例说明"拉伸凸台/基体"按钮 的功能。

（1）单击"新建"按钮 开始零件设计，进入零件设计工作环境。

（2）单击"特征"工具栏上的"拉伸凸台/基体"按钮 （或者选择"插入"→"凸台/基体"→"拉伸"菜单命令），选择"前视基准面"选项，系统进入草图绘制状态。

（3）单击"草图"工具栏上的"直线"按钮 ，以原点为定位点绘制图 3-6（a）所示的图形。单击"智能尺寸"按钮 ，标注图 3-6（b）所示的尺寸。

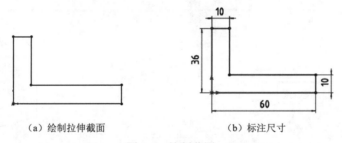

（a）绘制拉伸截面　　　　　　　　　（b）标注尺寸

图 3-6　绘制草图

（4）单击确认角的"确认"按钮 ，左窗格切换为"凸台-拉伸"属性管理器，图形区切换为等轴测视图，如图 3-7 所示。

（5）设置"凸台-拉伸"特征属性。将拉伸终止条件改为"两侧对称"，深度值改为"30"，如图 3-8 所示。

（6）单击"确定"按钮 ，完成拉伸基体操作，结果如图 3-9 所示。

（7）将 L 形底板上平面作为草图基准面。单击"拉伸凸台/基体"按钮 ，再单击"草图"工具栏上的"圆"按钮 ，在 L 形底板上平面绘制一个 $\phi16$ 的圆，如图 3-10 所示。单击确认角的"确认"按钮 ，结束草图绘制。

（8）用鼠标控制拉伸方向和深度。在图形区，将鼠标指针移至圆柱中心的立体实心箭头（三重轴控标）上，上下拖动鼠标（方向箭头变为洋红色），鼠标指针旁显示 Instant3D 标尺

（见图 3-11）标明拉伸深度。上下拖动鼠标时，拉伸预览随之变化，"凸台-拉伸"属性管理器中的拉伸深度值也随之变化。绿色数值为当前深度值。到指定位置 20 时松开鼠标，方向箭头变为暗灰色，鼠标指针变为 ，单击鼠标右键完成拉伸操作。

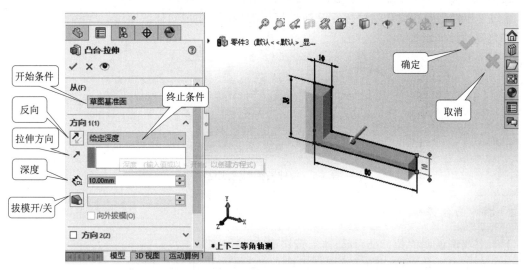

图 3-7　"凸台-拉伸"特征属性设置界面

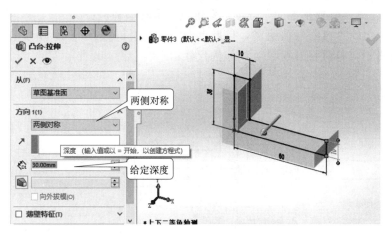

图 3-8　设置"凸台-拉伸"特征属性

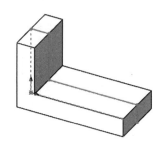

图 3-9　拉伸结果

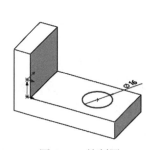

图 3-10　绘制圆

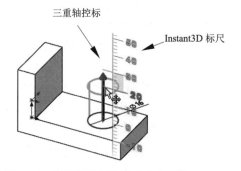

图 3-11　用鼠标控制拉伸方向和深度

2）"凸台-拉伸"属性管理器中的部分选项说明

（1）开始条件：设定拉伸特征的开始条件。系统提供了四个选项，如图 3-12 所示。

① 草图基准面。从草图所在的基准面开始拉伸。这是默认开始条件，大部分拉伸特征都使用此条件。

② 曲面/面/基准面。从这些实体之一开始拉伸，为曲面/面/基准面选择有效的实体。实体可以是平面或非平面。平面实体

图 3-12　拉伸特征的开始条件

不必与草图基准面平行。草图必须完全包含在非平面曲面或面的边界内。草图在开始曲面或面处依从非平面实体的形状，如图 3-13 所示。

③ 顶点。从选定的顶点开始拉伸，如图 3-14 所示。

④ 等距。从与当前草图基准面等距的基准面开始拉伸。在数值框中设定等距距离，如图 3-15 所示。

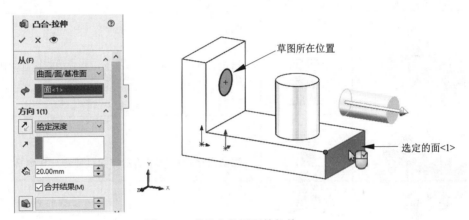

图 3-13　从选定的面开始拉伸

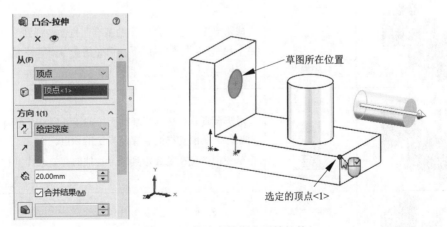

图 3-14　从选定的顶点开始拉伸

（2）终止条件：决定特征延伸的方式。单击"反向"按钮，以与预览中所示相反的方向延伸特征。SOLIDWORKS 提供的拉伸终止条件如图 3-16 所示，各拉伸终止条件的含义如表 3-1 所示。

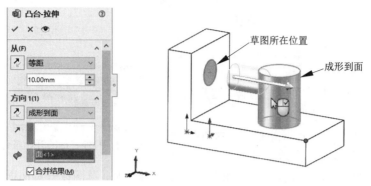

图 3-15　按给定距离开始拉伸　　　　　　　　　　　　　　图 3-16　拉伸终止条件

表 3-1　各拉伸终止条件的含义

视　图		含　义
等　轴　测	上　视	
		**给定深度**：从草图的基准面以指定的距离延伸特征
		完全贯穿：从草图的基准面拉伸特征直到贯穿所有的几何体
		成形到下一面：从草图的基准面拉伸特征到下一面(隔断整个轮廓)以生成特征(下一面必须在同一零件上)
		成形到顶点：从草图基准面拉伸特征到一个平面，这个平面平行于草图基准面且穿越指定的顶点。 草图顶点现在是成形到顶点拉伸的有效选择
		成形到面：从草图的基准面拉伸特征到所选的面，以生成特征

视　图		含　义
等　轴　测	上　视	
		到离指定面指定的距离：从草图的基准面拉伸特征到某面或曲面的特定距离平移处以生成特征
		成形到实体：从草图的基准面拉伸特征至指定的实体。用户可针对装配体、模具零件或多实体零件使用此条件
		两侧对称：从草图基准面向两个方向对称拉伸特征

（3）拉伸方向：在图形区选择方向矢量，以垂直于草图轮廓的方向拉伸草图，如图 3-17 所示。系统默认在垂直于草图平面的方向拉伸草图，如图 3-18 所示。

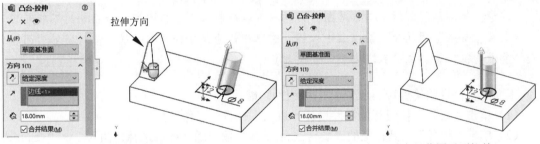

图 3-17　按选定的方向矢量拉伸　　　　　　　　　图 3-18　垂直于草图平面拉伸

（4）合并结果（仅限凸台/基体拉伸）：如果可以，将所产生的实体合并到现有实体。如果不勾选"合并结果"复选框，特征将生成不同实体，形成多实体零件。

（5）拔模开/关：设定拔模角度，如图 3-19 所示。默认不勾选"向外拔模"复选框。

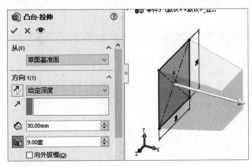
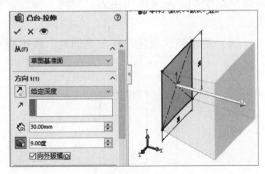

（a）向内拔模角度 9°　　　　　　　　　　　（b）向外拔模角度 9°

图 3-19　拔模开/关

（6）薄壁特征：使用此特征控制拉伸厚度，如图 3-20 所示。薄壁特征基体可作为钣金零件的基础。

（7）所选轮廓：用部分草图生成拉伸特征，使用"所选轮廓"指针 在图形区选择草图轮廓和模型边线，如图 3-21 所示。

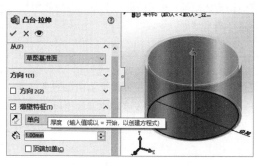

图 3-20　拉伸薄壁特征

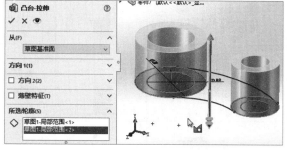

图 3-21　拉伸所选轮廓

2．旋转特征

旋转特征通过绕中心线旋转一个或多个轮廓来添加或移除材料。用户可以生成凸台/基体、旋转切除或旋转曲面。旋转特征可以是实体、薄壁或曲面特征。

> **注意：** 轮廓草图必须是二维草图，旋转轴可以绘制在三维草图中，而且轮廓不能与中心线交叉。如果草图包含一条以上中心线，需选择作为旋转轴的中心线。仅对旋转曲面和旋转薄壁特征而言，草图不能位于中心线上。

下面用实例说明"旋转凸台/基体"按钮的功能。

（1）单击"新建"按钮开始零件设计，进入零件设计工作环境。

（2）单击"特征"工具栏上的"旋转凸台/基体"按钮 （或者选择"插入"→"凸台/基体"→"旋转"菜单命令），选择"前视基准面"选项，进入草图绘制状态。

（3）单击"草图"工具栏上"直线" ·下拉列表中的"中心线"按钮 ，以原点为定位点绘制一条竖直中心线；再单击"直线"按钮 ，绘制图 3-22（a）所示的图形；然后单击"智能尺寸"按钮 ，标注尺寸，如图 3-22（b）所示；最后单击"确认"按钮 进行确认，结束草图绘制。左窗格切换为"旋转"属性管理器，图形区切换为等轴测视图，如图 3-23（a）所示。

（4）使用默认属性，单击"确定"按钮 ，完成旋转基体操作，结果如图 3-23（b）所示。

（a）绘制旋转轴和旋转截面

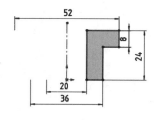

（b）标注尺寸

图 3-22　绘制草图

在"旋转"属性管理器中，SOLIDWORKS 提供的旋转类型如图 3-24 所示，用户可以根据不同的需要进行选择。图 3-25 所示为"两侧对称且旋转 60°"的旋转效果。

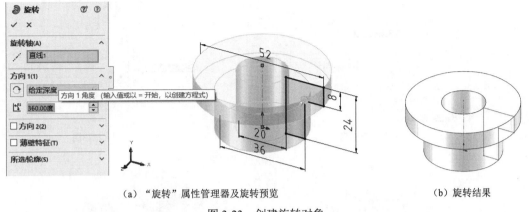

（a）"旋转"属性管理器及旋转预览　　　　　　　　　　　（b）旋转结果

图 3-23　创建旋转对象

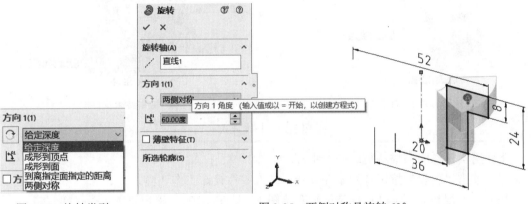

图 3-24　旋转类型　　　　　　图 3-25　两侧对称且旋转 60°

3．扫描特征

扫描特征是指由二维草图轮廓沿一条路径或截面扫描形成的特征，扫描方式包括"简单扫描""使用引导线扫描""使用多轮廓扫描""使用薄壁特征扫描"，如图 3-26 所示。

扫描应遵守以下规则：

（1）对于基体或凸台，扫描特征轮廓必须是闭环的；对于曲面，扫描特征轮廓可以是闭环的，也可以是开环的。

（2）路径可以为开环或闭环。

（3）路径可以是一张草图、一条曲线或一组模型边线中包含的一组草图曲线。

（4）路径的起点必须位于轮廓的基准面上。

（5）截面、路径或所形成的实体都不能出现自相交叉的情况。

（6）引导线必须与轮廓或轮廓草图中的点重合。

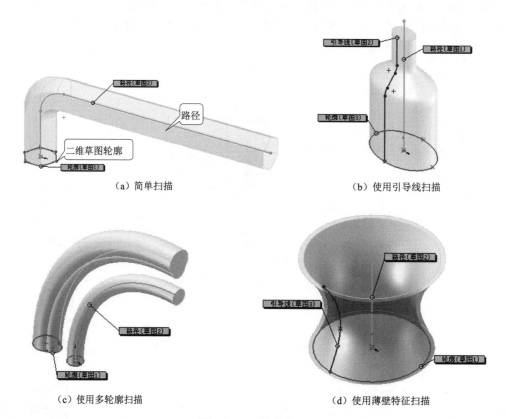

（a）简单扫描   （b）使用引导线扫描

（c）使用多轮廓扫描   （d）使用薄壁特征扫描

图 3-26   扫描方式

下面用实例说明扫描特征的操作步骤。

（1）单击"新建"按钮开始零件设计，进入零件设计工作环境。

（2）在上视基准面绘制扫描特征轮廓草图 1（见图 3-27），退出草图 1。

（3）选择左窗格中的 📄 **前视基准面** 选项，在弹出的菜单中单击"草图绘制"按钮 🖊️，用"直线"工具 ✏️绘制扫描特征路径草图 2（见图 3-28），退出草图 2。

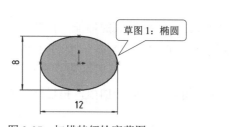

图 3-27   扫描特征轮廓草图 1

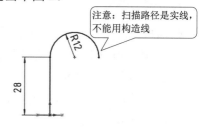

图 3-28   扫描特征路径草图 2

（4）单击"特征"工具栏上的"扫描"按钮 💠（或者选择 "插入"→"凸台/基体"→"扫描"菜单命令）。左窗格变成"扫描"属性管理器。

（5）按"Ctrl + 7"组合键，使图形区切换为等轴测视图。选择椭圆作为扫描特征轮廓，选择直线作为扫描特征路径，如图 3-29 所示。

（6）使用默认属性，单击"确定"按钮 ✔️，完成扫描操作，结果如图 3-30 所示。

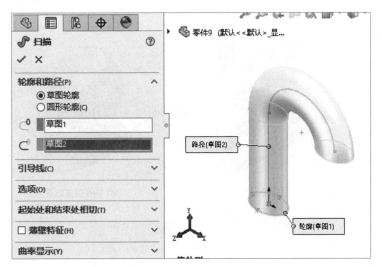

图 3-29　扫描特征属性　　　　　　　　　　　图 3-30　扫描结果

4．放样特征

放样特征是两个或多个轮廓之间形成的特征，主要应用于截面形式变化较大的场合。创建放样特征时，理论上各特征截面的线段数量应相等，并且要合理地确定截面之间的对应点，如果系统自动创建的放样特征截面之间的对应点数不符合用户要求，则创建放样特征时必须使用引导线。简单放样特征的生成过程如图 3-31 所示。

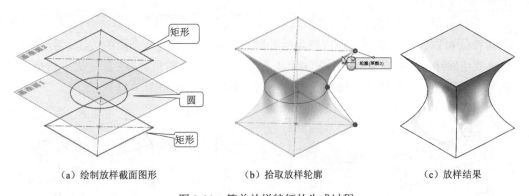

（a）绘制放样截面图形　　　　　（b）拾取放样轮廓　　　　　（c）放样结果

图 3-31　简单放样特征的生成过程

5．边界特征

通过边界工具可以得到高质量、准确的特征，这在创建复杂形状时非常有用，特别是在消费类产品设计、医疗、航空航天、模具制造等领域。边界凸台/基体特征的生成过程如图 3-32 所示。

在生成特征时，最佳做法是根据边数确定要生成的特征类型，即填充特征、边界、放样或扫描中的一种。

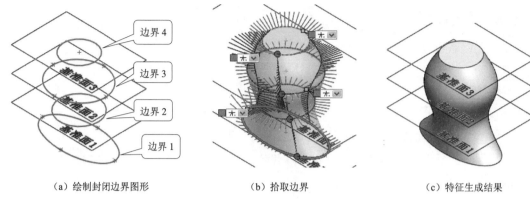

|（a）绘制封闭边界图形|（b）拾取边界|（c）特征生成结果|

图 3-32　边界凸台/基体特征的生成过程

3.3　附加特征与特征的编辑操作

1. 附加特征

SOLIDWORKS 提供的附加特征包括圆角、倒角、抽壳、筋、孔、异型孔、圆顶、压凹、变形、弯曲等。这里仅介绍圆角、倒角、抽壳、筋、孔、异型孔，其他附加特征请参考 SOLIDWORKS 系统提供的文件。

（1）圆角特征（按钮 ，选择"插入"→"特征"→"圆角"菜单命令）。

圆角特征可以在零件边界生成内圆角或外圆角。用户可以为一个面的边线、所选的多组面、边线或边线环添加圆角。SOLIDWORKS 系统提供了四种圆角类型：固定大小圆角、变量大小圆角、面圆角、完整圆角，添加固定大小圆角特征的过程如图 3-33 所示。

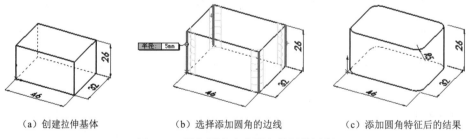

|（a）创建拉伸基体|（b）选择添加圆角的边线|（c）添加圆角特征后的结果|

图 3-33　添加固定大小圆角特征的过程

（2）倒角特征（按钮 ，选择"插入"→"特征"→"倒角"菜单命令）。

倒角是在所选的边线或顶点生成一个倾斜面的特征造型方法。工程上应用它一般是为了去除零件的毛边或满足装配的要求。SOLIDWORKS 系统提供了五种倒角类型：角度距离、距离-距离、等距面、面-面、顶点。添加倒角特征的过程如图 3-34 所示。

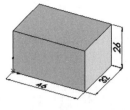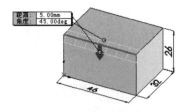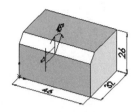

（a）创建拉伸基体　　　　　（b）选择添加倒角的边线　　　　（c）添加倒角特征后的结果

图 3-34　添加倒角特征的过程

（3）筋特征（按钮 ，选择"插入"→"特征"→"筋"菜单命令）。

筋特征是一种特殊类型的拉伸特征，它在轮廓和现有零件之间添加指定方向和厚度的材料，是加强零件结构的增强件。添加筋特征的过程如图 3-35 所示。

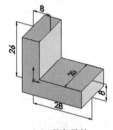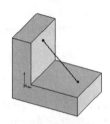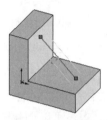

（a）现有零件　　　（b）绘制筋特征草图　　　（c）设置筋特征属性　　　（d）添加筋特征后的结果

图 3-35　添加筋特征的过程

注意： 在曲面间添加筋特征时要注意草图的绘制，添加指定方向时必须有面能够全部接受实体，如图 3-36（b）所示，否则无法创建，如图 3-36（c）所示。

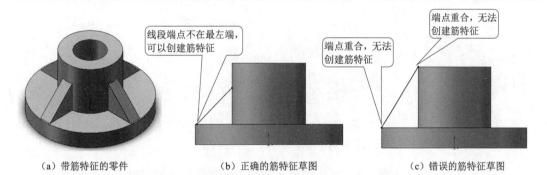

（a）带筋特征的零件　　　（b）正确的筋特征草图　　　（c）错误的筋特征草图

图 3-36　在曲面间添加筋特征

（4）抽壳特征（按钮 ，选择"插入"→"特征"→"抽壳"菜单命令）。

抽壳是敞开所选的面同时去除零件内部的材料，并在其他面上生成薄壁的特征造型方法。没有选择任何面时，抽壳一个零件实体会生成一个封闭的、掏空的特征。创建抽壳特征时，先选择一个或多个开口平面，然后输入薄壁厚度即可。创建抽壳特征的过程如图 3-37 所示。

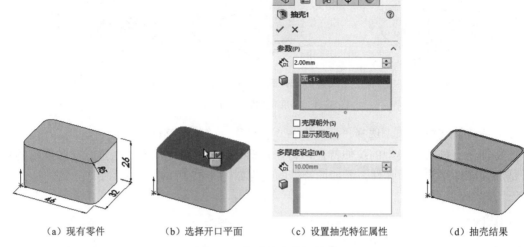

（a）现有零件　　　　（b）选择开口平面　　　（c）设置抽壳特征属性　　　（d）抽壳结果

图 3-37　创建抽壳特征的过程

（5）钻孔特征（选择"插入"→"特征"→"孔"菜单命令）。

钻孔是在已有的零件实体上创建各种类型的孔特征，分为简单直孔、异型孔和高级孔。

单击"简单直孔"按钮 ，可以创建一个不需要其他参数的简单直孔。创建简单直孔特征的过程如图 3-38 所示。

（a）现有零件　　　　（b）选择孔平面　　　（c）设置孔特征属性　　　（d）添加简单直孔结果

图 3-38　创建简单直孔特征的过程

单击"异型孔向导"按钮 ，可以创建多参数、多功能的各种功能孔。创建异型孔特征的过程如图 3-39 所示。

① 在模型上单击要添加异型孔的面，如图 3-39（b）所示。

② 在"特征"工具栏单击"异型孔向导"按钮 。

③ 在左窗格选择"柱形沉头孔"，其余参数按图 3-39（c）所示进行设置。

④ 单击"孔位置"属性管理器中的"位置"选项卡，如图 3-39（d）所示。

⑤ 将鼠标指针移到要放置孔的圆角线上并暂停，当圆角的圆心出现时单击圆心，放置一个柱形沉头孔，如图 3-39（e）所示。用同样的方法添加其他孔。

⑥ 单击"确定"按钮 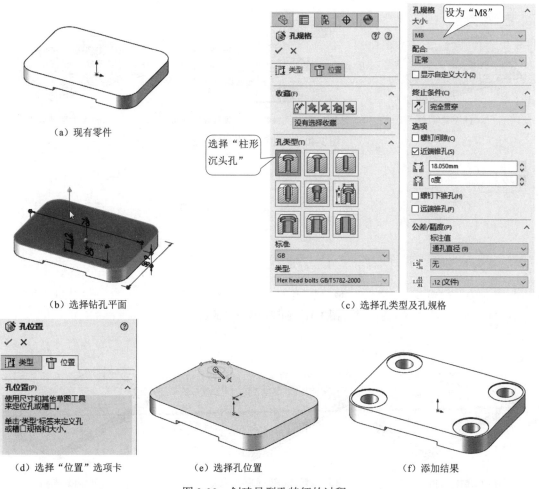，完成异型孔特征的创建，结果如图 3-39（f）所示。

（a）现有零件

（b）选择钻孔平面

（c）选择孔类型及孔规格

（d）选择"位置"选项卡　　　（e）选择孔位置　　　（f）添加结果

图 3-39　创建异型孔特征的过程

2．特征编辑

SOLIDWORKS 提供的特征编辑工具包括移动、复制、阵列、镜向、比例缩放等。

1）阵列特征

阵列是指按照一定的方式复制源特征。SOLIDWORKS 系统提供线性阵列、圆周阵列、表格驱动的阵列、曲线驱动的阵列、草图驱动的阵列、填充阵列和变量阵列。

（1）线性阵列（按钮 🔲，选择"插入"→"阵列/镜向"→"线性阵列"菜单命令）。
线性阵列是源特征的一维或二维的复制，创建过程如图 3-40 所示。

（2）圆周阵列（按钮 🔂，选择"插入"→"阵列/镜向"→"圆周阵列"菜单命令）。
圆周阵列是源特征沿圆周的复制，创建过程如图 3-41 所示。

（3）表格驱动的阵列（按钮 📷，选择"插入"→"阵列/镜向"→"表格驱动的阵列" 菜单命令）。

使用 *X-Y* 坐标指定特征阵列，创建过程如图 3-42 所示，表格驱动的坐标值如图 3-43 所示。

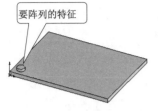
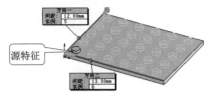

（a）创建特征　　　　　（b）选择阵列方向与源特征，并设置数量和间距　　　　　（c）线性阵列结果

图 3-40　创建线性阵列的过程

（a）创建特征　　　　（b）选择阵列轴与源特征，并设置阵列数量　　　　（c）圆周阵列结果

图 3-41　创建圆周阵列的过程

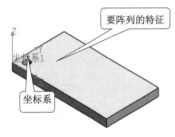
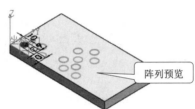
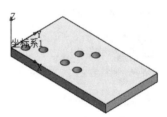

（a）创建特征和坐标系　　　（b）设置表格驱动的阵列选项　　　（c）阵列结果

图 3-42　创建表格驱动的阵列的过程

点	X	Y
0	10mm	10mm
1	25mm	20mm
2	55mm	20mm
3	55mm	40mm
4	68mm	50mm
5	72mm	20mm

图 3-43　表格驱动的坐标值

（4）曲线驱动的阵列（按钮 ，选择"插入"→"阵列/镜向"→"曲线驱动的阵列"菜单命令）。

沿平面或三维曲线生成阵列，创建过程如图 3-44 所示。

（5）草图驱动的阵列（按钮 ，选择"插入"→"阵列/镜向"→"草图驱动的阵列"菜单命令）。

使用草图中的草图点指定特征阵列。源特征从整个阵列扩散到草图中的每个点。孔或其他特征可以运用草图驱动的阵列，创建过程如图 3-45 所示。

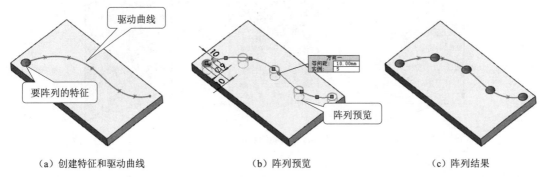

（a）创建特征和驱动曲线   （b）阵列预览   （c）阵列结果

图 3-44　创建曲线驱动的阵列的过程

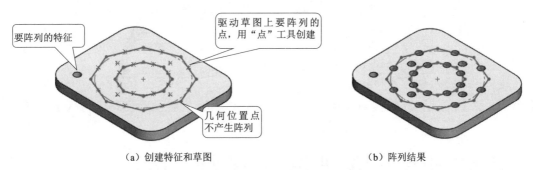

（a）创建特征和草图   （b）阵列结果

图 3-45　创建草图驱动的阵列的过程

（6）填充阵列（按钮　　，选择"插入"→"阵列/镜向"→"填充阵列"菜单命令）。

选择由共有平面的面定义的区域或位于共有平面的面上的草图创建填充阵列。如果使用草图作为边界，可能需要选择阵列方向，创建过程如图 3-46 所示。填充阵列类型有穿孔、圆形、多边形等，如图 3-47 所示。

（7）变量阵列（按钮　　，选择"插入"→"阵列/镜向"→"变量阵列"菜单命令）。

通过改变尺寸对特征进行阵列。对于阵列中的对象，如尺寸值和参考对象，可以在一个表格中对各个实例的各个参数进行单独编辑，以生成多样、复杂的阵列。下面用图 3-48 所示的例子说明变量阵列的创建过程。

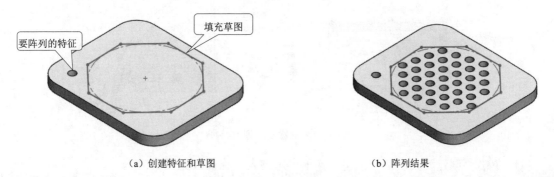

（a）创建特征和草图   （b）阵列结果

图 3-46　创建填充阵列的过程

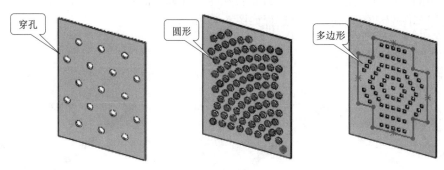

图 3-47　填充阵列类型

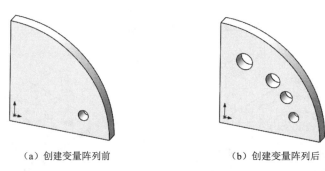

（a）创建变量阵列前　　　　　　　　（b）创建变量阵列后

图 3-48　创建变量阵列的过程

① 单击"变量阵列"按钮📷（在"特征"工具栏中）。

② 在"变量阵列"属性管理器中，对于要阵列的特征📷，在图形区（或者特征设计树中）选择特征"切除-拉伸 1"。

③ 在"要驱动源的参考几何体"📷中，选择"切除-拉伸 1"中的"草图 2"，如图 3-49 所示。

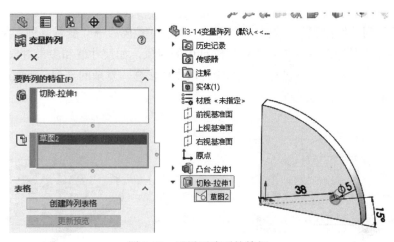

图 3-49　设置要阵列的特征

④ 单击"创建阵列表格"按钮，弹出"阵列表"窗口（见图 3-50）。

⑤ 在图形区选择阵列实例中要改变的尺寸"φ5"、"15°"和"38"。

> **提示：** 必须为每个要阵列的实体生成特征选择尺寸，即使尺寸未改变。对于实体修改特征，如圆角，则不需要选择尺寸。

⑥ 在"阵列表"窗口的"添加实例数"栏 📳 输入"3"，按 Enter 键。

⑦ 编辑"阵列表"窗口中的数值，修改为图 3-50 所示的内容，单击"更新预览"按钮。

1	A	B	C	D	E
	子体	要跳过的实例	草图2		
2			D3	D1	D2
3	0		38.00mm	5.00mm	15.00度
4	1	☐	38.00mm	6.00mm	30.00度
5	2	☐	37.00mm	7.00mm	45.00度
6	3	☐	35.00mm	8.00mm	70.00度

从图形区域选择尺寸以将它们添加至此表。

图 3-50 "阵列表"窗口

⑧ 单击"确定"按钮。

⑨ 在"变量阵列"属性管理器中单击"确定"按钮 ✔，完成变量阵列创建。

2）镜向特征（按钮 🔳，选择"插入"→"阵列/镜向"→"镜向"菜单命令）

镜向特征以某一平面或基准面为参考面，对称复制选定的特征。如果对源特征进行修改，复制的特征也将被修改。应用该特征可以简化有对称结构的零件造型。创建镜向特征的过程如图 3-51 所示。

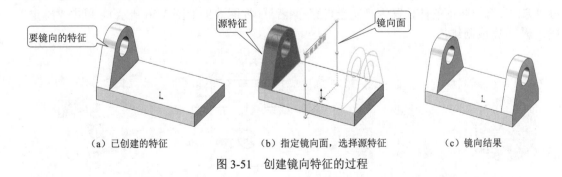

（a）已创建的特征　　　　（b）指定镜向面，选择源特征　　　　（c）镜向结果

图 3-51 创建镜向特征的过程

3.4 举 例

在设计过程中，对于确定的结构应该标注尺寸；设计完成之后，应给之前没有完全定义的草图添加尺寸和几何关系。这样做的好处：一是确认设计结果，避免模型发生意外的变化；二是在模型设计阶段添加的尺寸、注解及特征尺寸等可以直接插入工程图中，简化标注过程。这些由三维模型插入工程图中的尺寸和三维模型是全相关的，在任何一个设计环境更改这些尺寸都可以驱动模型，即在工程图中也可以编辑三维模型。

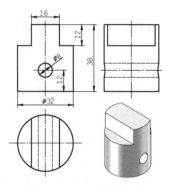

图 3-52 切除圆柱模型

例 3-1 创建切除圆柱模型（见图 3-52）

图 3-52 所示的模型是基本圆柱体被左右对称截切上部及中间挖孔后的形状，所以应先创建圆柱基体，然后切除拉伸。具体步骤如下。

（1）先单击"新建"按钮 📄，再双击"零件"按钮 🍉，进入零件设计模式。

（2）先单击"特征"工具栏中的"拉伸凸台/基体"按钮 🔲，选择"上视基准面"选项，再单击"草图"工具栏上的"圆"按钮 ⊙，在原点绘制一个圆。单击"智能尺寸"按钮 ✧ 后单击圆的边线，在"修改"对话框中将圆的大小设为"32"，单击"确定"按钮 ✔，效果如图 3-53 所示。

（3）单击确认角中的"确认"按钮 ↳ 进行确认，完成草图 1 的绘制。系统进入"凸台-拉伸"属性设置状态，将拉伸深度设置为"38"，单击"确定"按钮 ✔，完成拉伸基体操作，结果如图 3-54 所示。

（4）选择左窗格中的 🗗 前视基准面 选项，在弹出的菜单中，单击"草图绘制"按钮 ↳，图形区变为前视视图。分别用"草图"工具栏中的"中心线"工具 ✐、"边角矩形"工具 ▢、"镜向实体"工具 ⊪、"圆"工具 ⊙、"智能尺寸"工具 ✧，绘制图 3-55 所示的图形，（注意：矩形的外边界与圆柱轮廓线重合），单击确认角中的"确认"按钮 ↳ 进行确认。

（5）单击"特征"工具栏上的"拉伸切除"按钮 🔳，进入"切除-拉伸"属性设置状态，将"方向 1"的终止条件设置为"完全贯穿-两者"（视图效果如图 3-56 所示），单击"确定"按钮 ✔，完成创建。

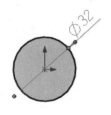

图 3-53 草图绘制效果

图 3-54 拉伸结果

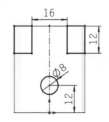

图 3-55 绘制切除草图

图 3-56 切除圆柱视图效果

例 3-2　创建两相交圆柱筒模型（见图 3-57）

图 3-57 所示的模型是两圆柱筒正交的形状，所以应先创建两圆柱基体，然后分别切除出圆柱孔。为便于定位，应使模型的中心点与原点重合。具体步骤如下。

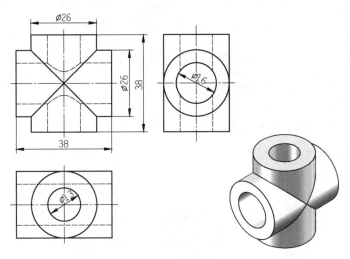

图 3-57　两相交圆柱筒模型

（1）先单击"新建"按钮□，再双击"零件"按钮🐷，进入零件设计模式。

（2）先单击命令管理器中的"拉伸凸台/基体"按钮🗐，选择"上视基准面"选项，再单击"草图"工具栏上的"圆"按钮⊙，在原点绘制一个圆，用"智能尺寸"工具🖋 标注圆的尺寸为"26"，单击确认角中的"确认"按钮↵进行确认，完成草图 1 的绘制，系统进入"凸台-拉伸"属性设置状态。

（3）将拉伸终止条件设置为"两侧对称"，将深度设置为"38"，如图 3-58 所示。

（4）单击"确定"按钮✔，完成拉伸 1 操作。

（5）选择左窗格中的 🗗 右视基准面 选项，在弹出的菜单中，单击"草图绘制"按钮📂，图形区变为右视视图。

（6）用"圆"工具⊙绘制一个圆，圆心定在原点，使圆周与圆柱轮廓线相切，如图 3-59 所示。

（7）单击确认角中的"确认"按钮↵进行确认，完成草图 2 的绘制。

（8）单击命令管理器中的"拉伸凸台/基体"按钮🗐，系统进入"凸台-拉伸"属性设置状态。

（9）单击"确定"按钮✔，完成拉伸 2 操作。注：此次拉伸与拉伸 1 的属性相同，终止条件为"两侧对称"，深度为"38"。

（10）按"Ctrl+7"组合键，将图形切换到等轴测视图显示，如图 3-60 所示。

（11）选择"水平圆柱前端面"，如图 3-61 所示，在弹出的菜单中，单击"草图绘制"按钮📂，系统自动将选定的平面正视于屏幕。用"圆"工具⊙绘制一个圆，将圆心定在原点（见图 3-62）。用"智能尺寸"工具🖋，将圆的尺寸标注为"16"，如图 3-63 所示。单击确认角中的"确认"按钮↵进行确认，完成草图 2 的绘制。

（12）单击"拉伸切除"按钮🗐，系统进入"切除-拉伸"属性设置状态，将终止条件设置为"完全贯通",单击"确定"按钮 ✔,完成拉伸切除操作,结果如图 3-64 所示。

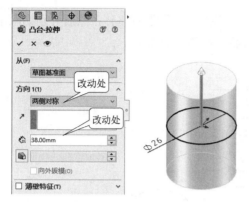

图 3-58　设置拉伸属性

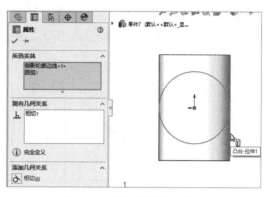

图 3-59　添加相切几何关系

图 3-60　拉伸 2

图 3-61　选择基面

图 3-62　定圆心

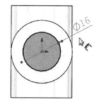

图 3-63　绘制圆

图 3-64　拉伸切除结果

（13）同理,选择竖直圆柱的上端面,重复步骤（11）和步骤（12）,挖切一个直径为 13 的通孔,完成模型制作。

例 3-3　创建组合体模型（见图 3-65）

用形体分析法分析图 3-65 所示的组合体模型,其基体是由底板和两块 U 形板组成的,底板上有通槽孔和切角。创建时可以先把底板画成方形进行拉伸,再画圆角、孔、切角;也可以将底板形状全部画好,一次拉伸成型。两块 U 形板相同,创建好一块后,另一块通过镜向生成。根据各组成部分之间的位置关系,将定位原点定在底板后端面底部的中点较合理。创建步骤如下。

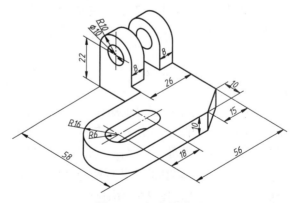

图 3-65　组合体模型

（1）进入零件设计模式。先单击"新建"按钮□，再双击"零件"按钮🐘。

（2）创建底板。选择左窗格中的□ **上视基准面** 选项，在弹出的菜单中，单击"草图绘制"按钮□，图形区变为上视视图。用"直线"工具✏和"直槽口"工具◨，在原点下方绘制出底板轮廓，如图 3-66 所示。

按住 Ctrl 键，选择原点和上边线，在弹出的菜单中，单击"使成中点"按钮✏ 添加"中点"几何关系，用"智能尺寸"工具↙标注尺寸，如图 3-67 所示，此时草图完全定义。

单击确认角中的"确认"按钮↳进行确认，完成草图绘制，单击命令管理器中的"拉伸凸台/基体"按钮📦，系统进入"凸台-拉伸"属性设置状态。

将拉伸深度设置为"10"，将终止条件设为"给定深度"，单击"确定"按钮✔，完成拉伸 1 基体操作，结果如图 3-68 所示。

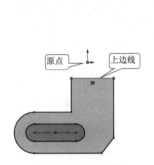
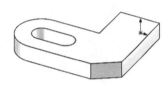

图 3-66　绘制底板轮廓　　图 3-67　添加几何关系、标注尺寸　　图 3-68　拉伸出的底板

（3）创建 U 形板。选择底板右侧面（见图 3-69），在弹出的菜单中，单击"草图绘制"按钮□，系统自动将选定的平面正视于屏幕。用"直线"工具✏和"圆"工具⊙绘制 U 形板轮廓，并标注出尺寸，如图 3-70 所示。

单击命令管理器"特征"工具栏中的"拉伸凸台/基体"按钮📦，将拉伸深度设置为"8"，将终止条件设为"给定深度"，方向设置为"反向"（见图 3-71），单击"确定"按钮✔，完成拉伸 2 基体操作。

（4）镜向生成第 2 块 U 形板。按下 Ctrl 键不放，选中"凸台-拉伸 2"和"右视基准面"（见图 3-72），单击"镜向"按钮▶◀，再单击"确定"按钮✔，完成模型制作，结果如图 3-73 所示。

（5）保存文件。

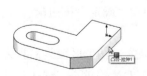

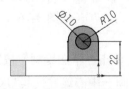

图 3-69　选择底板右侧面　　图 3-70　U 形板草图　　图 3-71　设置拉伸属性

图 3-72 选择镜向的特征和基准面

图 3-73 结果

例 3-4 支架的三维模型（见图 3-74）

分析图 3-74 所示的支架结构，其由底板、圆柱筒、支撑弯板和肋板四部分组成；分析尺寸和各组成部分之间的位置关系，将定位原点定在底板右端面底部的中点较合理。

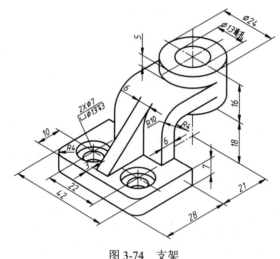

图 3-74 支架

创建模型时，先创建大的形体，后创建小的形体；先创建主体，后创建细节。具体步骤如下。

（1）进入零件设计模式。先单击"新建"按钮 ▯，再双击"零件"按钮 ◎。

（2）创建底板。选择左窗格中的 ▯ 前视基准面 选项，在弹出的菜单中，单击"草图绘制"按钮 ▭，图形区变为前视视图。用"直线"工具 ╱，从原点向左画水平线，并标注尺寸 28，如图 3-75 所示。

单击"特征"工具栏中的"拉伸凸台/基体"按钮 ▦，将"方向 1"的拉伸深度设置为"42"，终止条件设置为"两侧对称"，薄壁厚度设置为"7"（见图 3-76），单击"确定"按钮 ✔，拉伸出底板。

（3）绘制圆柱。选择 ▯ 前视基准面 选项，单击"草图绘制"按钮 ▭，图形区变为前视视图。用"边角矩形"工具 ▭ 绘制出一矩形，画一中心线并使其与矩形左边线重合，标注尺寸（见图 3-77）；单击"特征"工具栏中的"旋转凸台/基体"按钮 🌀，单击"确定"按钮 ✔，旋转出圆柱。

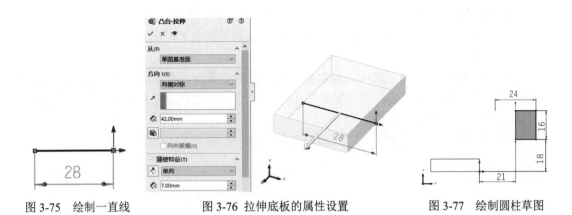

图 3-75　绘制一直线　　　　　　图 3-76　拉伸底板的属性设置　　　　　图 3-77　绘制圆柱草图

（4）绘制支撑弯板。选择"前视基准面"选项，单击"草图绘制"按钮 ，用"直线"工具画出弯板内轮廓，并使直线下端点与底板右角点重合，直线右端点与圆柱轴线重合（开启"观阅临时轴"），标注尺寸（见图 3-78）。

单击"特征"工具栏中的"拉伸凸台/基体"按钮 ，将"方向 1"的拉伸深度设置为"24"，终止条件设置为"两侧对称"，薄壁厚度设置为"6"，单击"薄壁特征"下的"反向"按钮 （见图 3-79），单击"确定"按钮 ，拉伸出弯板。

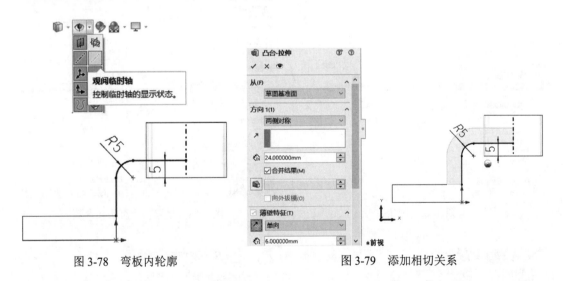

图 3-78　弯板内轮廓　　　　　　　　　　图 3-79　添加相切关系

（5）创建肋板。选择"前视基准面"选项，用"直线"工具画出肋板轮廓，并使直线与弯板圆弧相切，标注出尺寸（见图 3-80），单击"特征"工具栏中的"筋"按钮 ，将"筋"属性按图 3-80 所示进行设置，单击"确定"按钮 ，创建出肋板。

（6）挖切圆柱孔。按"Ctrl+7"组合键，使视图等轴测显示，选择圆柱上表面，绘制 $\phi 13$ 的圆，单击"拉伸切除"按钮 ，切除出圆柱孔，终止条件设置为"成形到下一面"，如图 3-81 所示，单击"确定"按钮 ，挖切出圆柱孔。

（7）圆角底板。选择底板左侧两棱边，用"圆角"工具 ，将圆角半径设为"4"（见图 3-82），单击"确定"按钮 。

（8）添加沉孔。选择底板上表面，单击"特征"工具栏中的"异型孔向导"按钮，将柱形沉头孔参数按图 3-83 所示进行设置后，单击"位置"选项卡，在底板上上下单击，定出孔位置（见图 3-84）。

绘制两条中心线，并使竖直中心线端点与两沉孔中心重合，水平中心线一端点与原点重合，另一端点在竖直中心线的中心（保证沉孔对称），并分别对两中心线添加"竖直"和"水平"几何关系；标注尺寸，如图 3-84 所示。

（9）单击"确定"按钮，按"Ctrl+7"组合键，建模结果如图 3-85 所示。

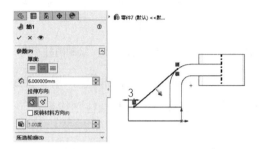

图 3-80　画肋板

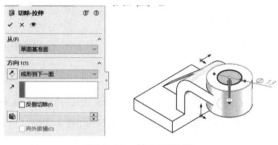

图 3-81　挖切圆柱孔

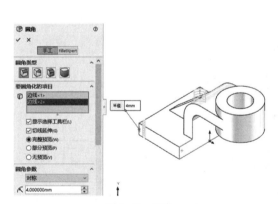

图 3-82　圆角

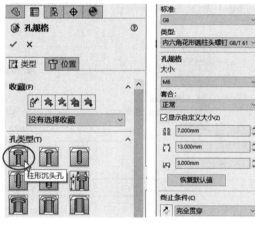

图 3-83　设置柱形沉头孔参数

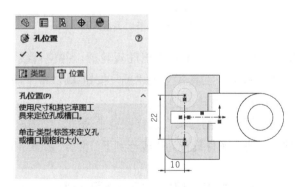

图 3-84　设置沉孔位置并标注尺寸

图 3-85　建模结果

例 3-5　创建弯板零件的三维模型（见图 3-86）

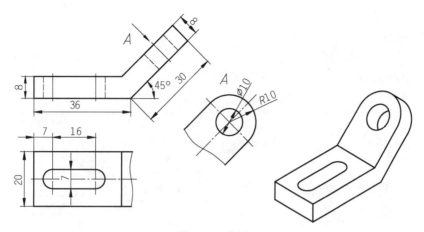

图 3-86　弯板

　　分析图 3-86 所示的结构，可以用拉伸命令创建主体轮廓后绘制圆角 $R10$，拉伸切除出直槽口和 $\phi 10$ 圆孔。创建步骤如下。

　　（1）进入模型空间，在前视基准面绘制图 3-87 所示的草图，标注尺寸后退出草图。

　　（2）拉伸出主体。单击"拉伸凸台/基体"按钮 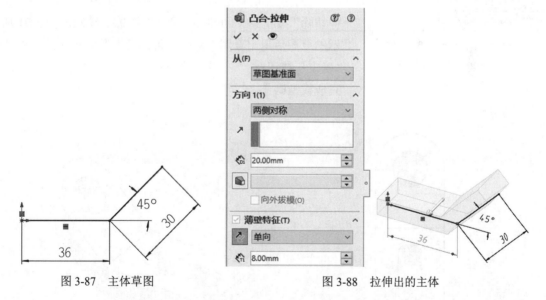，将拉伸深度设置为"20"，将终止条件设为"两侧对称"，薄壁厚度设为"8"，单击"反向"按钮 （见图 3-88），单击"确定"按钮，拉伸出主体。

图 3-87　主体草图　　　　　　　　　图 3-88　拉伸出的主体

　　（3）圆角。单击"圆角"按钮 ，在"圆角"属性管理器中将"圆角类型"设为"完整圆角" ；在"要圆角化的项目"栏，边侧面组 1 选择模型前侧面，中央面组选择模型斜上面，边侧面组 2 选择模型后侧面（见图 3-89），单击"确定"按钮，完成 $R10$ 圆角的绘制。

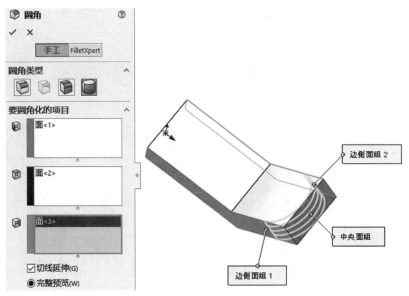

图 3-89　圆角

（4）拉伸切除出直槽口。选择水平板上表面，先单击"拉伸切除"按钮，再单击"直槽口"按钮，绘制出图 3-90 所示的草图后退出草图。将终止条件设为"完全贯穿"，单击"确定"按钮，拉伸出直槽口（见图 3-91）。

（5）拉伸切除出圆孔。选择倾斜板上表面，先单击"拉伸切除"按钮，再单击"圆"按钮，绘制出图 3-91 所示的草图后退出草图。将终止条件设为"完全贯穿"，单击"确定"按钮，拉伸切除出 ϕ 10 圆孔，如图 3-92 所示，完成模型制作。

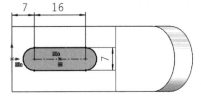

图 3-90　直槽口草图

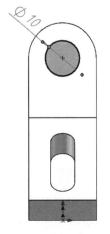

图 3-91　圆孔草图

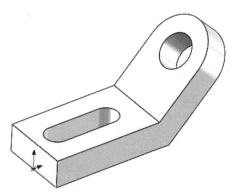

图 3-92　完成的模型

例 3-6　创建轴零件的三维模型（工程图如图 3-93 所示）

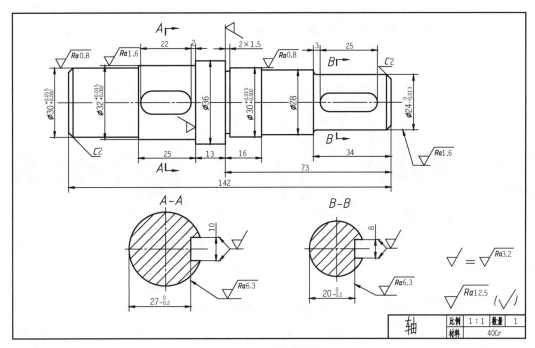

图 3-93　轴工程图

分析图 3-93 可知，该轴是由 $\phi 30$、$\phi 32$、$\phi 36$、$\phi 28$、$\phi 24$ 的圆柱体加上两个键槽、两端倒角和一处砂轮越程槽组成的。将原点定在轴的左端点，画出上部截面轮廓，旋转创建出主体，再旋转切除出砂轮越程槽，然后拉伸切除出键槽，最后倒角。创建步骤如下。

（1）先单击"新建"按钮，再双击"零件"按钮，进入零件设计模式。

（2）创建主体。选择"前视基准面"选项，单击"草图绘制"按钮，进入草图 1 绘制状态。

分别用"中心线"工具、"直线"工具、"智能尺寸"工具，绘制出图 3-94 所示的草图后，框选所有实体。

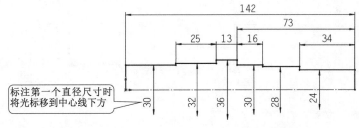

标注第一个直径尺寸时将光标移到中心线下方

图 3-94　主体轮廓草图

单击"特征"工具栏中的"旋转凸台/基体"按钮，在弹出的对话框中单击"确定"按钮，完成主体创建。

（3）旋转切除出砂轮越程槽。选择"前视基准面"选项，单击"草图绘制"按钮，进入草图 2 绘制状态。

分别用"边角矩形"工具▢、"智能尺寸"工具↙，绘制出图 3-95 所示的草图，开启"观阅临时轴"（见图 3-96），单击"特征"工具栏中的"旋转切除"按钮🔘，再单击"确定"按钮✅，完成砂轮越程槽的创建，结果如图 3-97 所示。

图 3-95　砂轮越程槽草图　　　图 3-96　开启"观阅临时轴"　　　图 3-97　旋转切除出的砂轮越程槽

（4）拉伸切除出键槽。选择"前视基准面"选项，单击"草图绘制"按钮🔲，进入草图 3 绘制状态。

单击"直槽口"按钮⬭，鼠标指针移到第二段圆柱中点的右侧后单击，水平右移鼠标指针，单击绘制出键槽；将键槽尺寸修改成图 3-98 所示的数值。

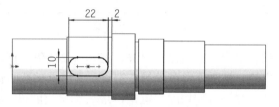

图 3-98　22×10 键槽草图

单击"特征"工具栏中的"拉伸切除"按钮🔘，将"切除-拉伸"属性管理器按图 3-99 所示进行设置，单击"确定"按钮✅，完成 22×10 键槽的创建。

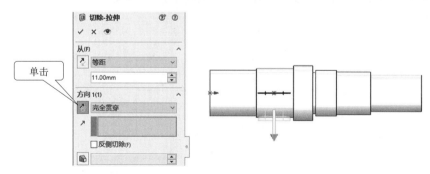

图 3-99　拉伸切除出 22×10 键槽

同理，创建出 25×6 的键槽，拉伸切除的属性参数如图 3-100 所示。

（5）两端倒角。选择轴端边线，在弹出的快捷菜单中单击"倒角"按钮◇，将倒角距离改为"2"（见图 3-101），再选择轴的另一端边线，单击"确定"按钮✅，完成倒角和模型创建，结果如图 3-102 所示。

（6）保存文件。以"li3-6 轴.sldprt"为文件名进行保存。

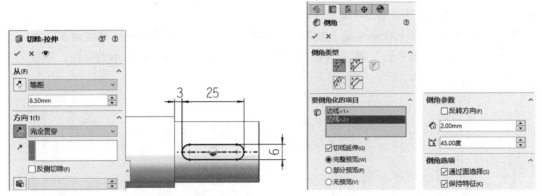

图 3-100 25×6 键槽拉伸切除的属性参数   图 3-101 "倒角"属性

图 3-102 轴的三维模型

例 3-7 创建端盖零件模型（见图 3-103）

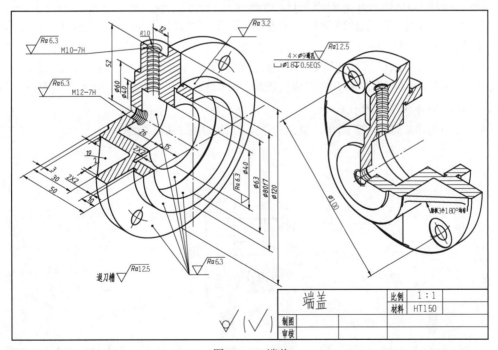

图 3-103 端盖

绘制思路如下。

（1）旋转创建主体。在前视基准面上绘制如图 3-104 所示的草图，用"旋转凸台"工具 旋转创建主体，结果如图 3-105 所示。

（2）创建凸台。在上视基准面上绘制如图 3-106 所示的草图后拉伸，高度为 52。

（3）创建肋板。用"筋" 工具在上视基准面上绘制如图 3-107 所示的草图，厚度为 9。

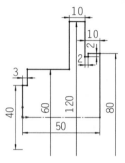

图 3-104　草图

图 3-105　旋转后的结果

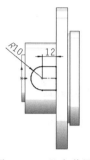

图 3-106　凸台草图

图 3-107　添加筋

（4）圆周阵列肋板。用"圆周阵列"工具 ，创建出另外两个肋板（筋），如图 3-108 所示（阵列轴选择圆周边线，实例数为 3，总角度为 180°，反向）。

（5）切除内部主体结构。在前视基准面上绘制出如图 3-109 所示的草图，用"旋转切除"工具 切出内部结构，切除结果如图 3-110 所示。

（6）添加 M12 螺纹孔。选择端盖左端面，用"异型孔向导"工具 ，将螺纹孔属性按照图 3-111 所示进行设置后，单击"位置"选项卡，再在原点单击，完成 M12 螺纹孔的添加。

同理，添加 M10 螺纹孔，如图 3-112 所示。

（7）添加螺栓孔。选择 ϕ120 圆柱面的左端面，单击"异型孔向导"按钮 ，将柱形沉头孔属性按照图 3-113 所示进行设置后，单击"位置"选项卡，再在 ϕ120 圆柱面的左端面上单击，定出一个孔的位置。画出经过孔位置的点画线草图（注：圆形点画线，可画出实线圆后，选中它，在弹出的菜单中单击 将其转换成构造线），标注定位尺寸 45° 和 ϕ100 后（见图 3-114），再圆周阵列出另外 3 个螺栓孔。

（8）添加圆角。添加 R2 圆角，更改外观，结果如图 3-115 所示。

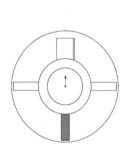

图 3-108　阵列筋

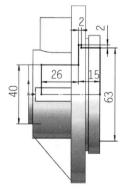

图 3-109　旋转切除草图

图 3-110　旋转切除结果

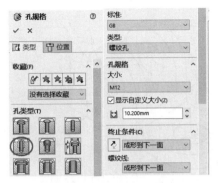

图 3-111　M12 螺纹孔属性

图 3-112　添加 M10 螺纹孔

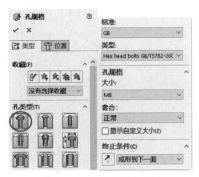

图 3-113　柱形沉头孔属性

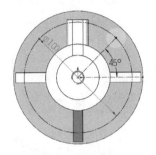

图 3-114　定位螺栓孔草图

图 3-115　最后结果

习　　题

3-1　按照本章例题进行上机操作，掌握特征的创建方法。

3-2　创建如图 3-116 所示的模型。

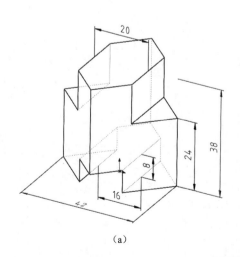

（a）

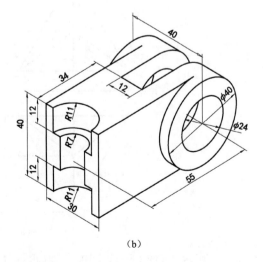

（b）

图 3-116　题 3-2 图

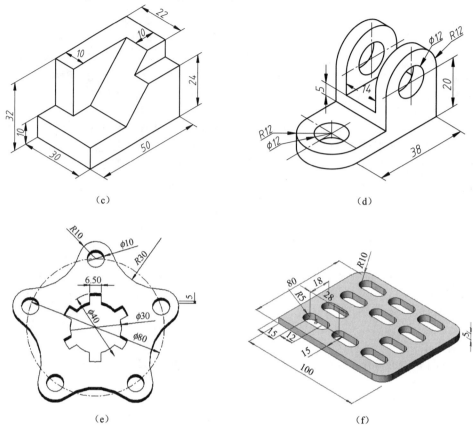

（c）　　　　　　　　　　　　　　（d）

（e）　　　　　　　　　　　　　　（f）

图 3-116　题 3-2 图（续）

3-3　如图 3-117 所示，已知模型的主俯视图，创建出三种不同的立体模型。

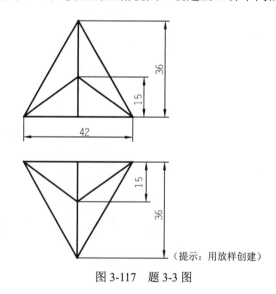

（提示：用放样创建）

图 3-117　题 3-3 图

3-4　分析图 3-118 所示的图形，创建三维模型。

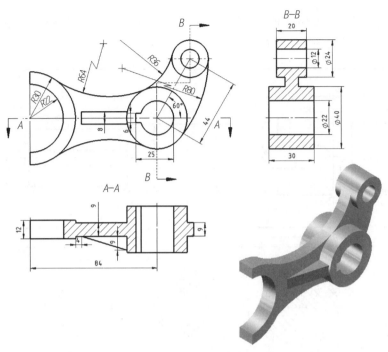

图 3-118　题 3-4 图

> **注意**：草图不要画太复杂，要尽量简单，注意基准面和拉伸终止条件的选择（两侧对称）。草图中的中心线不参与特征的生成，只起到辅助作用，必要的时候可以使用构造线定位或标注尺寸。题 3-4 参考步骤如图 3-119 所示。

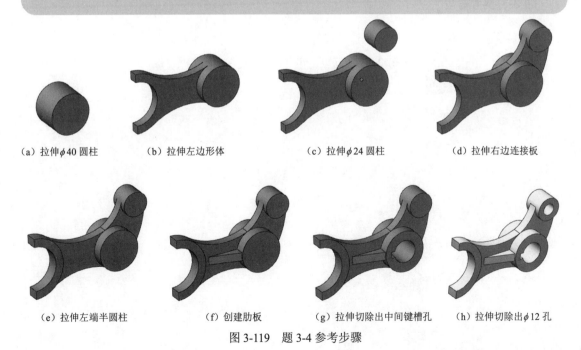

（a）拉伸φ40 圆柱　　（b）拉伸左边形体　　（c）拉伸φ24 圆柱　　（d）拉伸右边连接板

（e）拉伸左端半圆柱　　（f）创建肋板　　（g）拉伸切除出中间键槽孔　　（h）拉伸切除出φ12 孔

图 3-119　题 3-4 参考步骤

3-5 创建如图 3-120 所示轴的三维模型，并指出该轴的质量及体积（提示：质量及体积在"评估"→"质量属性"中查找）。

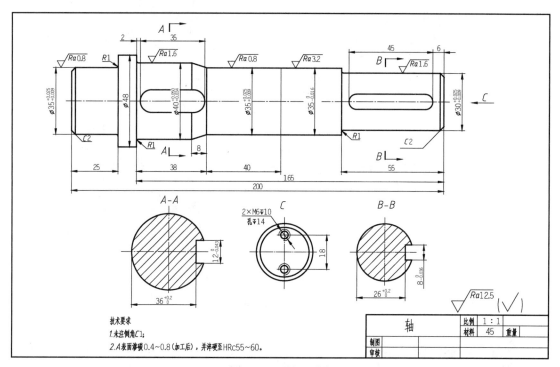

图 3-120 题 3-5 图

题 3-3 参考答案

答案 1: 答案 2: 答案 3:

第4章 参考几何体及零件建模举例

在较复杂的零件设计中，经常需要使用参考几何体作为建模的参考基准。SOLIDWORKS 提供的参考几何体包括基准面、基准轴、坐标系、点、质心、边界框和配合参考。"参考几何体"工具栏如图 4-1 所示。可以使用参考几何体生成数种类型的特征。

基准面用于放样和扫描；基准轴用于圆周阵列；坐标系是零件建模和缩放等操作的参考；点用于构造对象；质心用于向零件和装配体添加质

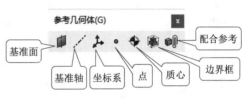

图 4-1 "参考几何体"工具栏

量中心（COM）点；边界框为多实体、单一实体或钣金零件添加边界框，此框帮助确定运送和包装产品所需的空间；配合参考为使用 SmartMates 的自动配合功能指定作为参考的实体。

4.1 基 准 面

1．基准面的用途

在 SOLIDWORKS 中，基准面具有以下用途。

（1）作为草图绘制平面。基础特征需要从草图中生成，而草图要绘制在基准面上。草图绘制的基准面可以利用系统提供的前视基准面、上视基准面及右视基准面，或者已有实体的平面，也可以利用特别创建的基准面。

（2）作为尺寸标注参考。将尺寸标注在基准面上，可避免特征产生不必要的父子关系。

（3）生成模型的剖面视图。为清楚地表达零件内部结构，可以创建基准面作为剖面的剖切面。

（4）作为视图的定向参考。创建基准面，作为视图的定向参考面。

（5）作为装配体零件相互配合的参考面。零件装配时需要利用一些平面定义配合、对齐等，因此可以利用基准面作为参考基准。

（6）作为拔模特征的中性面。创建基准面，作为拔模特征的中性面。

2．基准面的创建步骤

创建基准面的步骤如下。

（1）单击"参考几何体"工具栏上的"基准面"按钮 ，或者选择"插入"→"参考几何体"→"基准面"菜单命令，出现"基准面"属性管理器，如图 4-2 所示。

（2）为"第一参考" 选择一个对象，软件会根据选择的对象生成最有可能的基准面。可以选择"平行""垂直""重合"等选项修改基准面。若要清除参考，右击想要删除的条目，在弹出的快捷菜单中选择"删除"命令。

按照信息说明生成基准面并查看基准面状态。信息框颜色、基准面颜色和属性管理器信息可帮助用户完成选择。基准面状态必须是完全定义的才能生成基准面。

选择第一参考定义基准面，根据选择系统会显示其他约束类型。

平行：生成一个与选定基准面平行的基准面。例如，为一个参考选择一个面，为另一个参考选择一个点，软件会生成一个与这个面平行并与这个点重合的基准面。

垂直：生成一个与选定参考垂直的基准面。例如，为一个参考选择一条边线或曲线，为另一个参考选择一个点或顶点，软件会生成一个与穿过这个点的曲线垂直的基准面。若将原点设在曲线上，软件会将基准面的原点放在曲线上。如果清除此选项，原点就会位于顶点或其他点上。

重合：生成一个穿过选定参考的基准面。

：生成一个基准面，它通过一条边线、轴线或草图线，并与一个圆柱面或基准面成一定角度。

：生成一个与某个基准面或其他面平行，并偏移指定距离的基准面。

：指定要生成的基准面数。

两侧对称：在平面、参考基准面及三维草图基准面之间生成一个两侧对称的基准面。两个参考都选择两侧对称。

反转法线：反转基准面的正交向量。

图 4-2　"基准面"属性管理器及其选项说明

（3）根据需要选择"第二参考"和"第三参考"定义基准面。信息框会报告基准面的状态。

（4）单击"确定"按钮。

还可以使用 Ctrl 键新建一个与现有基准面等距的基准面，创建过程如图 4-3 所示。

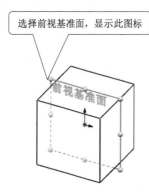
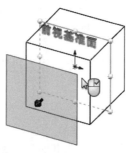
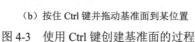

（a）选择前视基准面边线　　（b）按住 Ctrl 键并拖动基准面到某位置　　（c）给定距离

图 4-3　使用 Ctrl 键创建基准面的过程

3．基准面的创建示例

（1）通过三个点创建基准面，如图 4-4 所示。操作方法：依次选择不在同一直线上的三个点。

（2）通过一条直线和一个点创建基准面，如图 4-5 所示。操作方法：选择一条直线及一个点。

图 4-4　通过三个点创建基准面

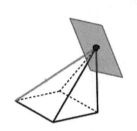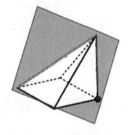

图 4-5　通过一条直线和一个点创建基准面

（3）通过一个面和一个点创建基准面，如图 4-6 所示。操作方法：先选择一个基准面或其他平面，然后选择一个点。

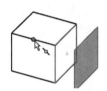

（a）选择一个面　　　　　（b）选择一个点　　　　（c）新基准面过所选点与所选面平行　　　（d）新的基准面

图 4-6　通过一个面和一个点创建基准面

（4）通过两面夹角创建基准面，如图 4-7 所示。操作方法：先选择基准面或其他平面，然后选择边线、轴或草图线，在"角度"框中输入基准面之间的角度。如有必要，选择"反转等距"复选框。

（5）通过等距距离创建基准面，如图 4-8 所示。操作方法：选择基准面或其他平面，在距离框内输入等距距离。如有必要，选择"反转等距"复选框。欲生成多个等距的基准面，在要生成的"基准面数"框 中输入基准面数即可。

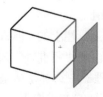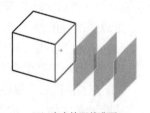

（a）选择面及其上的直线　　（b）选择一个面及一条直线　　　　（a）单一等距基准面　　　　　（b）多个等距基准面

图 4-7　通过两面夹角创建基准面　　　　　　　图 4-8　通过等距距离创建基准面

（6）创建垂直于曲线的基准面，如图 4-9 所示。操作方法：选取一条曲线及一个顶点或其他点。

（7）创建与曲面相切的基准面，如图 4-10 所示。操作方法：选取一个曲面，并选择曲面上的一个草图点。

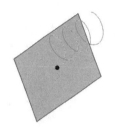

图 4-9　创建垂直于曲线的基准面

图 4-10　创建与曲面相切的基准面

4．基准面的属性控制

（1）隐藏或显示基准面。用户可以打开或关闭基准面的显示。

切换基准面显示：选择"视图"→"隐藏/显示"→"隐藏所有类型"菜单命令。

隐藏或显示单个基准面：在图形区或特征设计树中先单击（或右击）基准面，再单击"隐藏" ◈ 或"显示" ◉ 按钮。

另外，选择"工具"→"选项"菜单命令，在"文件属性"标签中选择"基准面显示"选项，可以调整基准面的颜色、透明度等。

（2）移动、调整和复制基准面。可以使用基准面控标和边线移动、调整和复制基准面。

4.2　基准轴、坐标系、参考点等

1．基准轴

基准轴相当于草图绘制中的构造线（中心线），用于辅助圆周阵列等操作。每个圆柱面和圆锥面都有一条轴线。临时轴是由模型中的圆锥和圆柱隐含生成的，用户可以设置默认隐藏或显示所有临时轴。通常临时轴不显示，可通过单击"前导视图"工具栏 ◉ ▾ 下拉列表中"隐藏/显示项目"按钮 ▾ 下的"观阅临时轴"按钮 ∕ 显示临时轴，也可通过选择"视图"→"隐藏/显示"→"临时轴"菜单命令使它们显示，如图 4-11 所示。

生成基准轴的操作步骤如下。

（1）单击"参考几何体"工具栏上的"基准轴"按钮 ∕ ，或者选择"插入"→"参考几何体"→"基准轴"菜单命令，出现"基准轴"属性管理器（见图 4-12）。

（2）在"基准轴"属性管理器中选择生成基准轴的方式，完成相应设置，并在图形区选择生成基准轴的实体。生成基准轴的方式如下。

∕ 一直线/边线/轴(O)：利用已有的草图直线、空间实体边线或临时轴生成基准轴。

⚟ 两平面(T)：通过两个平面的交线生成基准轴。

✎ 两点/顶点(W)：通过两个空间点（包括顶点、中点或草图点）生成基准轴。

⊞ 圆柱/圆锥面(O)：通过圆柱或圆锥的轴线生成基准轴。

：通过空间的点和面/基准面生成垂直于面/基准面的基准轴（见图 4-12）。
（3）单击"确定"按钮 ✓，生成基准轴。

图 4-11　临时轴

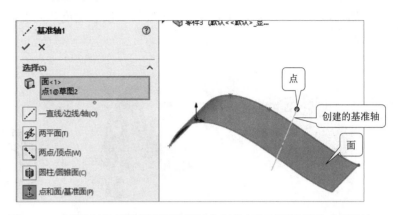

图 4-12　"基准轴"属性管理器及通过空间的点和面/基准面生成基准轴

2. 坐标系

坐标系 ↓ 是整个零件建模的空间参考，也是缩放等操作的参考。在 SOLIDWORKS 中进行实体建模设计时，基本不需要用坐标系，所有特征定位均采用相对位置的尺寸参数标注法确定。但与其他 CAD 系统交互、进行数控处理、应用"测量"和"质量属性"等工具时，需要设定坐标系，其属性管理器如图 4-13 所示。

3. 参考点

这里所讲的"参考点" ✳ 与草图绘制中的"实体点" ✳ 是不同的概念。参考点一般用于草图绘制和特征造型时的定位参考，如草图实体的构造点、放样特征的对齐点等，其属性管理器如图 4-14 所示。

图 4-13　"坐标系"属性管理器

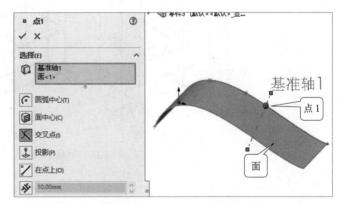

图 4-14　"点 1"属性管理器

4. 边界框

用户可以为多实体、单一实体、装配体或钣金零件创建边界框，还可以为切割清单中的任何切割清单项目创建边界框，该边界框独立于实体类型或项目中的钣金实体。

边界框通过三维草图表现，在默认情况下基于 *XY* 平面。鉴于边界框的方位，边界框是实体在其中适应的最小框，如图 4-15 所示。

通过边界框可以确定几何体所需的物料长度、宽度和高度，这有助于了解包装产品所需的空间。

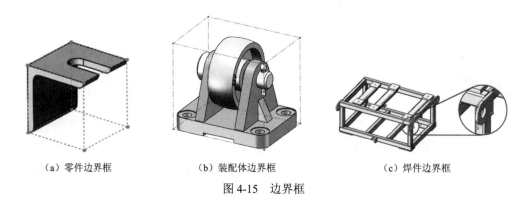

（a）零件边界框　　　　　（b）装配体边界框　　　　　（c）焊件边界框

图 4-15　边界框

5. 网格系统

使用网格系统工具可以为大型结构布置网格系统。在生成焊接结构，以及与使用不同的第三方应用程序的多个用户合作时，网格系统非常有用，如图 4-16 所示。

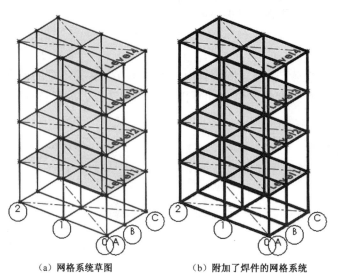

（a）网格系统草图　　　　　　　（b）附加了焊件的网格系统

图 4-16　网格系统

4.3　零件建模举例

例 4-1　创建挖切正三棱锥模型（见图 4-17）

图 4-17 所示模型是正三棱锥被挖切后的形状，所以应先创建正三棱锥基体，然后挖切，

具体步骤如下。

（1）先单击"新建"按钮 ⬜，再双击"零件"按钮
🔧，进入零件设计模式。

（2）选择上视基准面，单击"草图"工具栏中的"多
边形"按钮 ⊙，将控制区多边形的边数设置为"3"，在
原点绘制一个正三角形（见图 4-18）。

（3）单击"智能尺寸"按钮 ⟨，将高度设为"32"，
按 Esc 键结束尺寸标注，此时，草图欠定义。

（4）单击水平边线，在弹出的快捷菜单中单击"使
水平"按钮 ━，此时，草图完全定义，如图 4-18 所示。

（5）单击确认角中的"确认"按钮 ⤴ 进行确认，
完成草图 1 绘制。

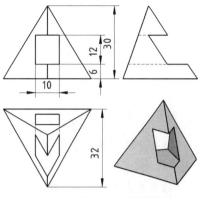

图 4-17 挖切正三棱锥模型

（6）在左窗格中选择"上视基准面"选项，单击"参考几何体"工具栏中的"基准面"按
钮 ▥（或者选择"插入"→"参考几何体"→"基准面"菜单命令），并将基准面距离设置为
"30"，如图 4-19 所示。

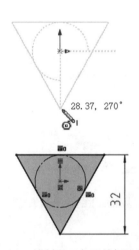

图 4-18 绘制正三角形并标注尺寸

图 4-19 设置基准面距离

（7）单击"确定"按钮 ✔，完成基准面 1 属性设置，图形区显示如图 4-20 所示。

（8）确认基准面 1 是被选中的，用"草图"工具栏上的"点"工具 ▪，在原点绘制一个点，
如图 4-21 所示。

（9）单击确认角中的"确认"按钮 ⤴ 进行确认，完成草图 2 绘制。按"Ctrl+7"组合键，
将草图转换为等轴测显示，如图 4-22 所示。

（10）先单击命令管理器中的"特征"工具栏，再单击"特征"工具栏上的"放样凸台/基
体"按钮 ⬇，在控制区显示放样属性。

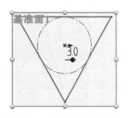

图 4-20　创建基准面 1

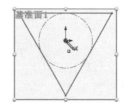

图 4-21　绘制一个点

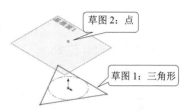

图 4-22　等轴测显示两个草图

（11）在图形区分别选择三角形和点，如图 4-23 所示，单击鼠标右键或"确定"按钮 ✔，完成放样。

（12）单击基准面 1，在弹出的快捷菜单中（见图 4-24）单击"隐藏"按钮 ◈，隐藏基准面 1 的显示。

（13）选中左窗格中的" 🗗 前视基准面 "选项，在弹出的菜单中，单击"草图绘制"按钮 ▱，图形区变为前视视图。用"中心矩形"工具绘制出矩形，中点在中线上（见图 4-25）。

（14）用"智能尺寸"工具 ↖，标注如图 4-25 所示的尺寸。

（15）单击"特征"工具栏上的"拉伸切除"按钮 ▣，系统进入"切除-拉伸"属性设置状态。在左窗格将"方向 1"的终止条件设为"完全贯穿-两者"（见图 4-26），单击"确定"按钮 ✔，完成切除-拉伸操作。

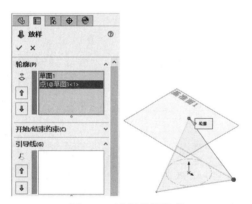

图 4-23　选择放样轮廓

图 4-24　基准面 1 的快捷菜单

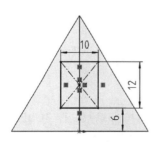

图 4-25　绘制切除草图

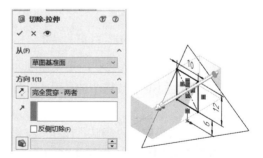

图 4-26　"切除-拉伸"属性设置

（16）按下鼠标中间滚轮不放，移动鼠标观察所做模型。

（17）以"li4-1.sldprt"为名保存文件，完成创建。

例 4-2 创建拨叉零件模型（见图 4-27）

从图 4-27 所示的零件图可以看出，此拨叉零件不仅结构不对称，而且五个主体特征分别处于不同的角度，摆臂（连接支撑部分）形状也不规则。按照"先主体，后细节；先实体，后切除"的原则，创建时先用"拉伸"工具创建主体圆柱，用"放样"工具创建摆臂；再用"拉伸"工具创建凸台；然后用"拉伸切除"工具创建圆柱孔，用"异型孔向导"工具创建螺栓孔及螺纹孔；最后创建圆角和倒角。

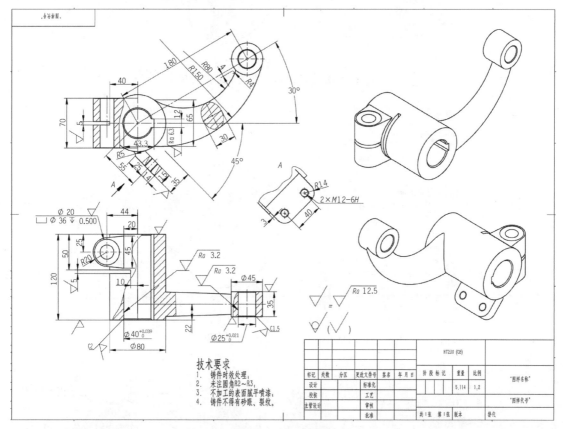

图 4-27　拨叉零件图

设计步骤如下。

（1）建立新零件。先单击"新建"按钮，再双击"零件"按钮，进入零件设计模式。

（2）创建 φ80 圆柱。在前视基准面的原点处创建直径为 80、长为 120 的圆柱，如图 4-28 所示。

（3）创建基准面 1。选择前视基准面，按住 Ctrl 键，在前视基准面的边框上按下鼠标并向后拖动鼠标，在属性管理器"等距离"数值框中输入距离"22"（见图 4-29）。

（4）创建 φ45 圆柱。单击"基准面 1"，单击弹出菜单中的"草图绘制"按钮，绘制出如图 4-30 所示的草图（一个圆和两条中心线并标注尺寸）后，单击"拉伸凸台/基体"按钮，将拉伸终止条件设置为"两侧对称"，给定深度设为"35"，单击"确定"按钮。

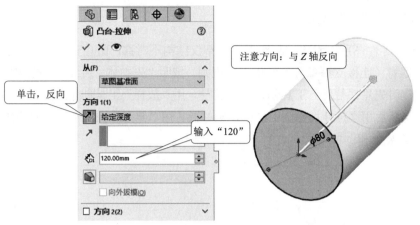

图 4-28　创建直径为 80、长为 120 的圆柱

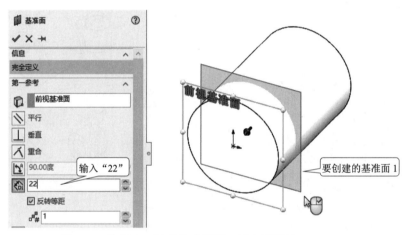

图 4-29　按住 Ctrl 键并拖动鼠标，创建基准面 1

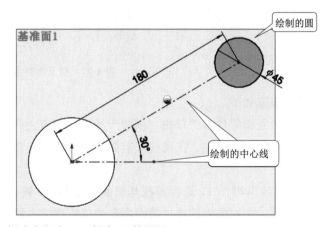

图 4-30　创建直径为 45、长为 35 的圆柱

（5）绘制摆臂轮廓。先单击"基准面 1"，再单击弹出菜单中的"绘制草图"按钮 ，绘制草图 3（见图 4-31）。草图 3 包含三条中心线和三个圆弧（三个圆弧用"3 点圆弧"工具

绘制），添加正确的几何关系并标注尺寸，退出草图 3。

（6）绘制摆臂截面——椭圆。

① 创建辅助基准面 2。按"Ctrl+7"组合键，选择右视基准面，执行"插入"→"参考几何体"→"基准面"菜单命令，在图形区选择 $R80$ 圆弧的左端点（见图 4-32），单击"确定"按钮。

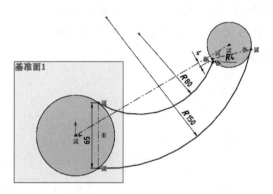

图 4-31 绘制摆臂轮廓

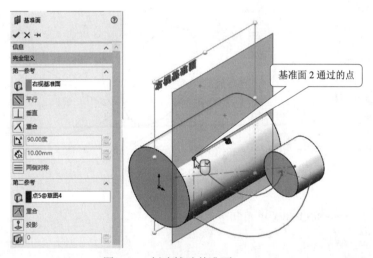

图 4-32 创建辅助基准面 2

② 绘制椭圆（长轴为 65、短轴为 35）。确认基准面 2 是被选中的，单击"草图"工具栏中的"椭圆"按钮 ⊙，圆心定在点画线中点（见图 4-33），长轴端点与 $R80$、$R150$ 圆弧左端点重合，标注短轴长度"35"，结束草图 4 的绘制。

③ 隐藏基准面 1 和基准面 2。按住 Ctrl 键的同时单击"基准面 1"与"基准面 2"，在弹出的菜单中单击"隐藏"按钮 ◎ 。

④ 改变视图显示样式。单击"视图（前导）"工具栏"显示样式"下拉列表中的"隐藏线可见"按钮 ◎ 。

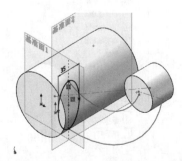

图 4-33 绘制长轴为 65、短轴为 35 的椭圆

⑤ 创建辅助基准面 3。选择前视基准面，单击"参考几何体"工具栏上的"基准面"按钮，选择 R150 与 R4 间的中心线（见图 4-34）。

⑥ 在基准面 3 上绘制短轴为 25 的椭圆（草图 5），隐藏基准面 3，结果如图 4-35 所示。

⑦ 退出草图 4。

（7）用放样工具创建摆臂。单击"特征"工具栏中的"放样凸台/基体"按钮，选择两个椭圆后单击属性管理器中的"引导线"栏，单击 R80 弧线后（不移动鼠标，此时出现图标）单击鼠标右键，单击 R150 弧线后单击鼠标右键，单击"确定"按钮，完成放样（见图 4-36），将视图显示样式改为"带边线上色"。

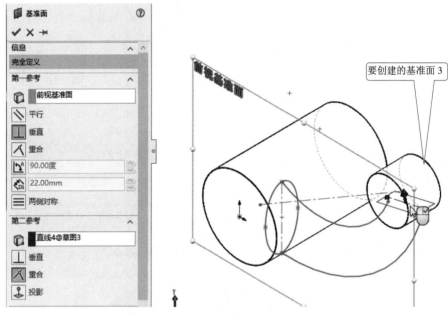

图 4-34　创建辅助基准面 3

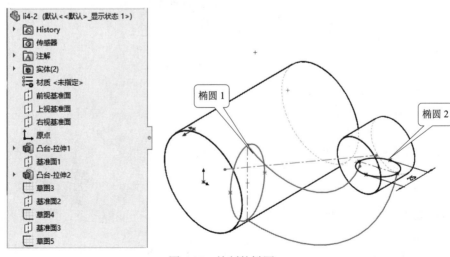

图 4-35　绘制的椭圆

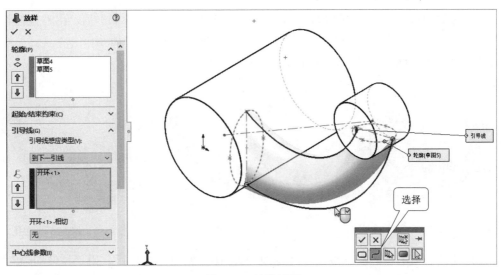

图 4-36　放样过程

（8）创建左凸台。在上视基准面上绘制出草图 6（见图 4-37）后，用"拉伸凸台/基体"工具 （将终止条件设置为"两侧对称"，给定深度设置为"70"）拉伸出左凸台，按"Ctrl+7"组合键，结果如图 4-38 所示。

（9）创建下脚板。选中 ϕ 80 圆柱的后端面，创建距此为"3"的辅助基准面 4（参数如图 4-39 所示）。在基准面 4 上绘制草图 7（见图 4-40），拉伸方向为反向，距离为"68"，结果如图 4-41 所示。将基准面 4 隐藏。

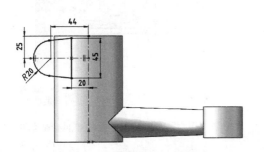

图 4-37　绘制左凸台草图

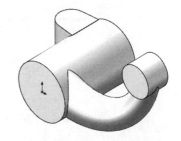

图 4-38　左凸台拉伸结果

图 4-39　创建辅助基准面 4

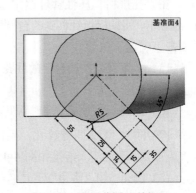

图 4-40　脚板草图（前视）

（10）挖键槽孔。在 ϕ80 圆柱的前端面上绘制出草图 8（见图 4-41）后，用"拉伸切除"工具 ▣ （终止条件设置为"完全贯穿"）挖键槽孔，结果如图 4-42 所示。

（11）挖 ϕ25 圆柱孔。操作方法同上，结果如图 4-43 所示。

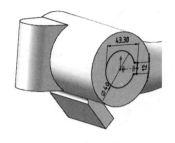

图 4-41　绘制键槽（草图 8）　　　图 4-42　挖键槽孔　　　图 4-43　挖 ϕ25 圆柱孔

（12）挖凸台上的槽。在基准面 4 上绘制草图 10（见图 4-44）后，用"拉伸切除"工具 ▣ 切除。

（13）切 ϕ80 圆柱上的槽。在上视基准面绘制草图 11（见图 4-45）后，用"拉伸切除"工具 ▣ （将终止条件设为"完全贯穿-两者"）切除。

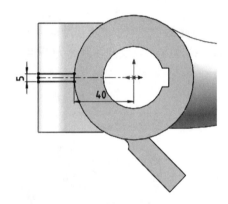

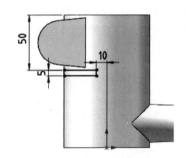

图 4-44　在基准面 4 上绘制草图 10　　　　　图 4-45　在上视基准面绘制草图 11

（14）添加左凸台上的柱孔。选择左凸台上表面 [见图 4-46（a）]，单击"异型孔向导"按钮 🛠，在"孔规格"属性管理器中选择"柱孔"，标准、大小等如图 4-46（b）所示。单击"位置"选项卡，将鼠标指针移到凸台圆弧边线后暂停，出现圆心后在圆心处单击 [见图 4-46（c）]，再单击"确定"按钮。

（15）上下镜向左凸台上的柱孔。单击"特征"工具栏中的"镜向"按钮 ▶◀，操作如图 4-47 所示。

（16）绘制脚板圆角。选择脚板两边线，用"圆角"工具 🫧 绘制圆角（半径为 14）。

（17）添加 M12 两螺纹孔。操作步骤同步骤（14），螺纹孔与圆角 R14 同心，终止条件设为"成形到下一面"，结果如图 4-48 所示。

（18）倒角。用"倒角"工具 🫧 ，对 ϕ40 圆柱孔倒 1.5×45° 角，对 ϕ20 圆柱孔倒 1×45° 角。

（19）绘制圆角。对非加工两表面边线绘制圆角，半径为 2，结果如图 4-49 所示。

（a）选择左凸台上表面　　　　（b）"孔规格"属性管理器　　　　（c）放置柱孔

图 4-46　添加左凸台上的柱孔

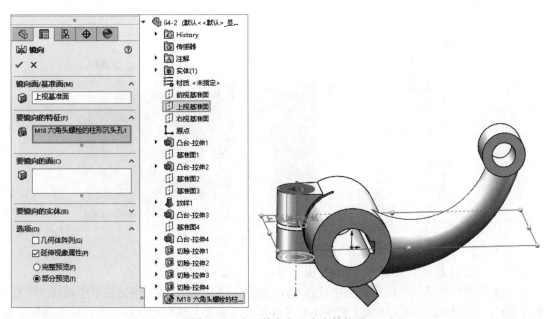

图 4-47　上下镜向左凸台上的柱孔

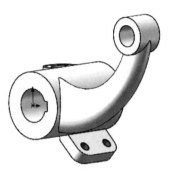

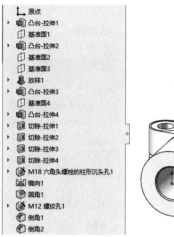

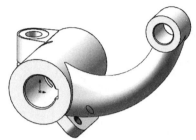

图 4-48　添加 M12 两螺纹孔后的结果　　　　　　图 4-49　最后的结果

（20）指定材料。在特征设计树下的按钮 ▤▤ 材质 <未指定> 上单击鼠标右键，在弹出的快捷菜单中选择 ▤▤ 编辑材料 (A) 选项，弹出"材料"对话框，选择"HT200（GB）"选项，单击"应用"按钮，如图 4-50 所示［注：用 GB（国家标准）材料，需安装 GB 材料库］。

图 4-50　"材料"对话框

（21）以文件名"li4-2 拨叉.sldprt"保存零件，完成零件模型设计。

（22）改变模型外观。在左窗格中选择 ⬥ L4-2拨叉 选项，在弹出的快捷菜单中单击"外观"按钮 ◕ ，再选择 ⬥L4-2拨叉 选项［见图 4-51（a）］，在"颜色"属性栏选择一个合适的颜色［见图 4-51（b）］，单击"确定"按钮。

（a）选择拨叉零件

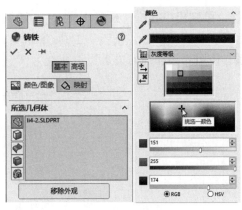

（b）"颜色"属性栏

图 4-51　设置颜色

从此例可以看出，创建较复杂的零件时，要先创建主要结构（大的形体），后创建次要结构（小的形体）；先创建实心体，后挖切孔槽；最后创建倒角和圆角。

例 4-3　创建吊钩零件模型（见图 4-52）

从图 4-52 中可以看出，吊钩是由圆柱体及弯钩部分组成的。弯钩部分形状不规则，可用放样完成，是创建的难点。创建模型时，需先绘制弯钩草图，然后绘制放样特征引导线和轮廓，之后放样出弯钩实体，最后创建其他部分。

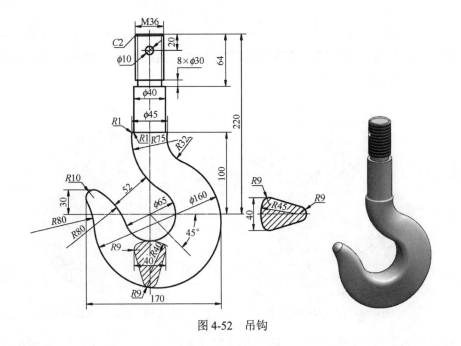

图 4-52　吊钩

创建步骤如下。

（1）绘制吊钩草图。

① 创建一个新零件文件，在特征设计树中选择"前视基准面"选项，单击"绘制草图"

按钮 ▣，绘制出中心线（见图4-53）、φ65圆弧（使用"圆心/起/终点画弧"工具 ▷）和直线（见图4-54），用"3点圆弧"工具 ◠ 绘制R75相切圆弧（见图4-55），注意添加正确的几何关系（使用"添加几何关系"工具 ⊥）。

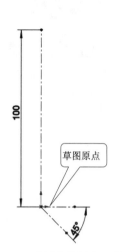

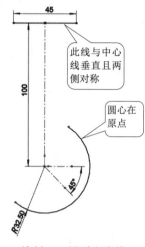

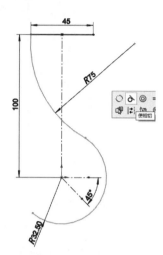

图4-53　过原点绘制中心线　　图4-54　绘制φ65圆弧和直线　　图4-55　绘制R75相切圆弧

提示： 使用键盘快捷键可加快绘制速度。快捷键的定义方法参见2.5节提高绘图速度的方法。

② 绘制φ160圆弧和其他连接弧。用"圆心/起/终点画弧"工具 ▷ 绘制φ160圆弧，圆心在45°斜线上。其他圆弧用"3点圆弧"工具 ◠ 绘制（见图4-56）。用"添加几何关系"工具 ⊥ 添加相切几何关系（见图4-57）。

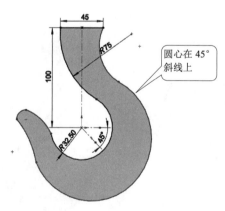

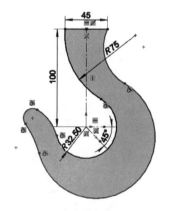

图4-56　绘制其他圆弧　　　　　图4-57　添加相切几何关系

③ 标注尺寸。用"智能尺寸"工具 ◁ 标注尺寸R80、R10、30、52、170、R80、R32。标注尺寸30、52、170时，按住Shift键，选择两对象进行尺寸定义（见图4-58）。如果出现视图混乱，可按"Ctrl+Z"组合键取消标注，并调整视图或改变标注顺序。

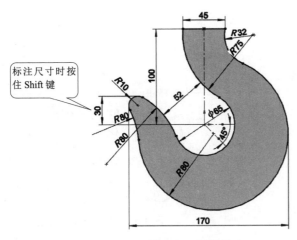

图 4-58　标注尺寸

④ 确认后退出草图 1，完成草图 1 绘制。

（2）绘制放样特征引导线。

① 单击 □ 草图1 按钮，在弹出的快捷菜单中单击"编辑草图"按钮 ，进入草图 1 编辑状态。

② 按住 Ctrl 键，选择 R75、ϕ65、R80 圆弧（组成"线组 1"，见图 4-59），单击"草图"工具栏中的 从选择生成草图 按钮（或者选择"工具"→"草图工具"→"从选择生成草图"菜单命令），生成草图 2。在空白处单击，取消前面的选择，在特征设计树中可以看到生成的草图 2。单击 R32、R80 圆弧（组成"线组 2"）后按回车键（重复上次的命令），在空白处单击，取消选择，确认后退出草图 1。

③ 隐藏草图 1，显示结果如图 4-60 所示。

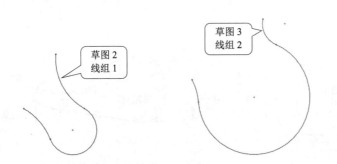

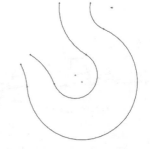

图 4-59　绘制草图 2 和草图 3　　　　　　　　图 4-60　生成的放样特征引导线

（3）创建放样轮廓。

① 创建弯钩顶部轮廓。在特征设计树中选择"上视基准面"选项，单击"参考几何体"工具栏中的"基准面"按钮 ，显示"基准面"属性管理器。在图形区选择草图 3 的上端点，单击"确定"按钮 ，完成基准面 1 的设置。在基准面 1 上绘制一个圆，圆心在原点，圆周过草图 3 的上端点（见图 4-61），其为草图 4。隐藏基准面 1。

② 创建弯钩中部轮廓。选择"上视基准面"选项，在其上绘制草图 5 并标注尺寸，绘制过程如图 4-62 所示，此时草图未完全定义。

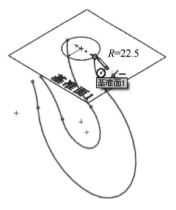

图 4-61　圆（顶部轮廓）

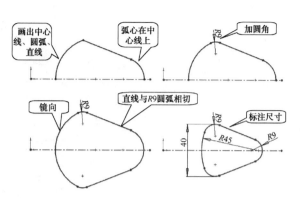

图 4-62　绘制草图 5 的过程

按下鼠标中键滚轮并拖动鼠标，调整视图显示（见图 4-63），先在"草图"工具栏中单击"分割实体"按钮 （或者选择"工具"→"草图工具"→"分割实体"菜单命令），再单击中心线和 R45 圆弧的交点（获得第 1 个分割点）、R9 圆弧与中心线的交点（见图 4-63，获得第 2 个分割点），最后单击"退出"按钮 退出"分割实体"命令。

按住 Ctrl 键不放，选择分割点 1 和草图 2，单击 穿透 按钮，添加"穿透"几何关系。同理，添加分割点 2 和草图 3 间的"穿透"几何关系，完全定义草图 5（见图 4-64），确认后退出草图 5。

在特征设计树中选择"右视基准面"选项，参照上面的步骤绘制如图 4-65 所示的草图 6，标注尺寸后调整视图显示。

创建分割点并添加"穿透"关系，完全定义草图 6，结果如图 4-66 所示（可以旋转视图，使其显示成图 4-66 所示的样式）。

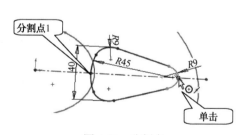

图 4-63　分割点

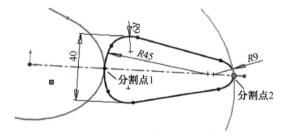

图 4-64　添加"穿透"几何关系

③ 创建弯钩头部轮廓。先单击"草图"工具栏中的"3D 草图"按钮 （在"草图绘制"选项下和"插入"菜单栏中），再单击"直线"按钮 ，连接草图 2 和草图 3 的端点（见图 4-67），完成 3D 草图 1 的绘制。

在弯钩头部创建基准面 2。选择"前视基准面"选项，单击"参考几何体"工具栏中的"基准面"按钮 ，选择 3D 草图 1 的线段（见图 4-68），单击"确定"按钮。

在基准面 2 上绘制一个圆。圆心在线段的中点，圆周过草图 3 的端点，如图 4-68 所示。确定后退出草图，完成草图 7 的绘制。隐藏基准面 2。

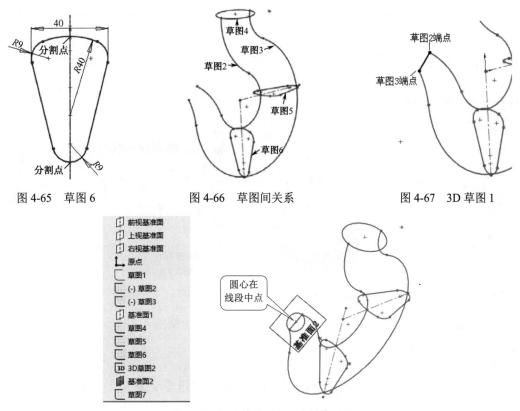

图 4-65　草图 6　　　　　图 4-66　草图间关系　　　　　图 4-67　3D 草图 1

图 4-68　创建基准面 2，绘制草图 7

（4）创建弯钩实体。

① 单击"特征"工具栏中的"放样凸台/基体"按钮 ，在特征设计树中选择"草图 4""草图 5""草图 6""草图 7"作为放样轮廓，选择"草图 2"和"草图 3"作为放样引导线，在"引导线感应类型"选项框中选择"到下一引线"选项，单击"确定"按钮，完成放样 1（弯钩实体）的绘制（见图 4-69）。

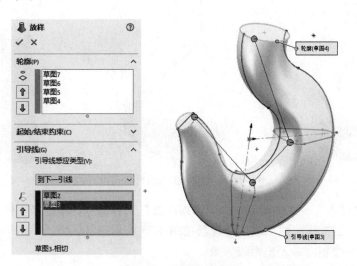

图 4-69　放样弯钩实体

② 隐藏所有草图及基准面的显示效果（见图 4-70）。单击"特征"工具栏中的"圆顶"按钮 🔵（或者选择"插入"→"特征"→"圆顶"菜单命令），选择弯钩头部的面 1 作为圆顶的面，设置距离为"8"（见图 4-71），单击"确定"按钮，完成圆顶（弯钩头部实体）绘制。

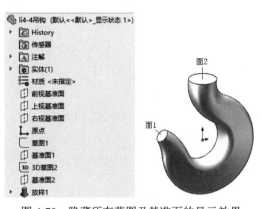

图 4-70　隐藏所有草图及基准面的显示效果　　　　图 4-71　绘制圆顶

（5）创建弯钩上部直杆。选择"前视基准面"选项，绘制图 4-72 所示的草图，用"旋转凸台/基体"工具创建直杆，如图 4-73 所示。

（6）制作螺杆。

① 添加倒角。选择直杆顶部边线，单击"倒角"按钮 🔷，将头部倒成 2×45°角，如图 4-74 所示。

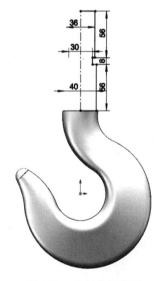 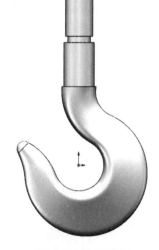 

图 4-72　绘制直杆草图　　　　图 4-73　创建直杆　　　　图 4-74　添加倒角

② 先选择"插入"→"注解"→"装饰螺纹线"菜单命令，再选择实体上端面的边缘作为圆形边线，将"装饰螺纹线"属性管理器按图 4-75 所示进行设置，单击"确定"按钮，完成装饰螺纹线 1 的绘制，显示出螺纹效果。

注：若要控制螺纹效果，可选择"工具"→"选项"菜单命令（或者单击"选项"按

钮 ⚙），在"文档属性–出详图"对话框中单击"文档属性"选项卡，选择"出详图"选项，勾选"上色的装饰螺纹线"复选框（见图 4-76）。

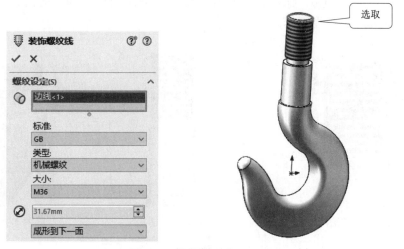

图 4-75　装饰螺纹线

图 4-76　设置文档属性

（7）制作销孔。

① 在特征设计树中选择"右视基准面"选项，绘制一条中心线和一个直径为 10 的圆，圆心在中心线上，且距实体上端面 20（见图 4-77）。

② 单击"特征"工具栏中的"拉伸切除"按钮 🔳，将"方向 1"的终止条件设置为"完

全贯穿–两者",单击"确定"按钮,完成销孔制作。效果如图 4-78 所示。

（8）添加圆角。

用"圆角"工具 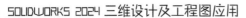,在弯钩与直杆的结合部分添加半径为 1 的圆角（选择环面,见图 4-79）,完成吊钩模型制作。

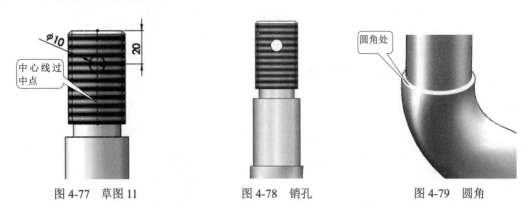

图 4-77　草图 11　　　　　图 4-78　销孔　　　　　图 4-79　圆角

（9）以"li4-3 吊钩.sldprt"为名保存文件。

例 4-4　创建阀座零件模型（见图 4-80）

分析图 4-80 所示的阀座零件图,可以将其分为五部分:中间的圆柱主体、右端的斜板、槽型连接板、左端倾斜的法兰及与主体连接的圆柱体。创建时,先大后小,先主后次,具体步骤如下。

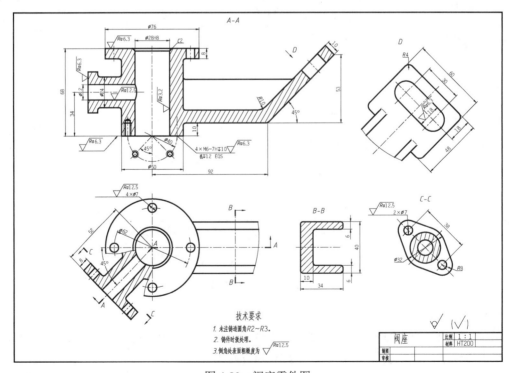

图 4-80　阀座零件图

（1）创建新零件，以"li4-4 阀座.sldprt"为名保存文件。

（2）创建主体。在前视基准面上绘制图 4-81 所示的草图 1（注意：中心线过原点），并标注尺寸，用"旋转凸台/基体"工具  创建出主体，如图 4-82 所示。

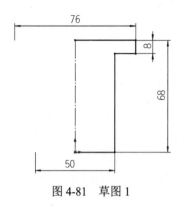

图 4-81　草图 1

图 4-82　旋转创建的主体

（3）创建宽 40 的右斜板。在前视基准面上绘制图 4-83 所示的草图 2，使用"拉伸凸台/基体"工具 ，注意设置"两侧对称"，单击"反向"按钮 ，参数设置如图 4-84 所示。

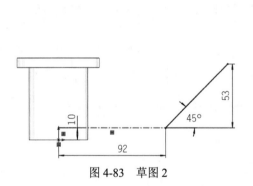

图 4-83　草图 2

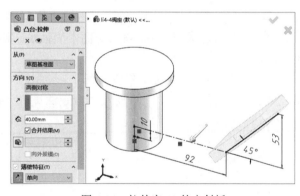

图 4-84　拉伸宽 40 的右斜板

（4）创建右斜板上部 60×48 的斜板。在前视基准面上绘制图 4-85 所示的草图 3，用"拉伸凸台/基体"工具 ，注意在弹出的对话框中单击"否"，注意设置"两侧对称"、深度为 60，如图 4-86 所示。

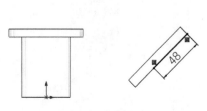

图 4-85　草图 3

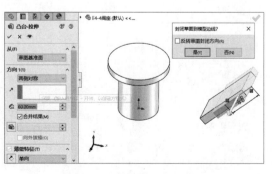

图 4-86　拉伸 60×48 的斜板

（5）创建凹形连接板。在右视基准面上绘制图 4-87 所示的草图 4，使用"拉伸凸台/基体"工具 ，注意设置"成形到面"，选择斜板右端面，参数设置如图 4-88 所示。

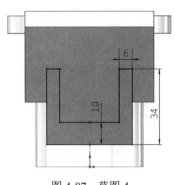

图 4-87　草图 4

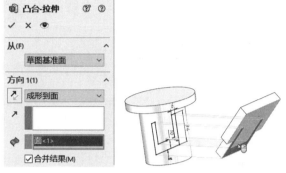

图 4-88　拉伸凹形连接板

（6）创建基准面。

① 开启"观阅临时轴"[通过单击"视图（前导）"工具栏中"隐藏/显示项目"下拉列表中的"观阅临时轴"按钮 实现]。

② 单击"参考几何体" 工具栏中的 基准面 按钮。

③ 选择前视基准面后，再选择图中的轴线，基准面参数设置如图 4-89 所示，参数设置完成后单击"确定"按钮。

（7）创建ϕ24 圆柱体。在基准面 1 上绘制图 4-90 所示的草图，圆心在轴线上。用"拉伸凸台/基体"工具 ，注意设置"给定深度"、深度为 52，隐藏轴线和基准面 1，结果如图 4-91 所示。

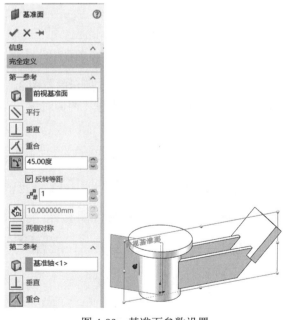

图 4-89　基准面参数设置

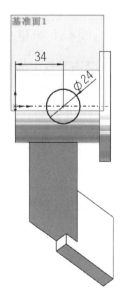

图 4-90　绘制圆

（8）创建法兰。在φ24圆柱体前端面上绘制图4-92所示的草图后，使用"拉伸凸台/基体"工具 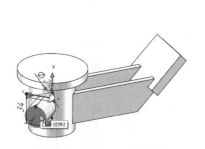，将其参数设置成图4-92所示（注意设置"给定深度"、"反向"、深度为8），单击"确定"按钮。

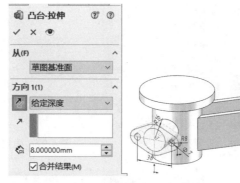

图4-91　创建φ24圆柱体　　　　　　　　　　图4-92　拉伸法兰

至此，已创建出全部形体，下面挖孔及处理细节。

（9）切除φ28孔。如图4-93所示，用"拉伸切除"工具 （终止条件为"成形到下一面"），切除φ28孔。

（10）切除φ12孔。如图4-94所示，用"拉伸切除"工具 切除φ12孔，参数设置同前。

（11）切除30×18直槽孔。如图4-95所示，用"拉伸切除"工具 切除30×18直槽孔，参数设置同前。

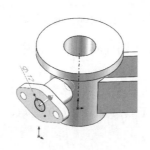

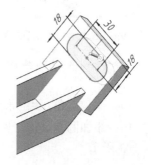

图4-93　切除φ28孔　　　　图4-94　切除φ12孔　　　　图4-95　切除30×18直槽孔

（12）创建4×φ7孔。先选中φ76上表面，再使用"异型孔向导"工具 ，参数设置如图4-96所示，参数设置完成后单击位置选项卡。在原点正右方单击（见图4-97）。用"圆"工具绘制过孔位置点的圆，将圆作为构造线（见图4-98），并标注尺寸62，确定后，单击类型选项卡（目的是能够继续确定孔的位置），再单击位置选项卡，在另外三个象限点上单击，确定后，结果如图4-99所示。

（13）创建M6螺纹孔。先选中φ50的下表面，再使用"异型孔向导"工具 ，参数设置如图4-100所示，参数设置完成后单击位置选项卡。在原点的右上方单击，绘制出定位中心线和定位圆（圆作为构造线），并标注尺寸（见图4-101），单击"确定"按钮。

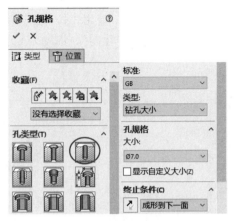

图 4-96 设置孔规格

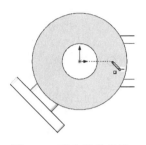

图 4-97 确定孔的位置

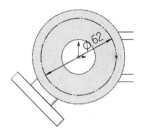

图 4-98 绘制定位圆

图 4-99 创建 4×φ7 孔的结果

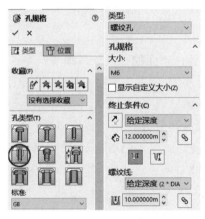

图 4-100 设置孔规格

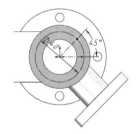

图 4-101 绘制定位圆

（14）阵列 4×M6 螺纹孔。用"圆周阵列"工具 （阵列轴选择圆），结果如图 4-102 所示。

（15）添加倒角。用"倒角"工具 倒 C2（2×45°）角。

（16）添加圆角。用"圆角"工具 添加 R10 圆角、R4 圆角及其他铸造圆角，结果如图 4-103 所示。

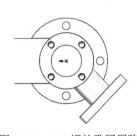

图 4-102 M6 螺纹孔圆周阵列

图 4-103 添加倒角和圆角

（17）赋材质。指定模型材质为 HT200，完成建模，结果如图 4-104 所示。

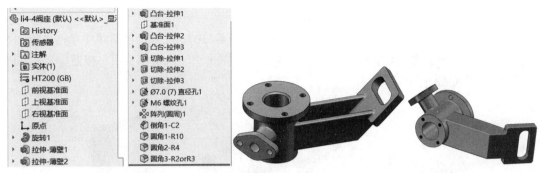

图 4-104　建模结果

例 4-5　创建螺旋杆零件模型（见图 4-105）

分析图 4-105 所示的螺旋杆结构可以得出，创建该零件可以先绘制外轮廓，然后旋转出基体，再挖孔、倒角，接着在端部绘制螺旋线和矩形螺纹截面，最后进行扫描切除。

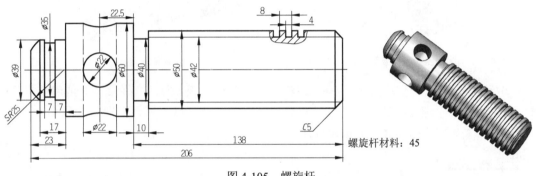

图 4-105　螺旋杆

绘制步骤如下。

（1）创建新零件，以"li4-5 螺旋杆.sldprt"为名保存文件。

（2）创建基体。在前视基准面绘制图 4-106 所示的草图（注意：中心线过原点），并标注尺寸，用"旋转凸台/基体"工具 进行旋转，结果如图 4-107 所示。

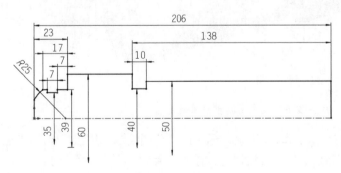

图 4-106　草图 1

图 4-107　旋转得到的基体

（3）挖 ϕ22 孔，如图 4-108 所示。

（4）倒 C5 角（5×45°），如图 4-109 所示。

（5）制作矩形螺纹。

① 绘制螺旋线基准圆。选择倒角处的端面（见图 4-110），在弹出的菜单中单击"草图绘制"按钮囗，选择倒角棱边ϕ50 的圆（见图 4-111），单击"转换实体引用"按钮囗，绘制出螺旋线基准圆（见图 4-112）。

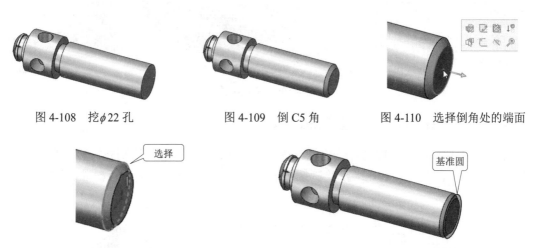

图 4-108　挖ϕ22 孔　　　　图 4-109　倒 C5 角　　　　图 4-110　选择倒角处的端面

图 4-111　选择倒角棱边ϕ50 的圆　　　　图 4-112　绘制螺旋线基准圆

② 绘制螺旋线。选择"插入"→"曲线"→"螺旋线/涡状线"菜单命令，或者单击"曲线"工具栏上的"螺旋线/涡状线"按钮Ξ，将"螺旋线/涡状线"属性管理器按图 4-113 进行设置，单击"确定"按钮✓，完成螺旋线 1 的创建。

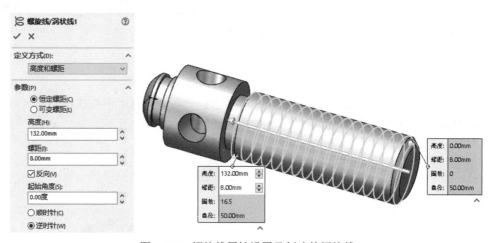

图 4-113　螺旋线属性设置及创建的螺旋线

③ 绘制矩形螺纹横截面。先选择囗 上视基准面选项，再单击"草图绘制"按钮囗，用"边角矩形"工具囗，在螺旋线端点处绘制矩形，标注尺寸，添加"穿透"几何关系（按下 Ctrl键，同时选中矩形左上角的点与螺旋线，在弹出的菜单中选择 ✦ 穿透(P) 选项，如图 4-114 所示，草图完全定义）。最后单击"确定"按钮，退出草图。

④ 扫描切除出螺纹。用"特征"工具栏中的"扫描切除"工具⬚，使扫描轮廓为矩形，扫描路径为螺旋线，结果如图 4-115 所示。

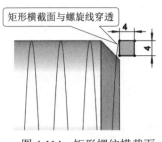

矩形横截面与螺旋线穿透

图 4-114　矩形螺纹横截面

图 4-115　扫描切除效果

（6）材质设置为 45 号钢，完成螺旋杆模型制作，保存文件。

例 4-6　创建旋转阵列模型（见图 4-116）

分析图 4-116 可知，该模型由 20 个厚为 6、外径为 100 的扇形块绕一个直径为 50 的圆柱螺旋旋转而成。创建步骤如下。

（1）先单击"新建"按钮 ，再双击"零件"按钮 ，进入零件设计模式。

（2）创建中间柱体。在上视基准面上绘制一个圆心在原点，直径为 50 的圆（见图 4-117），用"拉伸凸台/基体"工具 ，将"拉伸深度"设置为 132 后，单击"确定"按钮。

（3）创建螺旋线。

① 选择上视基准面，单击"草图绘制"按钮 ，选择圆柱的圆边线，单击"转换实体引用"按钮 。

② 选择"插入"→"曲线"→"螺旋线/涡状线"菜单命令，将"螺旋线"参数设置为图 4-118 所示的数据，单击"确定"按钮 ，完成螺旋线创建。

（4）创建扇形块。在上视基准面上，绘制图 4-119 所示的草图后，用"拉伸凸台/基体"工具 ，拉伸出厚度为 6 的扇形块，如图 4-120 所示。

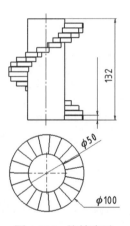

图 4-116　旋转阵列

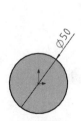

图 4-117　圆

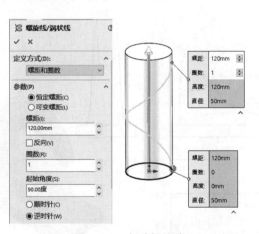

图 4-118　创建螺旋线

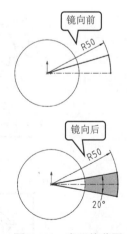

图 4-119　扇形块草图

（5）设置阵列。单击"曲线驱动的阵列"按钮 ，阵列"方向"选择"螺旋线"，"实例数"设为"20","对齐方法"选择"与曲线相切","面法线"选择"圆柱面"(见图 4-121),单击"确定"按钮 ✔,完成模型创建。

(6)保存文件。

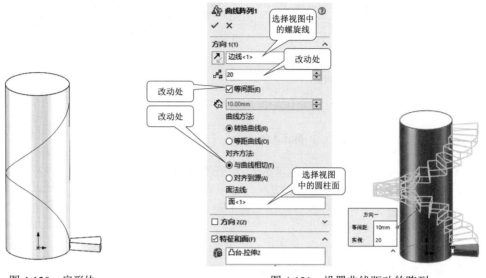

图 4-120 扇形块　　　　　　　　　　图 4-121 设置曲线驱动的阵列

习　　题

4-1 上机操作本章实例,熟悉参考几何体的创建方法,掌握创建零件模型的基本方法。

4-2 按照制图教材,分别创建叉架类、箱体、壳体类零件模型。

4-3 创建如图 4-122 所示的拖钩。

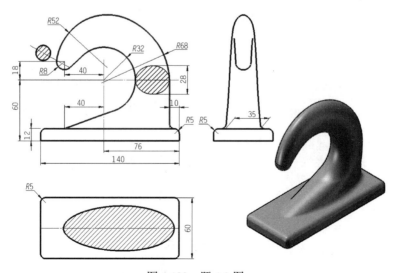

图 4-122 题 4-3 图

4-4 创建如图 4-123 所示的踏脚座零件模型。

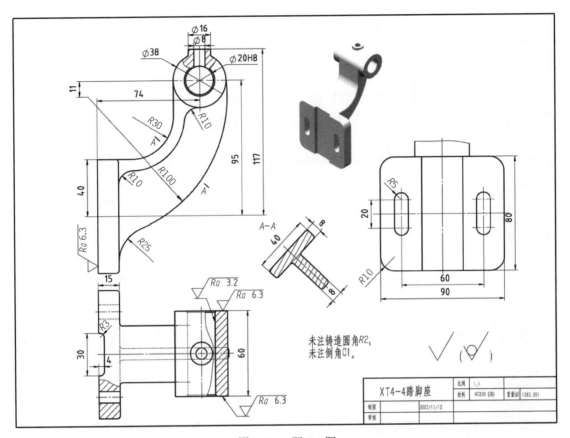

图 4-123 题 4-4 图

参考建模方法如图 4-124 所示。

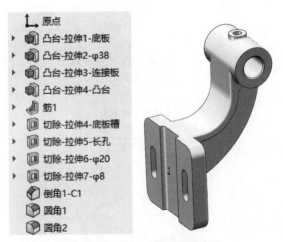

图 4-124 题 4-4 参考建模方法

4-5 创建如图 4-125 所示的悬架零件模型。

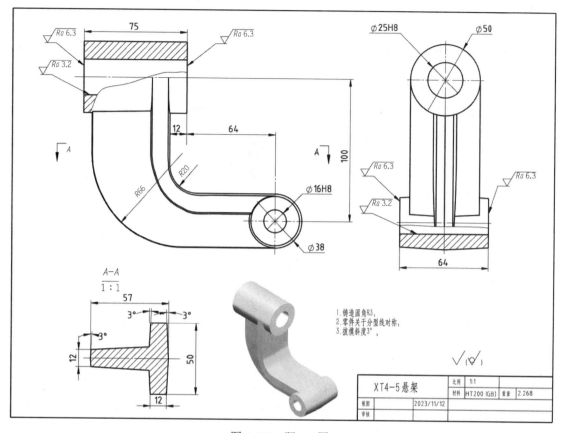

图 4-125　题 4-5 图

参考建模方法如图 4-126 所示。

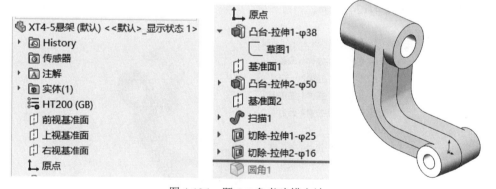

图 4-126　题 4-5 参考建模方法

4-6　创建如图 4-127 所示的壳体零件模型。

参考建模方法如图 4-128 所示。

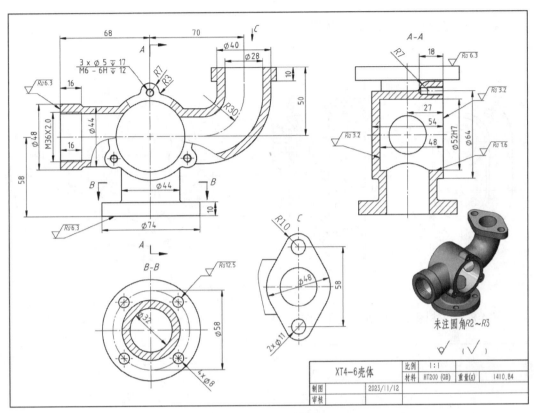

图 4-127　题 4-6 图

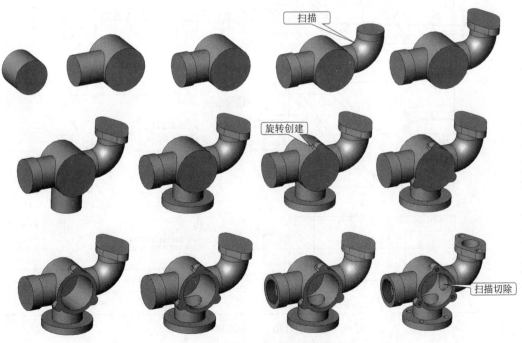

图 4-128　题 4-6 参考建模方法

4-7 创建图 4-129 所示的泵体零件模型。

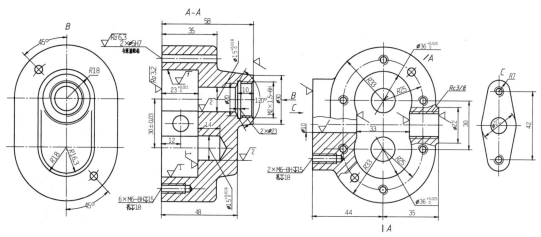

图 4-129 题 4-7 图

※4-8 创建图 4-130 所示的传动块零件模型（提示：导槽部分用"包覆"工具创建）。

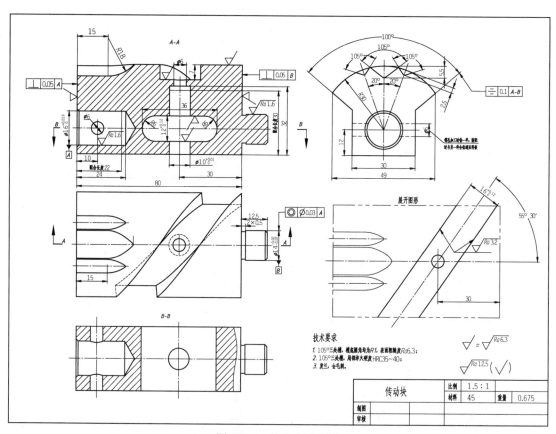

图 4-130 传动块零件图

第5章 标常件设计

在进行产品设计时，经常遇到螺栓、螺母、垫圈、弹簧、齿轮等标准件、常用件（合称为"标常件"）设计。对于这部分零件，已有公司开发出相关插件，用户可以直接引用。但是如果没有这部分插件，则需要用户自己设计，本章简要介绍这部分零件的设计方法。

5.1 螺纹紧固件

常用的螺纹紧固件有螺栓、螺钉、双头螺柱、螺母和垫圈等，它们均为标准件，一般不需要单独绘制。设计时主要使用设计库 中的 Toolbox 插件，选择要插入的标准、类型、型号，将其拖放到需要装配处，系统根据情况直接适配到合适尺寸。不过用户还是需要掌握这部分零件的设计方法。

下面根据国家标准介绍的六角螺母的比例画法（见图5-1），说明 M10 螺母的创建方法，其他紧固件的创建方法与此类似。

（1）开始新零件设计，用"草图"工具栏中的"多边形"工具 ，在上视基准面上绘制如图5-2所示的草图，并标注尺寸。

（2）用"特征"工具栏中的"拉伸凸台/基体"工具 ，拉伸出厚度为8的实体（见图5-3）。

（3）以"螺母 M10.sldprt"为名保存文件。

（4）选中正六棱柱的上表面，单击"圆"按钮 ，绘制一个内切圆（见图5-4）。

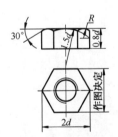 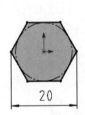 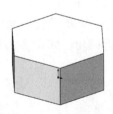 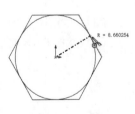

图5-1　六角螺母的比例画法　图5-2　绘制正六边形　图5-3　拉伸成正六棱柱　图5-4　绘制内切圆

（5）单击"特征"工具栏中的"拉伸切除"按钮 ，将其属性按图5-5所示进行设置，单击"确定"按钮，创建30°倒角。

（6）选中正六棱柱的上表面，单击"特征"工具栏中的"异型孔向导"按钮 ，创建 M10 螺纹孔，将孔规格属性按图5-6所示进行设置。选择"位置"选项卡，在原点处单击。

（7）添加上色的装饰螺纹线，效果如图5-6所示。

（8）保存文件。

如果每个尺寸规格的螺母均采用这种方法创建，则过于烦琐，可用系列零件建模的方法创建。

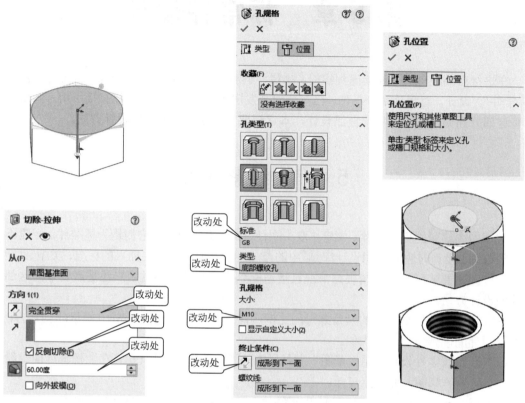

图 5-5　拉伸切除出 30°倒角　　　　图 5-6　添加 M10 螺纹孔及上色的装饰螺纹线的效果

SOLIDWORKS 从 2017 版本开始提供了"螺纹线"工具。下面用"螺纹线"工具创建 M10 螺母。

（1）按六角螺母比例画法的步骤（1）～（5）创建毛坯轮廓，如图 5-7 所示。

（2）切除出一个直径为 10 的通孔，如图 5-8 所示。

（3）添加 0.6×45°的倒角，如图 5-9 所示。

图 5-7　毛坯轮廓　　　　图 5-8　添加φ10 通孔　　　图 5-9　添加 0.6×45°的倒角

（4）在顶面上方 5mm 处创建基准面，如图 5-10 所示。

（5）单击"螺纹线"按钮 （在"异型孔向导"下拉列表中，见图 5-11），弹出如图 5-12 所示的提示框，单击"确定"按钮，显示螺纹线属性。

（6）将螺纹线属性按图 5-13 所示进行设置（图形预览见图 5-14），单击"确定"按钮 ✔。

（7）隐藏基准面 1 后的效果如图 5-15 所示。

"螺纹线"工具也可以用于创建外螺纹线（见图 5-16）等。

图 5-10　创建基准面

图 5-11　"螺纹线"按钮

图 5-12　螺纹工具提示

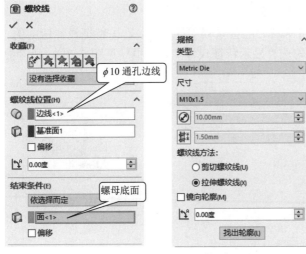

图 5-13　螺纹线属性设置

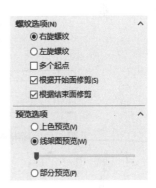

图 5-14　图形预览

图 5-15　隐藏基准面 1 后的效果

图 5-16　外螺纹线

5.2　系列零件建模

系列零件设计应用于标准件的制作，可使标准件（如螺栓、螺母、垫圈等）参数化。应用系列零件设计表，只需要建立一个原始零件，并通过编辑 Excel 表格自动设计该零件的其他形式，从而完成该零件系列的设计。配置管理器是用来生成、选择和查看零件和装配体多个配置的工具。要生成一个配置，应先指定名称与属性，然后根据需要修改模型，以生成不同的设计。

下面以标准垫圈为例介绍设计过程，标准垫圈如图 5-17 所示，尺寸如表 5-1 所示。

表 5-1　标准垫圈尺寸（GB/T 97.1—2002 摘录）

公称尺寸	6	8	10	12	14	16
内径 d_1	6.4	8.4	10.5	13	15	17
外径 d_2	12	16	20	24	28	30
厚度 h	1.6	1.6	2	2.5	2.5	3

（1）创建垫圈零件模型。开始新的零件设计，在上视基准面上绘制如图 5-18 所示的草图，并标注尺寸，用"拉伸凸台/基体"工具 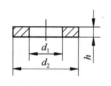，拉伸出厚度为 1.6mm 的实体（见图 5-19）。

以"L5-3 垫圈.sldprt"为名保存文件。

（2）显示特征尺寸，更改尺寸名称，准备系列零件资料。右击特征设计树中的"注解"按钮 A 注解，在弹出的快捷菜单中勾选"显示特征尺寸"复选框（见图 5-20），尺寸显示结果如图 5-21 所示。

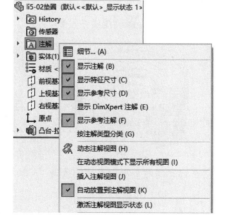

图 5-17　标准垫圈

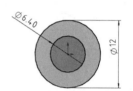

图 5-18　垫圈草图

图 5-19　垫圈零件拉伸实体　　　　图 5-20　设置注解　　　　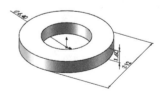　图 5-21　尺寸显示结果

单击视图中内径 $\phi 6.40$ 的尺寸线，将"尺寸"属性管理器中"主要值"下的尺寸名称改为"内径 D1"（见图 5-22）。同理，将外径 $\phi 12$ 的尺寸名称改为"外径 D2"，将厚度 1.60mm 的尺寸名称改为"厚度 h"。

　　单击特征设计树中的"配置管理器"按钮 ，右击"默认"按钮 ，在快捷菜单中选择 属性... (F) 选项，将配置属性按图 5-23 所示进行设置。

　　（3）生成系列零件设计表，定义系列零件参数。选择"插入"→"表格"→"Excel 设计表"菜单命令，弹出"Excel 设计表"属性管理器（见图 5-24），单击"确定"按钮 ，弹出"尺寸"对话框（见图 5-25）。

　　选中"尺寸"对话框中的三项后单击"确定"按钮，在图形区出现一个系列零件设计表（见图 5-26）。

图 5-22　改尺寸名称

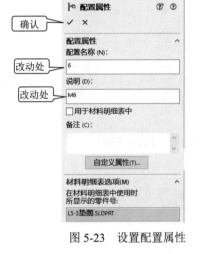

图 5-23　设置配置属性

图 5-24　"Excel 设计表"属性管理器

图 5-25　"尺寸"对话框

图 5-26　系列零件设计表

137

（4）编辑表格，完成系列零件设计。选择表格的第 3 行后单击鼠标右键，在弹出的快捷菜单中选择"设置单元格格式"选项，弹出"设置单元格格式"对话框，在"数字"选项卡中选择"文本"选项（见图 5-27）后单击"确定"按钮，第 3 行单元格显示的数据自动改变（见图 5-28）。

选中 A3～D3 单元格区域，拖动鼠标复制出 5 行数据，并将内容修改为如图 5-29 所示的数据。

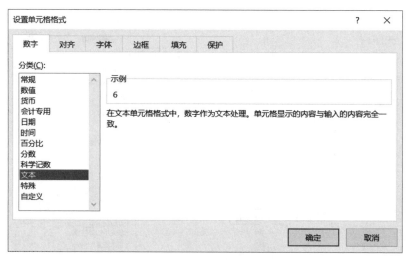

图 5-27　"设置单元格格式"对话框

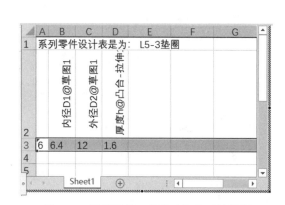

图 5-28　设置后第 3 行单元格显示的数据

图 5-29　输入其他垫圈数据后的表格

单击 Excel 表格外的空白区域，退出表格编辑状态，系列零件设计表自动进行相应配置，并弹出产生配置的提示对话框（见图 5-30）。

单击"确定"按钮，完成系列零件设计表的添加，此时配置管理器状态如图 5-31 所示。

双击配置管理器中相应垫圈的型号，图形区即变成相应尺寸的实体模型，系列零件中的 4 个零件如图 5-32 所示。

保存并关闭文件，完成系列零件设计。

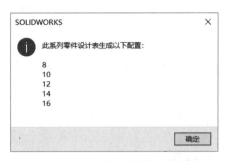

图 5-30 产生配置的提示对话框

图 5-31 配置管理器

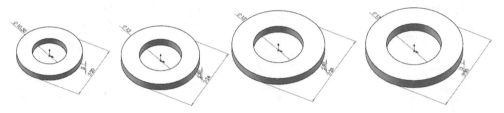

图 5-32 10、12、14、16 垫圈

5.3 弹 簧

弹簧零件结构多样，具体造型步骤不尽相同。下面通过两个实例介绍造型方法。

例 5-1 设计圆柱螺旋压缩弹簧

弹簧外径 D=50mm，簧丝直径 d=5mm，节距 t=10mm，有效圈数 n=6，支撑圈数 n_2=2.5，右旋，如图 5-33 所示。

设计步骤如下。

（1）开始新零件设计，以"压缩弹簧.sldprt"为名保存文件。

（2）创建弹簧有效螺旋线基准圆和有效圈螺旋线。

① 在上视基准面上绘制 ϕ45 圆，并标注尺寸，如图 5-34 所示。

② 选择"插入"→"曲线"→"螺旋线/涡状线"菜单命令，或者单击"曲线"工具栏上的"螺旋线/涡状线"按钮 ，将弹出的"螺旋线/涡状线"属性管理器按图 5-35 所示进行设置，单击"确定"按钮 ，完成螺旋线 1 的创建（见图 5-36）。

（3）创建支撑圈螺旋线。

① 在左窗口中，单击 ▶ 螺旋线/涡状线1 左端的按钮 ▶，展开特征设计树，选择"草图 1"选项，单击"显示"按钮 ，将草图 1 显示出来。

② 先单击 上视基准面 按钮，再单击"草图绘制"按钮 ，插入草图 2。

③ 选择草图 1 中的 ϕ45 圆，单击"转换实体引用"按钮 。

④ 单击"曲线"工具栏中的"螺旋线/涡状线"按钮 ，将弹出的"螺旋线/涡状线"属

性管理器按图 5-37 所示进行设置，单击"确定"按钮✅，完成支撑圈 1（螺旋线/涡状线 2）的创建。

⑤ 创建另一个支撑圈起始基准面。先单击"上视基准面"→"参考几何体"→"基准面"按钮，再单击螺旋线的上端点，出现基准面 1 后单击"确定"按钮（见图 5-38）。

图 5-33　压缩弹簧

图 5-34　绘制 $\phi45$ 圆

图 5-35　"螺旋线/涡状线"属性管理器

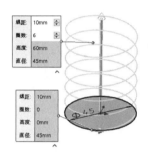

图 5-36　螺旋线 1

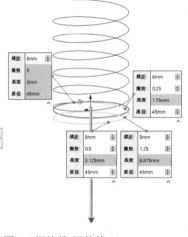

图 5-37　支撑圈 1（螺旋线/涡状线 2）

图 5-38　创建基准面 1

⑥ 先单击基准面 1 左侧的"基准面"按钮，再单击"草图绘制"按钮，插入草图 3，选择草图 1 中的 $\phi45$ 圆，单击"转换实体引用"按钮。

⑦ 单击"螺旋线/涡状线"按钮，将弹出的"螺旋线/涡状线"属性管理器按图 5-39 所示进行设置，单击"确定"按钮✅，完成支撑圈 2（螺旋线/涡状线 3）的创建。

（4）隐藏草图 1 和基准面 1。

先单击 草图1 按钮，再单击按钮，将草图 1 隐藏。用同样的方法隐藏基准面 1。按"Ctrl＋1"组合键，显示前视视图，结果如图 5-40 所示。

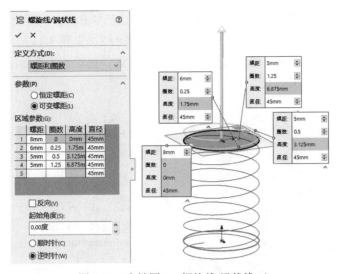

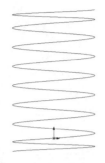

图 5-39　支撑圈 2（螺旋线/涡状线 3）　　　　图 5-40　绘制的螺旋线

（5）扫描，创建弹簧有效圈部分。

单击"特征"工具栏中的"扫描"按钮🐛，选择中间有效圈螺旋线，在左窗格将其"扫描"属性管理器按图 5-41 所示进行设置后，单击"确定"按钮✅，完成有效圈的创建。

（6）扫描 2，创建弹簧下支撑圈部分。

① 选择有效圈的下端面，单击"草图绘制"按钮🖊，再单击"转换实体引用"按钮🔗。

② 单击"特征"工具栏中的"扫描"按钮🐛，选择下端螺旋线作为扫描路径（见图 5-42），单击"确定"按钮✅。

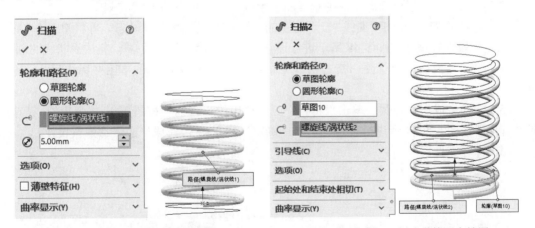

图 5-41　扫描，创建弹簧有效圈　　　　图 5-42　扫描 2，创建弹簧下支撑圈

（7）扫描 3，创建弹簧上支撑圈部分。

① 选择有效圈的上端面，单击"草图绘制"按钮🖊，再单击"转换实体引用"按钮🔗。

② 单击"特征"工具栏中的"扫描"按钮🐛，选择上端螺旋线作为扫描路径，单击"确定"按钮✅。

（8）切平两端面。

① 先选中 🔲 上视基准面 选项，再单击"参考几何体"按钮 🔲，然后单击 🔲 基准面 按钮。

② 选中螺旋线最上面的端点，按鼠标右键确定。创建一个用于切除的基准面 2（见图 5-43）。

③ 同理，在螺旋线最下面的端点，创建另一个用于切除的基准面 3（见图 5-44）。

④ 用"插入"菜单栏中的"切除"→"使用曲面"工具，将"进行切除的所选曲面"分别设置为所建的两个基准面（见图 5-45），进行上下切除，切平两端面。

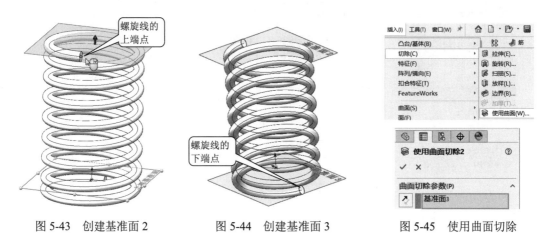

图 5-43 创建基准面 2   图 5-44 创建基准面 3   图 5-45 使用曲面切除

（9）隐藏螺旋线与基准面，保存文件。完成圆柱螺旋压缩弹簧的绘制。

例 5-2 设计平面涡状弹簧（见图 5-46）

设计步骤如下。

（1）新建一个零件，并以"涡状弹簧.sldprt"为名保存文件。

（2）绘制螺旋线基准圆。在前视基准面上绘制如图 5-47 所示的基准圆。

（3）创建涡状线。单击"曲线"工具栏上的"螺旋线/涡状线"按钮 ，并将弹出的"螺旋线/涡状线"属性管理器按图 5-48 所示进行设置，单击"确定"按钮 ，完成涡状线的创建。

（4）绘制弹簧横截面草图。在右视基准面绘制如图 5-49 所示的草图并标注尺寸，退出草图。

（5）扫描生成涡状弹簧。单击"特征"工具栏中的"扫描"按钮 ，将弹出的"扫描"属性管理器按图 5-50 所示进行设置，单击"确定"按钮 ，完成平面涡状弹簧设计。

（6）保存文件。

图 5-46 平面涡状弹簧   图 5-47 基准圆   图 5-48 设置螺旋线/涡状线属性

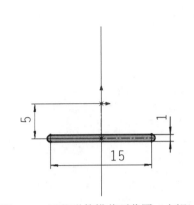

图 5-49　涡状弹簧横截面草图（右视）

图 5-50　"扫描"属性管理器

5.4　齿　　轮

齿轮种类较多，有圆柱直齿轮、圆柱斜齿轮、圆锥直齿轮、圆锥斜齿轮等。齿轮零件结构多样，重点、难点是轮齿的制作。下面介绍用圆弧代替渐开线齿廓（见图 5-51），并利用"方程式"命令生成圆柱齿轮的造型方法。

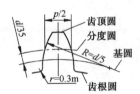

图 5-51　齿廓的近似画法

要创建齿轮必须先了解齿轮的计算公式。标准直齿圆柱齿轮的计算公式如表 5-2 所示。

表 5-2　标准直齿圆柱齿轮的计算公式

基本参数：模数 m、齿数 z 和齿形角 α（=20°）		
名　　称	代　　号	公　　式
齿距	p	$p = \pi m$
齿顶高	h_a	$h_a = m$
齿根高	h_f	$h_f = 1.25m$
分度圆直径	d	$d = mz$
齿顶圆直径	d_a	$d_a = m(z+2)$
齿根圆直径	d_f	$d_f = m(z-2.5)$
齿宽	B	—

设计步骤如下。

（1）创建一个新零件，以"圆柱齿轮.sldprt"为名保存文件。

（2）添加方程式，定义参数，并添加整体变量。

① 单击"工具"工具栏中的"方程式"按钮 Σ，弹出"方程式、整体变量及尺寸"对话框（见图 5-52）。

图 5-52 "方程式、整体变量及尺寸"对话框[①]

② 单击"名称"列下的"添加整体变量"栏，输入"m"，按 Tab 键（或 Enter 键），鼠标光标切换到"数值/方程式"列下的栏，输入"3"。用同样的方法在"评论"列下的栏中输入"模数"（此列可以为空），按 Tab 键（或 Enter 键），鼠标光标切换到下一行的"名称"列，按上述方法输入"z=20"。

输入"d=m*z"方程式时，"m"和"z"需从弹出的"全局变量"列表中选取（见图 5-53）。用同样的方法输入方程式"p=pi*m"和"B=20"。

注意：当变量名与系统定义有冲突时，变量名需要大写，创建方程式后，可将其修改为小写，如图 5-54 所示。

③ 完成方程式的添加后，单击"方程式、整体变量及尺寸"对话框中的"确定"按钮，在特征设计树中会添加以上方程式文件夹。

④ 单击特征设计树 ▸ Σ 方程式 文件夹前的按钮 ▸，展开方程式文件夹，如图 5-55 所示。

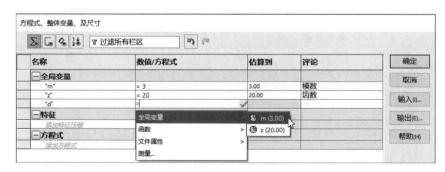

图 5-53 添加"d=m*z"方程式

[①] 该对话框中，"方程式、整体变量、及尺寸"应更正为"方程式、整体变量及尺寸"。

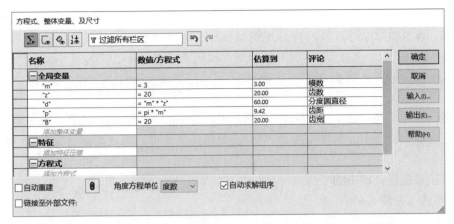

图 5-54　添加全局变量后的"方程式、整体变量及尺寸"对话框

（3）用齿根圆绘制齿轮基体。

① 在前视基准面上绘制一个圆，圆心在原点，并标注尺寸 $\phi52.50$（见图 5-56）。

② 修改尺寸名称，添加方程式。在图形区双击尺寸"52.50"，弹出"修改"对话框，将尺寸名称改为"df"（见图 5-57）；在数值栏输入"="，在弹出的列表中选择"全局变量"→"m(3)"选项（见图 5-58），输入"*"和"("，再在弹出的列表中选择"z(20)"选项，输入"–2.5)"，按 Enter 键，添加的方程式如图 5-59 所示。

③ 单击"确定"按钮 ✔，完成对齿根圆方程式的添加。此时，尺寸"$\phi52.50$"前多了一个红色的符号"Σ"，如图 5-60 所示。

④ 单击确认角中的"确认"按钮 ↵，退出草图 1。

图 5-55　方程式文件夹

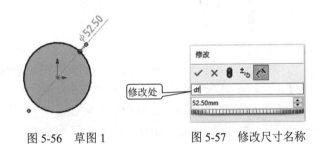

图 5-56　草图 1　　　　图 5-57　修改尺寸名称

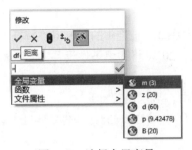

图 5-58　选择全局变量

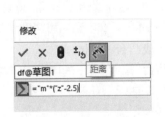

图 5-59　添加的方程式

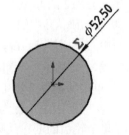

图 5-60　添加方程式后的尺寸显示

> **说明：** 在 SOLIDWORKS 2012 以前的版本中，在数值栏的下拉列表中选择"添加方程式"选项，弹出"添加方程式"对话框，添加方程式后单击"确定"按钮 确定 ，退出"添加方程式"对话框，再单击"确定"按钮 确定 ，退出"方程式"对话框。

⑤ 确认草图 1 是被选中的，单击"特征"工具栏中的"拉伸凸台/基体"按钮 ，在"凸台-拉伸"属性管理器中，将深度改为"20"，将终止条件设置为"两侧对称"，单击"确定"按钮 。

⑥ 单击特征设计树中的"凸台-拉伸 1"按钮 凸台-拉伸1 ，显示出尺寸，以便修改名称和添加方程式（见图 5-61）。

⑦ 修改拉伸深度尺寸名称。在图形区双击拉伸深度尺寸"20"，在"修改"对话框中，将尺寸名称改为"B"（见图 5-62），在数值栏输入等号"="，从"全局变量"列表中选择"B（20）"选项，单击"确定"按钮 ，完成尺寸修改。

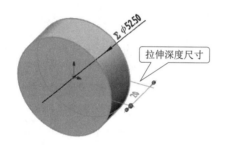

图 5-61　特征尺寸

图 5-62　修改拉伸深度尺寸名称并建立方程式

（4）绘制轮齿。

① 在前视基准面上，绘制如图 5-63 所示的草图 2（要标注尺寸）。绘制草图 2 要使用"中心线" 、"圆" 、"构造几何线" 、"圆心/起/终点画弧" 、"转换实体引用" 、"镜向实体" 、"点" 、"剪裁实体" 、"智能尺寸" 等工具。

② 将各尺寸名称改为下列方程式中"@"前的名称，并为各尺寸添加下列方程式。

尺寸 $\Sigma\phi 66$ 的方程式："da@草图 2" = m*(z+2)。

尺寸 $\Sigma\phi 60$ 的方程式："d@草图 2" = "d"。

尺寸 $\Sigma 1.71$ 的方程式："d/35@草图 2" = "d"/35。

尺寸 $\Sigma 4.71$ 的方程式："p/2@草图 2" = "p"/2。

尺寸 $\Sigma R12$ 的方程式："d/5@草图 2" = "d"/5。

③ 单击确认角中的"确认"按钮 ，退出草图 2。确认草图 2 是被选中的，单击"特征"工具栏中的"拉伸凸台/基体"按钮 ，在左窗格将深度改为"20"，将终止条件设置为"两侧对称"，单击"确定"按钮 ，完成凸台-拉伸 2。

④ 单击特征设计树中的"凸台-拉伸 2"按钮 凸台-拉伸2 ，显示出尺寸。

⑤ 参照前面的步骤为"凸台-拉伸 2"的深度尺寸添加方程式""B @凸台-拉伸 2" ="B""，并完成单个轮齿的创建（见图 5-64）。

（5）绘制齿根圆角。

① 用"圆角"工具 ，将圆角半径值设为"0.6"，选择两齿根线（见图 5-65），单击"确

定"按钮✔，完成圆角绘制。

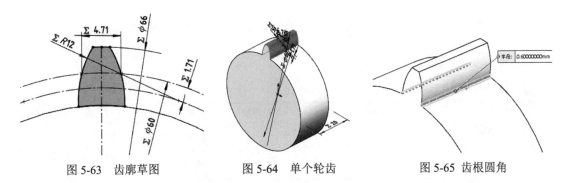

图 5-63　齿廓草图　　　　　图 5-64　单个轮齿　　　　　图 5-65　齿根圆角

② 单击特征设计树中的"圆角 1"按钮 圆角1，可滚动鼠标中键滚轮放大齿根部位（见图 5-66），双击圆角尺寸"R0.60"，弹出"修改"对话框，将其按图 5-67 所示进行设置，按 Enter 键，单击"确定"按钮✔。

图 5-66　放大齿根部位　　　　　图 5-67　修改圆角名称并建立方程式

（6）阵列轮齿。

① 选中特征设计树中的"凸台-拉伸 2"和"圆角 1"，单击"特征"工具栏中的"圆周阵列"按钮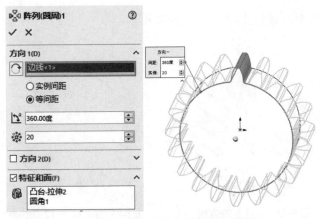，选择圆柱边线作为阵列轴，将"阵列（圆周）"属性按图 5-68 所示进行设置，单击"确定"按钮✔。

② 单击特征设计树中的"阵列（圆周）1"按钮 阵列(圆周)1，显示出尺寸（见图 5-69）。双击尺寸"20"（齿数即阵列数量），将尺寸名称改为"z"，并为其添加方程式""z@阵列(圆周)1" = z"。

图 5-68　设置"阵列（圆周）"属性　　　　　图 5-69　创建的轮齿

在特征设计树中右击 Σ 方程式 按钮，在弹出的快捷菜单中选择"管理方程式…(A)"选项，打开"方程式、整体变量及尺寸"对话框，如图 5-70 所示。

至此，完成了参数为 *m*=3、*z*=20、*B*=20 的圆柱直齿齿轮参数化模型的创建。

方程式、整体变量、及尺寸

过滤所有栏区

名称	数值/方程式	估算到	评论
全局变量			
"m"	= 3	3.000000	模数
"z"	= 20	20.000000	齿数
"d"	= "m" * "z"	60.000000	分度圆直径
"p"	= pi * "m"	9.424778	齿距
"B"	= 20	20.000000	齿宽
添加整体变量			
特征			
添加特征压缩			
方程式			
"df@草图1"	= "m" * ("z" - 2.5)	52.5mm	
"B@凸台-拉伸1"	= "B"	20mm	
"da@草图2"	= "m" * ("z" + 2)	66mm	
"d@草图2"	= "d"	60mm	
"d/35@草图2"	= "d" / 35	1.714286mm	
"d/5@草图2"	= "d" / 5	12mm	
"p/2@草图2"	= "p" / 2	4.712389mm	
"B@凸台-拉伸2"	= "B"	20mm	
"r@圆角1"	= "m" * .2	0.6mm	
"z@阵列(圆周)1"	= "z"	20	
添加方程式			

确定　取消　输入(I)…　输出(E)…　帮助(H)

□ 自动重建　　角度方程单位 度数　☑ 自动求解组序
□ 链接至外部文件：

图 5-70　"方程式、整体变量及尺寸"对话框

（7）改变模数和齿数得到不同的齿轮。在特征设计树的方程式 `"m"=3` 上右击，在弹出的快捷菜单中选择"管理方程式"命令（见图 5-71），将 *m* 的值改为"1.5"，单击"确定"按钮。单击"重建模型"按钮 ，结果如图 5-72 所示。

读者可以试着改变不同参数，检验设计是否正确，如 *m*=3、*z*=12 时，结果如图 5-73 所示。

（8）保存文件。

可以在此基础上设计出不同结构的圆柱直齿齿轮，如图 5-74 所示。

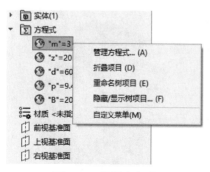

图 5-71　编辑方程式

图 5-72　*m*=1.5 的齿轮

图 5-73　*m*=3、*z*=12 的齿轮

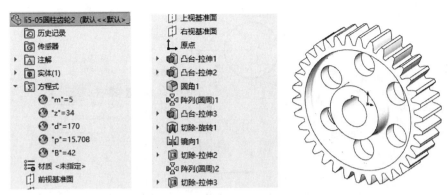

图 5-74　$m=5$、$z=34$、$B=42$ 的齿轮

5.5　蜗轮、蜗杆

蜗轮、蜗杆传动是常见的机械传动。蜗轮、蜗杆的结构和设计知识请参阅机械设计手册。下面举例说明蜗轮、蜗杆的模型创建方法。

1．蜗轮设计

设计步骤如下。

（1）创建新零件，以"蜗轮.sldprt"为名保存文件。

（2）添加方程式，定义参数，添加整体变量。

参照 5.4 节齿轮的创建方法，在"方程式、整体变量及尺寸"对话框中添加如图 5-75 所示的方程式（系统会自动添加引号，不必手动输入），单击"确定"按钮。

（3）绘制布局草图。在前视基准面上，从原点绘制出一条竖直中心线和一个圆，如图 5-76 所示，并标注尺寸，为尺寸 $\phi 36$ 添加方程式 "D1@草图 1"="d1""，为尺寸 78 添加方程式 "D2@草图 1"="a""，单击"确定"按钮，退出草图。

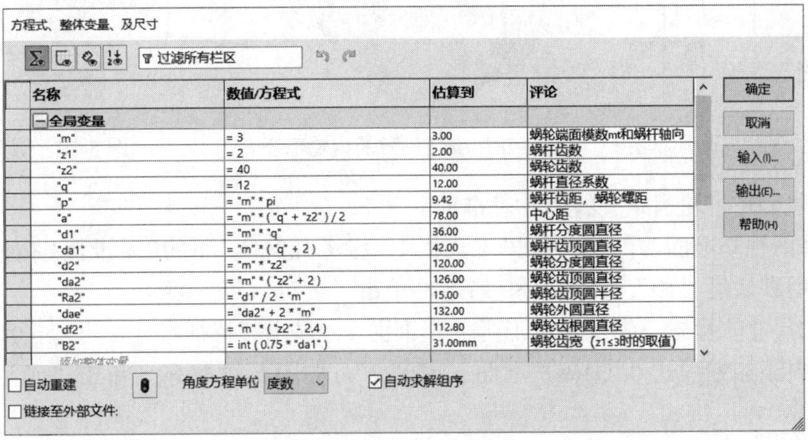

方程式、整体变量、及尺寸

名称	数值/方程式	估算到	评论
□全局变量			
"m"	= 3	3.00	蜗轮端面模数mt和蜗杆轴向
"z1"	= 2	2.00	蜗杆齿数
"z2"	= 40	40.00	蜗轮齿数
"q"	= 12	12.00	蜗杆直径系数
"p"	= "m" * pi	9.42	蜗杆齿距，蜗轮螺距
"a"	= "m" * ("q" + "z2") / 2	78.00	中心距
"d1"	= "m" * "q"	36.00	蜗杆分度圆直径
"da1"	= "m" * ("q" + 2)	42.00	蜗杆齿顶圆直径
"d2"	= "m" * "z2"	120.00	蜗轮分度圆直径
"da2"	= "m" * ("z2" + 2)	126.00	蜗轮齿顶圆直径
"Ra2"	= "d1" / 2 - "m"	15.00	蜗轮齿顶圆半径
"dae"	= "da2" + 2 * "m"	132.00	蜗轮外圆直径
"df2"	= "m" * ("z2" - 2.4)	112.80	蜗轮齿根圆直径
"B2"	= int (0.75 * "da1")	31.00mm	蜗轮齿宽（z1≤3时的取值）
添加整体变量			

☐自动重建　　📷　　角度方程单位 度数 ∨　　☑自动求解组序

☐链接至外部文件:

确定　取消　输入(I)...　输出(E)...　帮助(H)

图 5-75　创建蜗轮方程式

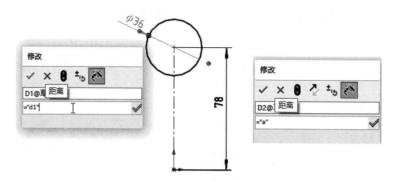

图 5-76 绘制布局草图、标注尺寸，并建立尺寸方程式

（4）旋转创建蜗轮毛坯。

① 在前视基准面上绘制出如图 5-77 所示的草图（图中隐藏了草图 1），并标注尺寸，为各尺寸添加以下方程式。

尺寸$\Sigma R15$ 的方程式："D1@草图 2" ="Ra2"。

尺寸$\Sigma \phi 132$ 的方程式："D2@草图 2" ="dae"。

尺寸$\Sigma \phi 126$ 的方程式："D3@草图 2" ="da2"。

尺寸$\Sigma 31$ 的方程式："D4@草图 2" ="B2"。

② 退出草图。

③ 用"旋转凸台/基体"工具 ，将毛坯以水平中心线为轴线旋转 360°，结果如图 5-78 所示。

（5）倒角。用"倒角"工具 ，将毛坯的两侧边倒角 4×52.5°（见图 5-79）。

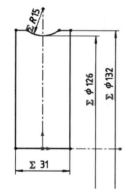

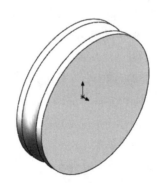

图 5-77 绘制蜗轮毛坯草图　　图 5-78 旋转创建的蜗轮毛坯　　　　图 5-79 倒角

（6）创建蜗轮、轮齿螺旋线起始基准面。

① 选择前视基准面，单击"特征"工具栏中"参考几何体"下的"基准面"按钮 基准面，偏移距离使用默认值"10"，如图 5-80 所示，单击"确定"按钮 。

② 添加尺寸方程式。先双击图形区的基准面 1，显示其特征尺寸，再双击尺寸，在"修改"对话框中添加方程式""D1@基准面 1"="p"/2"，如图 5-81 所示，单击"确定"按钮 ，完成尺寸修改。

图 5-80　创建基准面 1

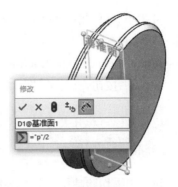

图 5-81　为基准面添加尺寸方程式

（7）创建轮齿螺旋线。

① 选择基准面 1，单击"草图绘制"按钮 🗔，进入草图 3。显示草图 1，选择布局草图中的 ϕ36 圆，单击"草图"工具栏上的"转换实体引用"按钮 🗗，将其引用为草图 3 中的圆。

② 单击"曲线"工具栏上的"螺旋线/涡状线"按钮 🧵（或者选择"插入"→"曲线"→"螺旋线/涡状线"菜单命令），将"螺距"设为"9.42"，将"圈数"设为"1"，将"起始角度"设为"90.00 度"，如图 5-82 所示，单击"确定"按钮 ✅，完成螺旋线/涡状线的创建。

（8）添加螺距尺寸方程式。在左窗格单击 🧵 螺旋线/涡状线1 按钮，图形区显示螺旋线尺寸，滚动鼠标中键滚轮放大尺寸部位。双击尺寸"9.42"，在"修改"对话框中添加""D3@螺旋线/涡状线 1"="p""方程式，如图 5-83 所示，单击"确定"按钮 ✅，完成尺寸修改。

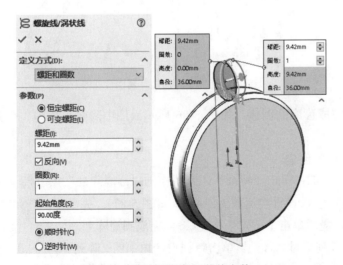

图 5-82　设置螺旋线/涡状线参数

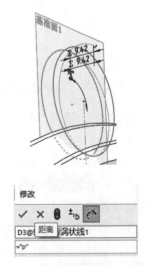

图 5-83　添加螺距尺寸方程式

（9）绘制轮廓线，并建立齿廓参数方程。选择右视基准面，在其上绘制如图 5-84 所示的草图（齿廓关于竖直中心线对称，水平中心线的中点与竖直中心线的下端点重合，两端点与两侧轮廓线重合，水平中心线的中点与螺旋线有"穿透"几何关系），并标注尺寸，为尺寸建立以下方程式。

尺寸∑3的方程式："D1@草图4"="m"。

尺寸∑4.71的方程式："D2@草图4"="p"/2。

尺寸∑3.60的方程式："D3@草图4"="m"*1.2。

尺寸∑R0.60的方程式："D4@草图4"="m"*0.2。

单击"确认"按钮，退出草图。

> 注：尺寸名称与标注尺寸的顺序有关，因此可能与上面的名称不一致，关键操作是输入等号"="后面的方程式。输入的变量名需要加引号。

（10）创建扫描切除特征，切出齿廓。

① 按住 Ctrl 键，选择在特征设计树中绘制的草图和螺旋线。

② 单击"特征"工具栏中的"扫描切除"按钮，弹出"切除-扫描"属性管理器，如图 5-85 所示。

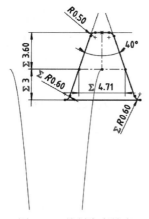

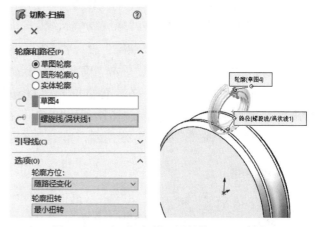

图 5-84 绘制齿廓轮廓　　　　图 5-85 "切除-扫描"属性管理器及轮廓

③ 单击"确定"按钮，完成齿廓的创建，如图 5-86 所示（图中隐藏了草图 1 和基准面 1）。

（11）生成圆周阵列，完成轮齿的创建。

确认"切除-扫描1"是被选中的，单击"特征"工具栏中的"圆周阵列"按钮，在属性管理器中设置角度为"360.00 度"，设置实例数为"40"（见图 5-87）。先单击"阵列轴"框，在图形区单击一条圆周边线，最后单击"确定"按钮，完成圆周阵列。

（12）添加方程式，定义圆周阵列数目为齿数。单击特征设计树中的"阵列（圆周）1"按钮，在图形区放大相应部位，双击尺寸"40"，在弹出的"修改"对话框中添加方程式""D1@阵列(圆周)1"="z2""，如图 5-88 所示，单击"确定"按钮，完成尺寸修改。

至此，蜗轮参数化模型创建完毕，保存文件，最终结果如图 5-89 所示。

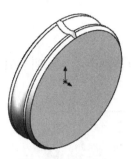

图 5-86　切出齿廓

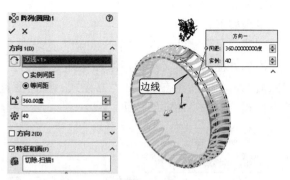

图 5-87　圆周阵列

图 5-88　建立轮齿数目方程式

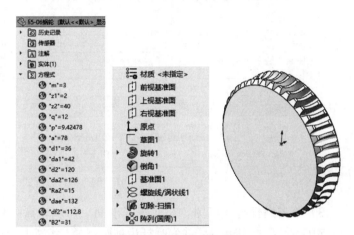

图 5-89　蜗轮参数化模型

2. 蜗杆设计

创建如图 5-90 所示蜗杆零件的参数化模型。

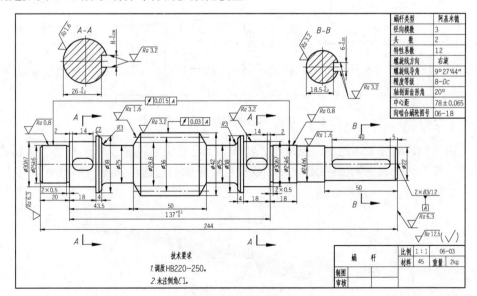

蜗杆类型	阿基米德
径向模数	3
头　数	2
特性系数	12
螺旋线方向	右旋
螺旋线导角	9°27′44″
精度等级	8−Dc
轴剖面齿形角	20°
中心距	78±0.065
向啮合蜗轮图号	06−18

图 5-90　蜗杆零件图

设计步骤如下。

（1）创建一个新零件，以"蜗杆.sldprt"为名保存文件。

（2）添加方程式，定义参数，添加整体变量。

参照前面齿轮的创建方法，在"方程式、整体变量及尺寸"对话框中添加如图 5-91 所示的蜗杆方程式，单击"确定"按钮。

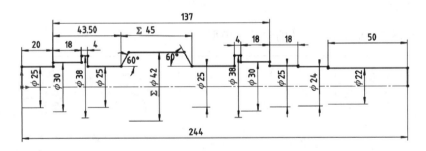

图 5-91　创建蜗杆方程式

（3）绘制蜗杆毛坯草图。在前视基准面上，从原点绘制出一条中心线和蜗杆轮廓线，如图 5-92 所示，标注尺寸，并为蜗杆齿顶圆直径、齿宽两个尺寸添加方程式 ""D1@草图 1"="da1"" 和 ""D2@草图 1"="b1""，单击"确认"按钮后退出草图。

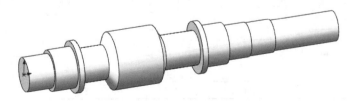

图 5-92　绘制蜗杆轮廓线，并标注尺寸

（4）旋转创建蜗杆毛坯轮廓。先单击"特征"工具栏中的"旋转凸台/基体"按钮 💈 ，再依次单击"是"和"确定"按钮 ✅ ，完成蜗杆毛坯轮廓的创建，如图 5-93 所示。

图 5-93　旋转创建蜗杆毛坯轮廓

（5）添加倒角、圆角、砂轮越程槽，如图 5-94 所示。

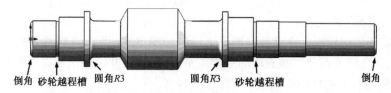

倒角 砂轮越程槽 　圆角 R3 　　圆角 R3 砂轮越程槽 　　　倒角

图 5-94　添加倒角、圆角、砂轮越程槽

① 用"倒角"工具 ，在蜗杆两端倒角 1.5×45°。

② 用"圆角"工具 ，在轴肩处添加两个 R3 圆角。

③ 用"旋转切除"工具 ，在轴颈 $\phi 25$ 上添加两个 2×0.5 的砂轮越程槽。

（6）创建蜗杆齿槽。

① 在距右视基准面右方 63.5mm 处创建一个辅助基准面 1。

② 绘制基圆。在基准面 1 上，绘制一个圆心在原点、直径为 36 的圆，并添加方程式""D1@草图 3"="d1""，如图 5-95 所示。

③ 创建螺旋线。单击"曲线"工具栏上的"螺旋线/涡状线"按钮 （或者选择"插入"→"曲线"→"螺旋线/涡状线"菜单命令），"螺距"设为"18.85"，"圈数"设为"2.5"，起始角度设为"90.00 度"，如图 5-96 所示，单击"确定"按钮 。

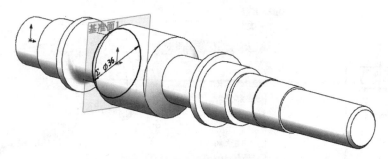

图 5-95　绘制螺旋线的基圆

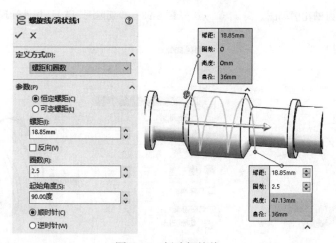

图 5-96　创建螺旋线

④ 给螺距添加方程式。单击特征设计树中的 螺旋线/涡状线1 按钮，双击尺寸 18.85 的控制点，在弹出的"修改"对话框中添加方程式 '"D4@螺旋线/涡状线 1"="pz"'。单击"确定"按钮 ✔，退出"修改"对话框。

⑤ 绘制蜗杆齿槽轮廓。在前视基准面上绘制如图 5-97 所示的草图（图形关于中心线对称，并添加重合几何关系及与螺旋线的穿透关系），标注尺寸，并添加以下方程式。

尺寸 Σ3 的方程式：'"D1@草图 4" ="m"'。

尺寸 Σ3.60 的方程式：'"D2@草图 4" ="m"*1.2'。

尺寸 Σ4.71 的方程式：'"D3@草图 4" ="px"/2'。

单击"确认"按钮后退出草图 4。

⑥ 扫描切除出一个齿槽。按住 Ctrl 键，在特征设计树中选择绘制的草图和螺旋线，单击"特征"工具栏中的"扫描切除"按钮 🔩，弹出"切除-扫描 1"属性管理器，如图 5-98 所示，单击"确定"按钮 ✔，完成齿槽的创建，如图 5-99 所示。

⑦ 生成圆周阵列。选择"切除-扫描 1"，单击"特征"工具栏中的"圆周阵列"按钮 🔩，设置轴线为"360.00 度"，阵列轴，设置实例数为"2"，单击"阵列轴"框，在图形区选择一条圆周边线（见图 5-100），单击"确定"按钮 ✔。

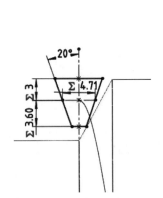

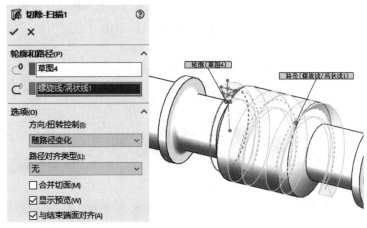

图 5-97　绘制蜗杆齿槽轮廓草图　　　　　图 5-98　"切除-扫描 1"属性管理器

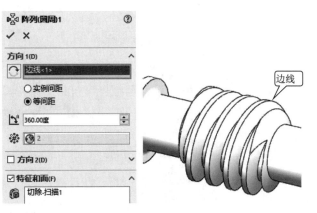

图 5-99　切除出的一条蜗杆齿槽　　　　　图 5-100　圆周阵列出第二个齿槽

⑧ 添加方程式，定义圆周阵列数目为蜗杆头数。在特征设计树中单击"阵列（圆周）1"按钮  阵列(圆周)1，双击图形区的尺寸"2"，在弹出的"修改"对话框中添加方程式""D1@阵列(圆周)1"="z1""，如图 5-101 所示，单击"确定"按钮 ✅，退出"修改"对话框。

（7）创建键槽。

① 在前视基准面ϕ30 的轴段上绘制出如图 5-102 所示的草图，并标注尺寸，单击"确认"按钮后退出草图。

② 先单击"特征"工具栏中的"拉伸切除"按钮 🔲，将属性管理器中的开始条件设置为"等距"，距离设为"11"，终止条件设为"完全贯穿"，并单击其前面的"反向"按钮，如图 5-103 所示。最后单击"确定"按钮 ✅，完成键槽的创建。

③ 用同样的方法创建出宽为 6 的键槽。

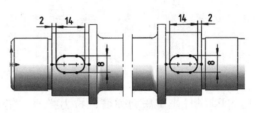

图 5-101　为阵列数目添加方程式　　　　图 5-102　绘制键槽草图

图 5-103　创建键槽

（8）保存文件。

习　　题

5-1　创建圆柱头卸料螺钉（JB/T 7650.5—2008）系列零件模型。

标注示例：公称直径 d=10mm，L=48mm 的圆柱头卸料螺钉，其标记为：

卸料螺钉 M10×48　JB/T 7650.5—2008。

图例如图 5-104 所示，系统生成的零件设计表格如图 5-105 所示。

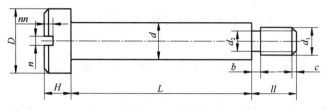

图 5-104　图例

	A	B	C	D	E	F	G	H	I	J	K	L	M
1	系列零件设计表:	卸料螺钉											
2	螺钉规格	H@草图1	L@草图1	D50@草图1	l1@草图1	d@草图1	D@草图1	d2@草图1	d1@草图1	r@圆角1	c@倒角1	n@草图2	nn@草图2
3	4X20	3	20	1	5	4	7	2.2	3	0.2	0.5	1	1
4	4X30	3	30	1	5	4	7	2.2	3	0.2	0.5	1	1
5	4X35	3	35	1	5	4	7	2.2	3	0.2	0.5	1	1
6	5x20	3.5	20	1	5.5	5	8.5	3	4	0.4	0.7	1.2	1.2
7	5x30	3.5	30	1	5.5	5	8.5	3	4	0.4	0.7	1.2	1.2
8	5x35	3.5	35	1	5.5	5	8.5	3	4	0.4	0.7	1.2	1.2
9	5x40	3.5	40	1	5.5	5	8.5	3	4	0.4	0.7	1.2	1.2
10	6x25	4	25	1	6	6	10	3	4	0.4	0.7	1.5	1.5
11	6x30	4	30	1	6	6	10	3	4	0.4	0.7	1.5	1.5
12	6x40	4	40	1	6	6	10	3	4	0.4	0.7	1.5	1.5

图 5-105　系统生成的零件设计表格

5-2　创建圆柱螺旋压力弹簧、拉力弹簧、扭力弹簧（见图 5-106）。

5-3　创建圆柱齿轮模型。

5-4　创建圆锥直齿齿轮模型（见图 5-107）。圆锥直齿齿轮的尺寸计算公式如表 5-3 所示。

图 5-106　题 5-2 图

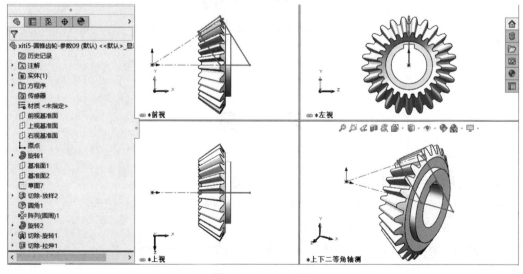

图 5-107　题 5-4 图

表 5-3　圆锥直齿齿轮的尺寸计算公式

各部分名称	代　号	公　式	说　明
分锥角	δ	$\tan\delta_1=z_1/z_2$, $\tan\delta_2=z_2/z_1$	
分度圆直径	d	$d=mz$	
齿顶高	h_a	$h_a=m$	
齿根高	h_f	$h_f=1.2m$	
齿顶圆直径	d_a	$d_a=m(z+2\cos\delta)$	① 角标 1、2 分别为小齿轮和大齿轮。
齿顶角	θ_a	$\tan\theta_a=2\sin\delta/z$	② m、d_a、h_a、h_f 均指大端
齿根角	θ_f	$\tan\theta_f=2.4\sin\delta/z$	
顶锥角	δ_a	$\delta_a=\delta+\theta_a$	
根锥角	δ_f	$\delta_f=\delta-\theta_f$	
外锥距	R	$R=mz/2\sin\delta$	
齿宽	B	$B=(0.2\sim0.35)R$	

第6章 曲线、曲面及应用举例

在复杂的零件三维建模中，经常用到曲线、曲面。随着数控技术的发展，加工复杂的非回转曲面已不再困难。因此，工程技术人员应该提升对这类零件的三维造型能力。

SOLIDWORKS 提供了曲线、曲面工具。本章主要介绍使用曲线、曲面及三维草图创建零件模型的方法。

6.1 曲 线 工 具

1．曲线概述

使用曲线工具可以从草图、特征或曲面中获取曲线造型，同时可以使用曲线生成特征和曲面实体。例如，可将曲线用作扫描特征的轮廓、路径或引导线，以及放样特征的引导曲线和拔模特征的分割线等。

SOLIDWORKS 提供了多种类型的三维曲线，主要集中在"插入"→"曲线"菜单栏中，如图 6-1 所示。在默认情况下，SOLIDWORKS 不显示"曲线"工具栏，用户在任意工具栏上右击，并在弹出的快捷菜单中选择"曲线"命令，即可显示"曲线"工具栏，如图 6-2 所示。

图 6-1 "曲线"菜单栏

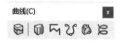

图 6-2 "曲线"工具栏

2．曲线工具的功能

各曲线工具的功能如下。

（1） 分割线(S)... ：将实体（草图、曲面、基准面或曲面样条曲线）投影到曲面或平面。它将所选面分割成多个单独面。用户可使用一个命令分割多个实体上的曲线，如图 6-3 所示。

> 提示：投影分割后草图消失，鼠标指针移动到分割特征时显示投影分割线。

（2） 投影曲线(P)... ：通过将绘制的曲线投影到模型面上来生成一条三维曲线，如图 6-4 所示。也可以用另一种方法生成曲线，在两个相交的基准面上分别绘制草图，系统会将每个草图沿所在平面的垂直方向投影，分别得到一个曲面，最后这两个曲面在空间中相交，生成一条三维曲线，如图 6-5 所示。

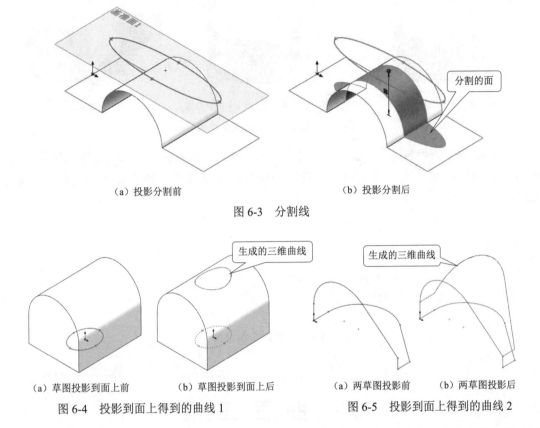

（a）投影分割前 　　　　　　　　　　　　　　　　（b）投影分割后

图 6-3　分割线

（a）草图投影到面上前　　　（b）草图投影到面上后　　　　　（a）两草图投影前　　　（b）两草图投影后

图 6-4　投影到面上得到的曲线 1　　　　　　　　图 6-5　投影到面上得到的曲线 2

（3）组合曲线(C)...：通过将曲线、几何草图和模型边线组合为一条单一曲线来生成组合曲线。使用该曲线作为生成放样或扫描的引导曲线，如图 6-6 所示。

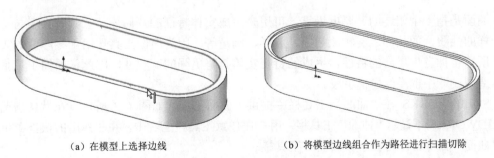

（a）在模型上选择边线　　　　　　　　　（b）将模型边线组合作为路径进行扫描切除

图 6-6　组合曲线及应用

（4）通过 XYZ 点的曲线...：通过各点的 X、Y、Z 坐标生成曲线。双击 X、Y、Z 坐标列中的单元格，并在每个单元格中输入一个点坐标，生成一套新的坐标（生成在草图外的 X、Y、Z 坐标相对前视基准面坐标系进行转换）。

（5） 📷 通过参考点的曲线(T)... ：生成一条通过一个或多个基准面上的参考点的曲线，如图 6-7 所示。

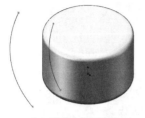

（a）两条曲线及端点　　　　　（b）用通过参考点的曲线工具闭合曲线　　　　（c）放样曲面

图 6-7　通过参考点的曲线及应用

（6） ⊙⊙ 螺旋线/涡状线(H)... ：通过指定圆形草图、螺距、圈数及高度来创建螺旋线/涡状线，如图 6-8 所示。螺旋线可以作为扫描特征的路径或引导曲线，或者作为放样特征的引导曲线。

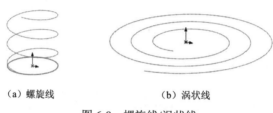

（a）螺旋线　　　　　　　　　　（b）涡状线

图 6-8　螺旋线/涡状线

6.2　曲　面　工　具

1. 曲面概述

曲面是指一个相连的、厚度为零、可用来生成实体特征的几何体。它具有许多与特征命令一样的性质，如拉伸、旋转、扫描、放样、圆角等。因为曲面工具作用于零厚度的实体特征，所以它拥有更灵活的特性，生成的特征实体具有更强的可塑性，因此，曲面工具是复杂三维造型设计中重要的建模手段。

SOLIDWORKS 在"曲面"工具栏中提供了曲面工具，如图 6-9 所示。在默认情况下，SOLIDWORKS 不显示"曲面"工具栏，用户在任意工具栏上右击，并在弹出的快捷菜单中选择"曲面"命令，即可显示"曲面"工具栏。

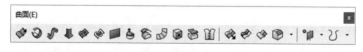

图 6-9　"曲面"工具栏

曲面工具主要集中在"插入"→"曲面"菜单栏中，如图 6-10 所示。

用户可以使用以下方法生成曲面。

（1）从草图或基准面上的一组闭环边线插入一个平面。

（2）从草图拉伸、旋转、扫描或放样。

（3）从现有面等距生成。

（4）输入文件。

（5）生成中面。

（6）延展曲面。

（7）生成边界曲面。

用户可以使用下列方法修改曲面。

（1）延伸。

（2）剪裁现有曲面。

（3）解除剪裁曲面。

（4）为曲面绘制圆角。

（5）使用填充曲面工具来修复曲面。

（6）移动/复制曲面。

（7）删除和修补曲面。

（8）缝合曲面。

（9）展平曲面。

用户可以使用下列方法使用曲面。

（1）选取曲面边线和顶点作为扫描的引导线和路径。

（2）通过加厚曲面生成一个实体或切除特征。

图 6-10　"曲面"菜单栏

（3）用"成形到某一面"或"到离指定面指定距离"的终止条件来拉伸实体或切除特征。

（4）通过加厚已经缝合成实体的曲面生成实体特征。

（5）用曲面替换现有面。

2．曲面工具的功能

各曲面工具的功能如下。

（1）　拉伸曲面(E)…：生成一个拉伸曲面，如图 6-11 所示。可以通过包含二维面或三维面的模型创建拉伸曲面，并将拉伸曲面接合到周围的特征，也可以在拉伸曲面的一端或两端加盖，如图 6-12 所示。

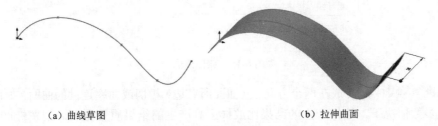

（a）曲线草图　　　　　　　　　　　　　　　（b）拉伸曲面

图 6-11　从曲线草图拉伸曲面

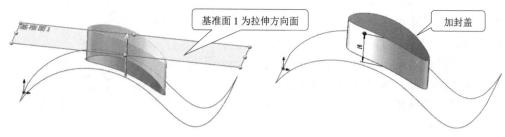

图 6-12　从三维面拉伸曲面

（2）　旋转曲面(R)...：通过开环或闭合轮廓绕轴线旋转而形成曲面，如图 6-13 所示。

图 6-13　旋转曲面

（3）　扫描曲面(S)...：通过沿开环或闭合路径扫描一个开环或闭合轮廓而生成曲面，如图 6-14 所示。

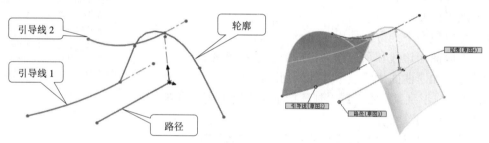

图 6-14　扫描曲面

（4）　放样曲面(L)...：在两个或多个轮廓之间生成放样曲面，如图 6-15 所示。

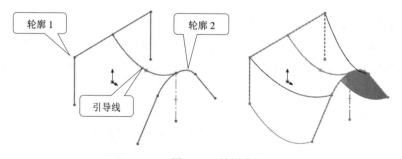

图 6-15　放样曲面

（5）　边界曲面(B)...：生成在两个方向上（曲面所有边）相切或曲率连续的曲面，如图 6-16 所示。在大多数情况下，这样产生的结果比放样工具产生的结果质量更高。消费性产品设计师及其他需要获取高质量曲率连续的曲面的用户可以使用此工具。

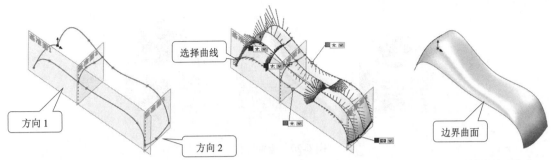

（a）绘制曲线草图（方向1有2条曲线，方向2有3条曲线）　（b）分别选择方向1与方向2的曲线　（c）创建的边界曲面

图 6-16　边界曲面的创建过程

（6）　平面区域(P)... ：使用非相交闭合草图、一组闭合边线或多条共有平面分型线，或者一对平面实体（如曲线或边线）生成平面区域，如图 6-17 所示。

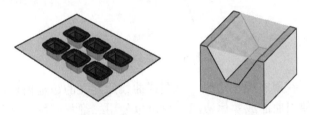

图 6-17　平面区域

（7）　等距曲面(O)... ：使用一个或多个相邻的面生成等距曲面，如图 6-18 所示。

图 6-18　等距曲面

（8）　延展曲面(A)... ：从一条平行于一个基准面的边线开始延展曲面，如图 6-19 所示。

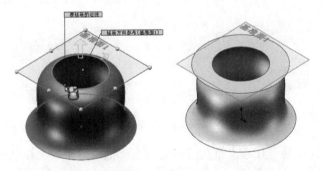

图 6-19　延展曲面

（9）　延伸曲面(X)... ：通过选择一条边线、多条边线或一个面来延伸曲面，如图 6-20 所示。

图 6-20　延伸曲面

（10）🗿 直纹曲面(D)…：从边线插入直纹曲面，如图 6-21 所示。

图 6-21　直纹曲面

（11）🔶 填充(I)…：在现有模型边线、草图或曲线所定义的边框内通过填充形成曲面，如图 6-22 所示。可以使用曲面或实体边线，也可以使用二维草图、三维草图、组合曲线作为填充边界。

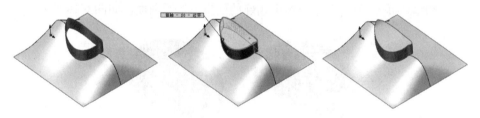

图 6-22　填充曲面

（12）🔘 圆角(U)…：沿实体或曲面特征中的一条或多条边线来创建圆形内部或外部的面，如图 6-23 所示。圆角尺寸可以是常量或变量。

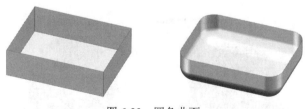

图 6-23　圆角曲面

（13）🔲 自由形(F)…：通过在点上推动或拖动而在平面或非平面上添加变形曲面，如图 6-24 所示。

图 6-24　自由形曲面

自由形特征用于修改曲面或实体面，每次只能修改一个面，该面可以有任意条边线。设计人员可以通过生成控制曲线和控制点并推拉控制点来修改面，对变形进行直接的交互式控制，也可以使用三重轴约束推拉方向。与变形特征相比，自由形特征可提供更多的方向控制。可以使用分割线将草图投影到任何面来生成包含四条边线的面，越是形状接近矩形的面，结果就越对称。此功能在使用自由形平滑曲面中的褶皱时特别有用。自由形特征可以满足消费产品设计师对曲线设计的要求。

（14）🐟 **剪裁曲面(T)...**：在一个曲面与另一个曲面、基准面或草图的交叉处剪裁曲面，如图 6-25 所示。可以使用曲面、基准面或草图作为剪裁工具来剪裁相交曲面，也可以将曲面和其他曲面联合使用，作为相互剪裁的工具。

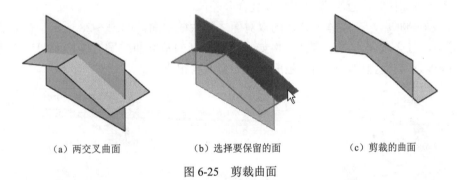

（a）两交叉曲面　　　　　（b）选择要保留的面　　　　　（c）剪裁的曲面

图 6-25　剪裁曲面

（15）🔷 **解除剪裁曲面(U)...**：通过沿自然边界延伸现有曲面来修补曲面上的洞及外部边线，如图 6-26 所示。还可以按所给百分比延伸曲面的自然边界，或者连接端点来填充曲面。可以将该工具用于生成的任何输入曲面。

图 6-26　解除剪裁曲面

> **注意**：使用"解除剪裁曲面"工具延伸现有曲面，使用"填充"工具则生成不同的曲面，在多个面之间应用修补或使用约束曲线等。

（16） 缝合曲面(K)...：将两个或多个曲面组合成一个曲面，如图 6-27 所示。

（a）两相邻曲面　　　（b）选择要缝合的曲面　　　（c）缝合的曲面

图 6-27　缝合曲面

缝合曲面需要注意以下事项。

① 曲面的边线必须相邻且不重叠。

② 曲面不必处于同一基准面上。

③ 选择整个曲面实体，或者选择一个或多个相邻曲面实体。

④ 缝合曲面会吸收生成它们的曲面实体。

⑤ 当缝合曲面形成闭合形体或保留为曲面实体时生成一实体。

⑥ 选定合并实体，将面与相同的内在几何体进行合并。

⑦ 选定缝隙控制，查看缝隙或修改缝合公差。

（17）中面(M)...：在实体上合适的双对面之间生成中面，如图 6-28 所示。合适的双对面应彼此等距，且必须属于同一实体。例如，两个平行的基准面或同心圆柱面即为合适的双对面。在有限元素的造型中，中面对生成二维元素网格很有用。

图 6-28　中面

（18）删除孔：（选择"插入"→"曲面"→"删除孔"工具）从曲面中删除孔，如图 6-29 所示。

图 6-29　从曲面中删除孔

（19）使用曲面(W)...：（选择"插入"→"切除"→"使用曲面"工具）通过在曲面或基准面移除材料来切除实体模型。对于多实体零件，可选要保留的实体，如图 6-30 所示。

（20） 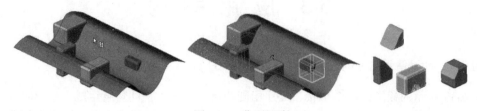 分型面(U)… ：在型芯与型腔曲面之间生成分型面，分型面将模具型腔从核心分割。在生成分型面之前生成分型线并闭合曲面，如图 6-31 所示。

图 6-30　曲面切除

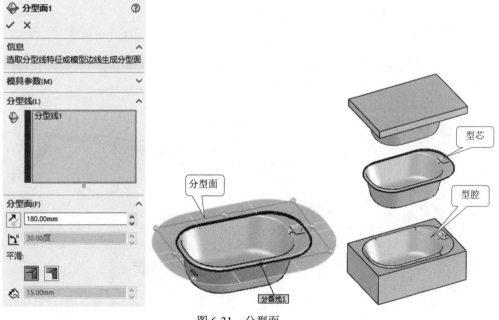

图 6-31　分型面

（21） 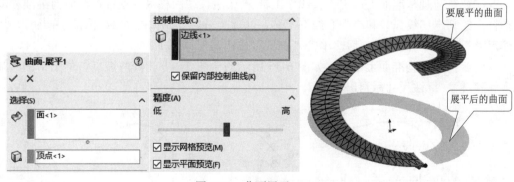 展平… ：可以展平单面或多面曲面，如图 6-32 所示。但无法展平具有孔或其他内部几何体的曲面。

图 6-32　曲面展平

6.3 应 用 举 例

例 6-1　创建弯管法兰的三维模型（见图 6-33）

图 6-33 所示的模型由两个形状、尺寸相同的法兰和一个空间弯管组成。建模时，先根据所给的主俯视图绘制空间弯管中心线在主俯视图上的草图。然后用投影曲线工具创建空间弯管的扫描路径，绘制出扫描轮廓，扫描出弯管。在弯管端面绘制法兰的一个草图，另一个草图用复制、旋转工具创建。最后拉伸出法兰。

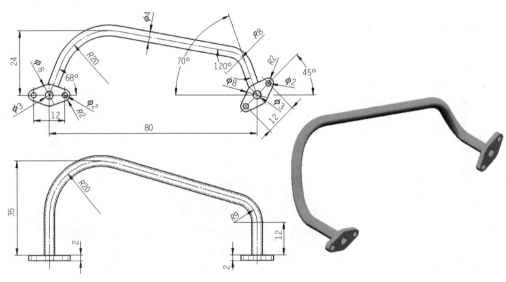

图 6-33　弯管法兰模型

创建步骤如下。

（1）先单击"新建"按钮□，再双击"零件"按钮，进入零件设计模式。

（2）在前视基准面上，用"直线"工具✎（沿直线回移鼠标指针，再向前继续移动鼠标指针可绘制出切线弧）和"中心线"工具，从原点开始绘制如图 6-34 所示的草图 1，用"智能尺寸"工具✎ 标注尺寸后，单击"确认"按钮退出草图 1。

（3）在上视基准面上绘制出如图 6-35 所示的草图 2，并让其两端点与草图 1 的两端点重合（穿透），标注尺寸后退出草图 2。

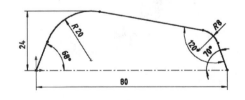

图 6-34　在前视基准面绘制的草图 1

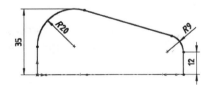

图 6-35　在上视基准面绘制的草图 2

（4）先单击"曲线"工具栏中的"投影曲线"按钮🗋，选择草图 1 和草图 2，如图 6-36 所示，再单击"确定"按钮✅。

（5）选择前视基准面，在原点绘制 $\phi 3$ 和 $\phi 4$ 两个同心圆（见图 6-37），标注尺寸后退出草图 3。

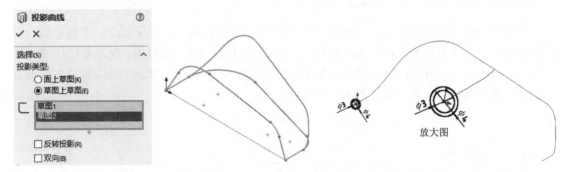

图 6-36　投影曲线　　　　　　　　　　　　　图 6-37　在投影曲线端部绘制扫描轮廓

（6）单击"特征"工具栏中的"扫描"按钮🐛，用 $\phi 3$、$\phi 4$ 两个同心圆做轮廓，用投影曲线做路径，扫描出空间弯管，如图 6-38 所示。

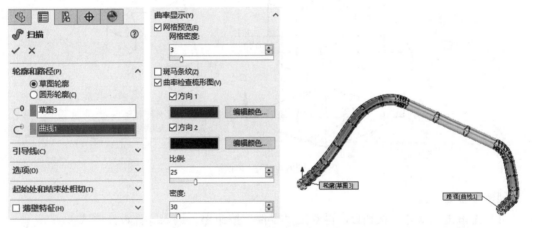

图 6-38　扫描

（7）在弯管前端面上绘制如图 6-39 所示的法兰草图（法兰对称则单击"镜向实体"按钮 ⊪），并标注尺寸。

（8）依次单击"复制实体"按钮 🔁 复制实体 和"旋转实体"按钮 ◇ 旋转实体 （"旋转实体"按钮在"草图"工具栏"移动实体"列表下，基准点定在法兰中心，并复制到弯管另一端的中心，旋转 45° 角），创建另一端的法兰，如图 6-40 所示，单击"确认"按钮并退出草图。

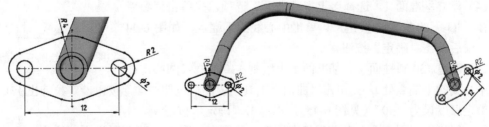

图 6-39　绘制法兰草图　　　　　　　　　　　图 6-40　创建另一端的法兰

（9）单击"特征"工具栏中的"拉伸凸台/基体"按钮，拉伸出法兰，拉伸厚度为"2"，完成模型的创建。

例6-2　创建三叉管的三维模型（见图6-41）

图6-41所示的模型由φ30、φ60圆柱管和两个圆锥管组成。圆锥管的上、下端分别与圆柱管公切于一个球面。利用对称性，建模时先拉伸出φ30、φ60的圆柱面，然后旋转出中间连接管，再求出交线，并以交线为剪切边剪裁多余的部分。用右视基准面作为修剪面，剪裁右半部分，镜向出完整轮廓，缝合并加厚曲面。

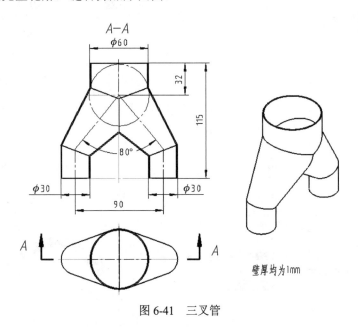

图6-41　三叉管

创建步骤如下。

（1）先单击"新建"按钮，再双击"零件"按钮，进入零件设计模式。

（2）绘制轴线。在前视基准面上绘制三叉管的轴线，并标注尺寸，如图6-42所示，退出草图1。

（3）创建φ60圆柱面。在上视基准面上用"圆"工具绘制φ60的圆（圆心定在原点），单击"曲面"工具栏中的"拉伸曲面"按钮，拉伸出φ60圆柱面。终止条件：方向1选择φ60圆柱轴线的上端点，方向2给定深度为"20"，如图6-43所示。

（4）建立基准面1。选择"上视基准面"选项，先单击"参考几何体"下的 基准面 按钮，再单击中心线的下端点，如图6-44所示，最后单击"确定"按钮。

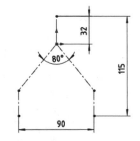

图6-42　绘制三叉管轴线

（5）创建φ30圆柱面。在基准面1上绘制φ30的圆（圆心定在左边中心线的下端点处），先单击"曲面"工具栏中的"拉伸曲面"按钮，拉伸出φ30圆柱面，给定深度设为"40"（见图6-45），再单击"确定"按钮。

（6）创建中间圆锥面。在前视基准面上，绘制出如图6-46所示的草图（注意：添加"相切"几何关系），先单击"曲面"工具栏中的"旋转曲面"按钮⊘，选择斜轴线作为旋转轴（见图 6-47），再单击"确定"按钮✔。

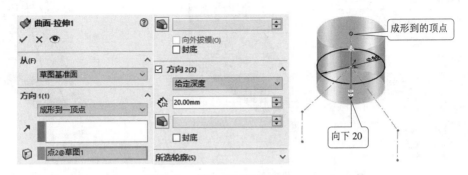

图 6-43　创建 ϕ60 圆柱面

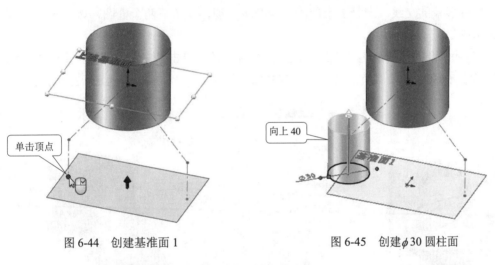

图 6-44　创建基准面 1　　　　　　　图 6-45　创建 ϕ30 圆柱面

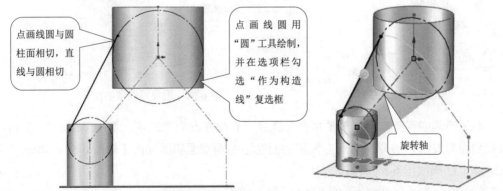

图 6-46　绘制旋转圆锥面草图　　　　　　图 6-47　旋转创建圆锥面

（7）延伸圆锥面。先单击"曲面"工具栏中的"延伸曲面"按钮♠，分别选择圆锥面的两端边线，距离给定为"20"（见图 6-48），再单击"确定"按钮✔。

（8）求出圆柱面与圆锥面的交线。分别选择两圆柱面和圆锥面，选择"工具"→"草图工具"→"❏ 交叉曲线"菜单命令，创建三维草图 1，并求交线，如图 6-49 所示。

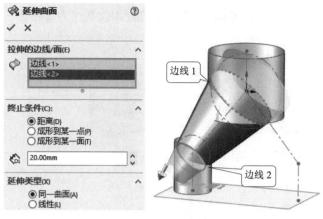

图 6-48　延伸圆锥面

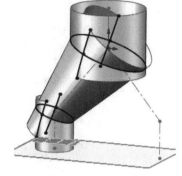

图 6-49　求出曲面的交线

（9）删除多余的交线。选择多余的线，按 Delete 键，仅留下两个椭圆，如图 6-50 所示，退出三维草图 1。

（10）剪裁多余的曲面。确认三维草图 1 是被选中的，单击"曲面"工具栏中的"剪裁曲面"按钮 ◈，分别选择要保留的圆锥面和圆柱面（见图 6-51），单击"确定"按钮 ✅。

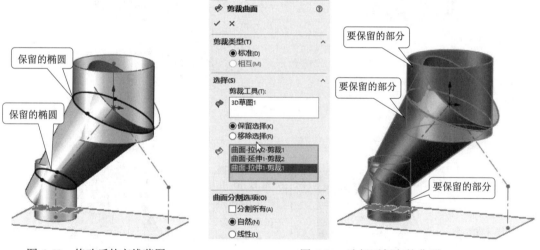

图 6-50　修改后的交线草图

图 6-51　选择要保留的曲面

（11）剪裁右视基准面右边的曲面。选择"右视基准面"选项，单击"曲面"工具栏中的"剪裁曲面"按钮 ◈，分别选择右视基准面左边的圆锥面和圆柱面（见图 6-52），单击"确定"按钮 ✅，结果如图 6-53 所示。

（12）镜向右半部分曲面。单击"特征"工具栏中的 ⊮⊮ 镜向按钮，按 C 键展开特征设计树，选择"右视基准面"作为镜向面，在"镜向"属性管理器中单击 要镜向的实体(B) 按钮，选择两圆柱面和圆锥面（见图 6-54），单击"确定"按钮 ✅。

（13）缝合曲面。单击"曲面"工具栏中的"缝合曲面"按钮 ▦，分别选择所有曲面，如图 6-55 所示，单击"确定"按钮 ✅。

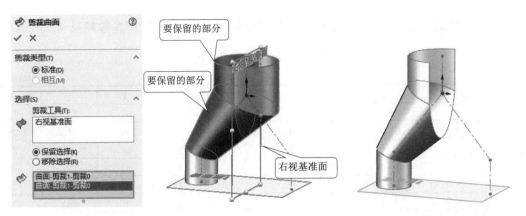

图 6-52 剪裁右视基准面右边的曲面　　　　　　图 6-53 剪裁后的结果

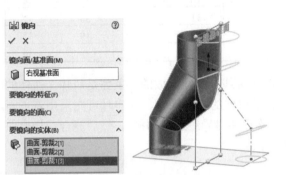

图 6-54 选择要镜向的实体

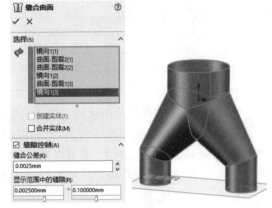

图 6-55 选择要缝合的曲面

（14）加厚曲面。选择"插入"→"凸台/基体"→"🢒加厚(T)…"菜单命令，在图形区单击任一表面，将厚度设为"1"，选择"加厚侧边 2"，如图 6-56 所示，单击"确定"按钮 ✅。

（15）隐藏草图 1（中心线）和基准面 1，完成模型创建，结果如图 6-57 所示。

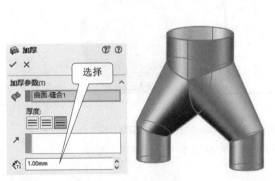

图 6-56 加厚曲面

图 6-57 三叉管模型

例 6-3　创建如图 6-58 所示洗发水瓶的三维模型（瓶体曲线轮廓参数如表 6-1 所示）

表 6-1　瓶体曲线轮廓参数

（mm）

	点序号	X	Y	Z		点序号	X	Y	Z
	1	−13	232	0		1	0	232	−13
	2	−28	216	0		2	0	216	−28
	3	−22	197	0		3	0	197	−22
	4	−18	178	0		4	0	178	−18
	5	−21	152	0		5	0	152	−21
曲线 1	6	−27	133	0	曲线 2	6	0	133	−27
	7	−39	114	0		7	0	114	−36
	8	−49	95	0		8	0	95	−43
	9	−55	76	0		9	0	76	−47
	10	−58	57	0		10	0	57	−48
	11	−57	38	0		11	0	38	−45
	12	−54	19	0		12	0	19	−42
	13	−48	0	0		13	0	0	−38

图 6-58 所示的模型是由瓶体、瓶颈、凸起的轮廓线及螺纹组成的，主体是瓶体。瓶体的断面是变化的，应该采用断面轮廓在引导线控制下放样的方法创建。创建时可先采用若干断面轮廓线和引导线进行放样（也可以采用轮廓、路径和引导线进行扫描），然后缝合和加厚曲面；也可以先放样（或扫描）成实心体，再进行抽壳。

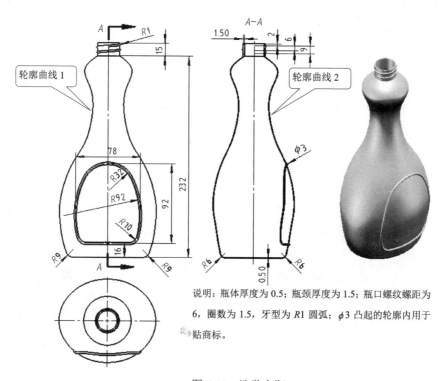

说明：瓶体厚度为 0.5；瓶颈厚度为 1.5；瓶口螺纹螺距为 6，圈数为 1.5，牙型为 R1 圆弧；φ3 凸起的轮廓内用于贴商标。

图 6-58　洗发水瓶

曲线轮廓可以使用"通过 XYZ 点的曲线"工具（选择"插入"→"曲线"菜单命令），通过一系列点的 *X*、*Y*、*Z* 坐标创建。这些点的坐标可以在电子表格的对话框中直接输入，也可以从 ASCII 文本文件中读入，文件扩展名为.sldcrv 或.txt。曲线将按照点的输入顺序或文件所列的顺序依次通过这些点。曲线是在草图外创建的，因此，*X*、*Y*、*Z* 坐标相对于前视基准面进行转换。

创建步骤如下。

（1）单击"新建"按钮 📄，开始创建新零件。

（2）单击"曲线"工具栏中的"通过 XYZ 点的曲线"按钮 🎣。在"曲线文件"对话框中依次输入曲线 1 各点的 *X*、*Y*、*Z* 坐标，如图 6-59 所示，数据输入完成后单击"确定"按钮。

注意：表格中数据的输入方法与其他表格的数据输入方法类似，双击或按 Tab 键可以在不同的单元格之间切换。若输入的数据有错误，可以返回编辑。

（3）用同样的方法输入曲线 2 各点的 *X*、*Y*、*Z* 坐标，如图 6-60 所示。

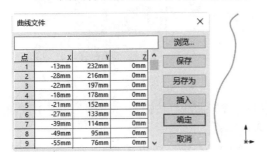

图 6-59　曲线 1 各点的 *X*、*Y*、*Z* 坐标

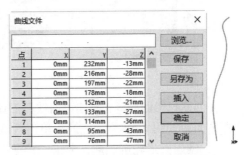

图 6-60　曲线 2 各点的 *X*、*Y*、*Z* 坐标

（4）绘制扫描路径。选择前视基准面，从原点绘制一条长为 232 的竖直线，如图 6-61 所示，单击"确认"按钮后退出草图 1。

（5）绘制扫描截面。选择上视基准面，以原点为中心绘制一个椭圆，如图 6-62 所示。

（6）在扫描轮廓和引导线之间添加"穿透"几何关系。按住 Ctrl 键，选择椭圆长轴的末端点和曲线 1，在属性栏选择 ✋ 穿透(P) 选项。用同样的方法在曲线 2 和短轴端点间添加"穿透"几何关系，如图 6-63 所示。单击"确认"按钮后退出草图 2。

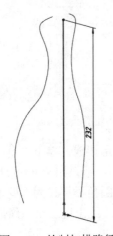

图 6-61　绘制扫描路径

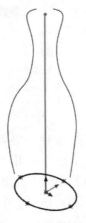

图 6-62　绘制椭圆

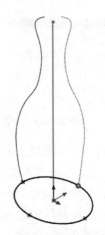

图 6-63　添加"穿透"几何关系

（7）创建扫描特征。单击"特征"工具栏中的"扫描"按钮 🌶 扫描，选择椭圆作为轮廓，直线作为路径，曲线 1、曲线 2 作为引导线，如图 6-64 所示，单击"确定"按钮 ✅。隐藏曲线显示。

（8）绘制凸起草图。在前视基准面绘制如图 6-65 所示的草图，单击"确认"按钮后退出草图 3。

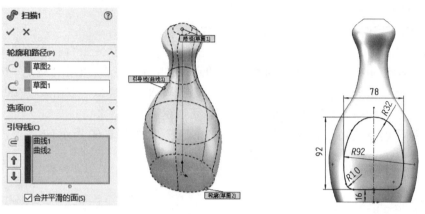

图 6-64　扫描　　　　　　　　　　　　　图 6-65　凸起草图

（9）创建投影曲线。先单击"曲线"工具栏中的"投影曲线"按钮 🔘，选择"草图 3"，再单击瓶体面，如图 6-66 所示，最后单击"确定"按钮 ✅。

（10）创建圆形轮廓凸起。单击"特征"工具栏中的"扫描"按钮 🌶 扫描，在左窗格选择"圆形轮廓"单选按钮，直径设置为"3"（见图 6-67），在图形区选择投影曲线作为路径，单击"确定"按钮 ✅。隐藏曲线显示。

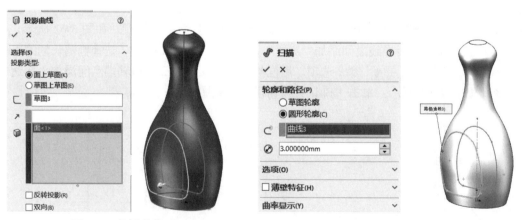

图 6-66　投影曲线　　　　　　　　　　　图 6-67　圆形轮廓凸起

（11）创建瓶颈。先选择瓶体的顶面，新建一幅草图，再选择圆形边线，单击"草图"工具栏中的"转换实体引用"按钮 🔘，向上拉伸草图，深度设为"15"，结果如图 6-68 所示。

（12）绘制圆角。单击"特征"工具栏中的"圆角"按钮 🔘，将圆角类型设为"变量大小圆角"，选择瓶体底边线。此时在边线的顶点出现一个标注，并且沿边线出现三个系统默认的控制点，如图 6-69 所示。

图 6-68　创建瓶颈

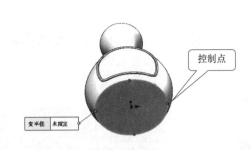

图 6-69　选择圆角边

（13）指定控制点的半径值。在图形区单击"变半径：未指定"框，输入"9"，单击对面控制点，将其值也设为"9"，将另外两个控制点的半径值设为"6"，如图 6-70 所示，单击"确定"按钮，形成一个变半径的光滑圆角。

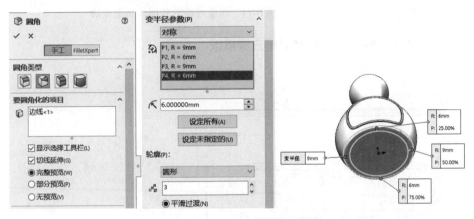

图 6-70　指定控制点的半径值

（14）多厚度抽壳。单击"特征"工具栏中的"抽壳"按钮 抽壳，将厚度设为"0.5"，选择瓶颈的顶面作为移除面；将"多厚度设定"为"1.5"，先单击"多厚度面"选择框，再单击瓶颈的外表面，如图 6-71 所示。最后单击"确定"按钮，结果如图 6-72 所示。

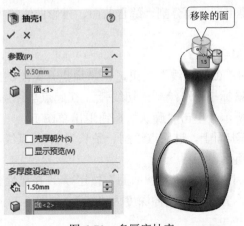

图 6-71　多厚度抽壳

图 6-72　抽壳结果

（15）单击"视图（前导）"工具栏中的"剖面视图"按钮 ，查看抽壳结果，如图 6-73 所示。

（16）螺纹制作（略）。其他部分的绘制请读者自己完成，螺旋线参数和螺纹断面轮廓如图 6-74 所示。

图 6-73　剖面视图　　　　图 6-74　螺旋线参数和螺纹断面轮廓

例 6-4　创建如图 6-75 所示回形针的三维模型

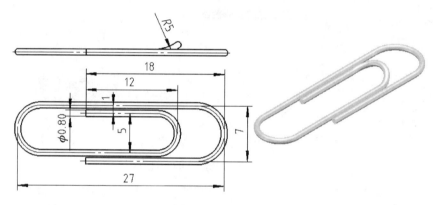

图 6-75　回形针

回形针是一个 $\phi0.8$ 的圆沿一条空间曲线扫描而成的。因此，创建扫描路径是关键。创建回形针内部翘曲部分的路径是难点，需要用到曲面分割、缝合曲面、投影曲线等工具。

创建步骤如下。

（1）单击"新建"按钮 ，开始创建新零件。

（2）绘制回形针曲线。在上视基准面单击"直线"按钮 ，从原点开始绘制出回形针的形状（沿直线回移鼠标指针，再向前移动鼠标指针可绘制出切线弧），在起点与终点间添加"竖直"几何关系，并标注尺寸，如图 6-76 所示，单击"确认"按钮退出草图 1。

（3）绘制投影平面起始线。在右视基准面上，过原点绘制一条长为 15 的直线，并使直线的两端点均超出回形针轮廓，如图 6-77 所示。

（4）拉伸投影平面。单击"曲面"工具栏中的"拉伸曲面"按钮 ，在属性管理器中设置拉伸深度，方向 1 的拉伸深度为"20"，方向 2 的拉伸深度为"10"，如图 6-78 所示，单击"确定"按钮 ，完成"曲面-拉伸 1"。

（5）切除翘曲部分的投影平面。

① 选择上视基准面，在回形针内部翘曲部分绘制一个矩形（见图 6-79）。

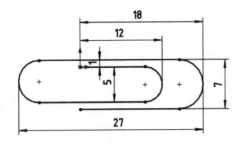

图 6-76　绘制回形针形状草图 1

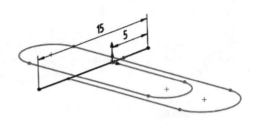

图 6-77　绘制投影平面起始线

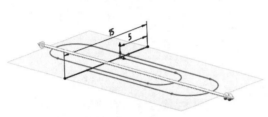

图 6-78　拉伸投影平面

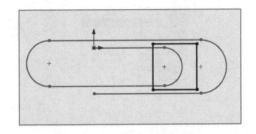

图 6-79　绘制切除区域的矩形

② 先单击"曲线"工具栏中的"分割线"按钮 🔲，再单击平面（要分割的面）。

③ 依次单击矩形区域→"曲面"工具栏中的"删除面"按钮 🔲×→"确定"按钮 ✅，结果如图 6-80 所示。

（6）绘制翘曲线。在前视基准面上绘制翘曲线，在线段起点与切口左边线之间添加"穿透"几何关系，并标注尺寸，如图 6-81 所示。

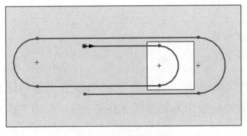

图 6-80　切除结果

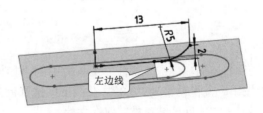

图 6-81　绘制翘曲线

（7）拉伸翘曲面。单击"曲面"工具栏中的"拉伸曲面"按钮 ◈，方向 1 的终止条件选择"成形到一顶点"，选择切口左边线的一个顶点；方向 2 的终止条件选择"成形到一顶点"，选择切口左边线的另一个顶点，如图 6-82 所示，单击"确定"按钮 ✅，完成"曲面-拉伸 2"。

（8）缝合曲面。单击"曲面"工具栏中的"缝合曲面"按钮 🗊，选择"曲面-拉伸 2"和"删除面 1"（见图 6-83），单击"确定"按钮 ✅。

（9）投影曲线。单击"曲线"工具栏中的"投影曲线"按钮 🗊，"要选择的草图"选择"回形针形状草图 1"，"投影面"选择"面 1""面 2""面 3"（见图 6-84），单击"确定"按钮 ✅。

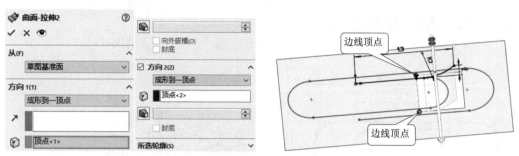

图 6-82　拉伸翘曲面

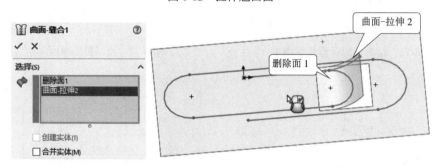

图 6-83　缝合曲面

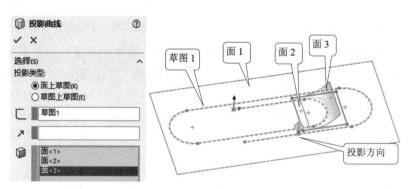

图 6-84　投影曲线

（10）隐藏草图 1 和分割线 1。

（11）扫描。单击"特征"工具栏中的"扫描"按钮 ，在左窗格单击"圆形轮廓"
单选按钮，直径设置为"0.8"，在图形区选择回形针曲线作为路径（见图 6-85），单击"确定"
按钮 。完成回形针建模，保存文件。

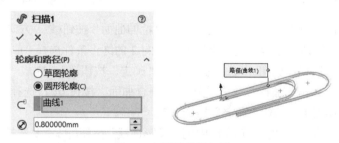

图 6-85　圆形轮廓扫描

例 6-5　创建如图 6-86 所示椅子架的三维模型

分析图 6-86 可知，该造型是由内径 $\phi 18$、外径 $\phi 24$ 的圆环沿一条空间曲线扫描而成的。该空间曲线可用三维草图绘制。

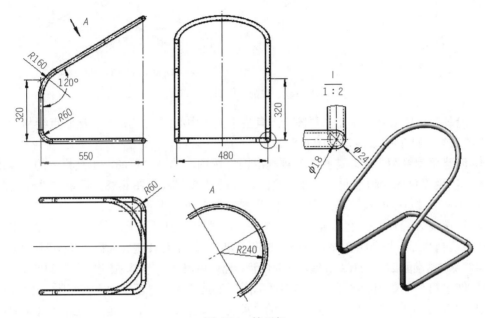

图 6-86　椅子架

创建步骤如下。

（1）单击"新建"按钮，开始创建新零件。

（2）绘制椅子架的三维草图。

① 单击"草图"工具栏"草图绘制"下拉列表中的"3D 草图"按钮，开始创建三维草图。

② 绘制一侧线段。单击"草图"工具栏中的"直线"按钮（或按 L 键），将鼠标指针移至原点并单击，沿 X 轴绘制一条长约 240 的直线段 [见图 6-87（a），可用鼠标中键滚轮缩放图形区]；按 Tab 键切换到 YZ 基准面，沿 Z 轴绘制长约 550 的直线段 [见图 6-87（b）]；沿 Y 轴绘制长约 320 的直线段 [见图 6-87（c）]，沿 YZ 轴角平分线绘制长约 320 的直线段 [见图 6-87（d）]，按 Esc 键结束画直线命令。

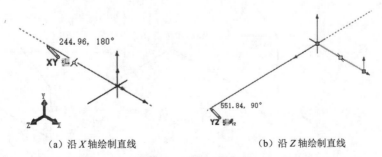

（a）沿 X 轴绘制直线　　　　　　　（b）沿 Z 轴绘制直线

图 6-87　绘制一侧线段

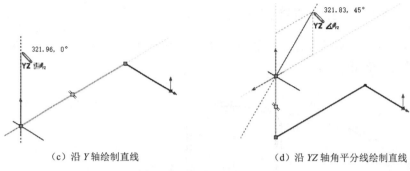

（c）沿 *Y* 轴绘制直线　　　　　　　（d）沿 *YZ* 轴角平分线绘制直线

图 6-87　绘制一侧线段（续）

③ 绘制定位中心线。单击"草图"工具栏中的"中心线"按钮 ，从原点绘制一条沿 *Y* 轴向上的长约 500 的中心线（见图 6-88）。

④ 创建草图绘制平面。选择"右视基准面"选项，单击"草图"工具栏中的"基准面"按钮 ，出现"草图绘制平面"属性管理器，单击"点 2"（见图 6-88）后单击"确定"按钮 ，建立一个过点 2 与右视基准面平行的草图绘制平面，即基准面 2。

⑤ 将直线 2、直线 3、直线 4 定义到刚创建的草图绘制平面上。在基准面 2 的外部双击，退出草图绘制平面，基准面 2 显示变暗（见图 6-89）。按住 Ctrl 键，选择"直线 2"、"直线 3"、"直线 4"及"基准面 2"，松开 Ctrl 键，在属性管理器中单击 在平面上 按钮（见图 6-90）。

⑥ 创建第二个草图绘制平面。单击"草图"工具栏中的"基准面"按钮 ，在图形区单击刚创建的基准面 2，选择"第一参考"下的"垂直"和"第二参考"下的"直线 4"（见图 6-91），单击"确定"按钮 ，创建出基准面 3。

⑦ 绘制 *R*240 圆弧。确认刚建立的基准面 3 是被选中的，单击"草图"工具栏中的"直线"按钮 ，将鼠标指针移至直线 4 的端点并单击［见图 6-92（a）］，先沿直线 4 回移鼠标指针［见图 6-92（b）］，再沿直线 4 上移鼠标指针，移出直线 4 末端点后偏移鼠标指针，出现直线 4 的切线圆弧，在合适的位置单击［见图 6-92（c）］。按 Esc 键结束圆弧绘制。

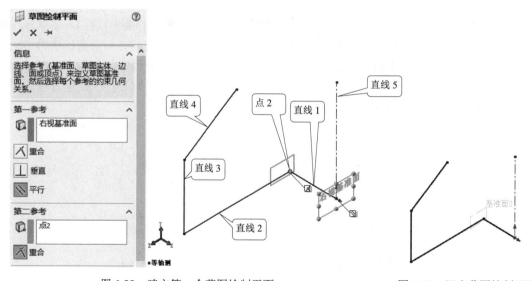

图 6-88　建立第一个草图绘制平面　　　　　　图 6-89　退出草图绘制平面

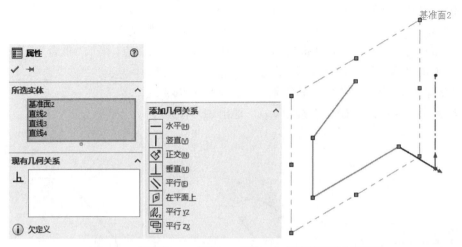

图 6-90　将直线 2、直线 3、直线 4 定义到草图绘制平面

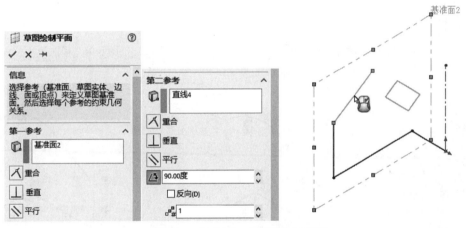

图 6-91　创建第二个草图绘制平面

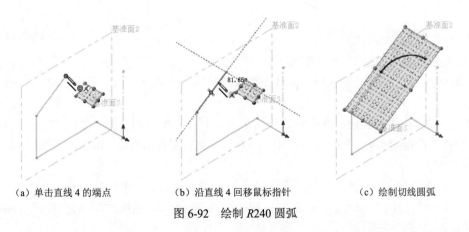

（a）单击直线 4 的端点　　　　（b）沿直线 4 回移鼠标指针　　　　（c）绘制切线圆弧

图 6-92　绘制 R240 圆弧

⑧ 添加几何关系。按住 Ctrl 键的同时单击圆弧的圆心与起点，先在属性管理器"现有几何关系"栏下单击 水平 按钮（见图 6-93），再单击"确定"按钮 。

⑨ 标注尺寸。在基准面 3 的外部双击，退出草图绘制平面。单击"智能尺寸"按钮 ✎，标注出如图 6-94 所示的尺寸。此时草图仍欠定义，R240 圆弧没有完全定义。

⑩ 添加几何关系。按住 Ctrl 键的同时选择中心线和圆弧端点，添加"重合"几何关系（见图 6-95），单击"确定"按钮 ✔，草图完全定义。

⑪ 绘制圆角。用"圆角"工具绘制圆角，如图 6-96 所示。

⑫ 单击确认角中的"确认"按钮 ↰，退出 3D 草图。

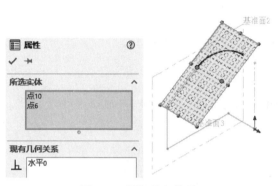

图 6-93　添加几何关系

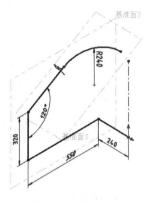

图 6-94　标注尺寸

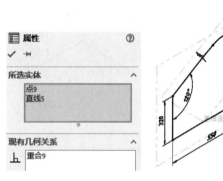

图 6-95　添加几何关系

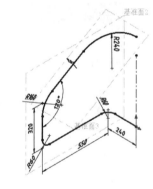

图 6-96　绘制圆角

（3）绘制扫描轮廓。选择"右视基准面"选项，单击"草图绘制"按钮 ⎄，用"圆"工具绘制两个圆心在原点的圆 $\phi 18$、$\phi 24$，并标注尺寸（见图 6-97），单击"确认"按钮退出草图。

（4）扫描。按住 Ctrl 键，在特征设计树中选择 🆔 3D草图1 和 ⎄ 草图1 选项，放开 Ctrl 键，先单击"扫描"按钮 ✎ 扫描（此时左窗格中的"扫描"属性见图 6-98），再单击"确定"按钮 ✔，完成轮廓扫描。

（5）镜向。按住 Ctrl 键，在特征设计树中选择 ✎ 扫描1 和 🗐 右视基准面 选项，放开 Ctrl 键，依次单击"镜向"按钮 ⋈ 镜像和"确定"按钮 ✔，完成镜向，结果如图 6-99 所示（隐藏了三维草图 1）。

（6）保存文件。

至此，完成了椅子架的三维模型创建。

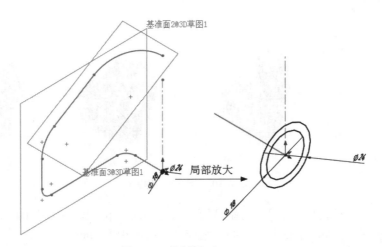

图 6-97　绘制圆 ϕ18、ϕ24

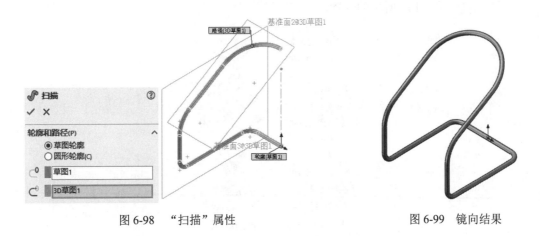

图 6-98　"扫描"属性

图 6-99　镜向结果

习　　题

6-1　根据所给参考，创建一个心形模型（见图 6-100，草图提示如图 6-101 所示）。

图 6-100　题 6-1 图

（a）草图 　　　　　（b）放样 　　　　　（c）镜向 　　　　　（d）分割

图 6-101　心形草图提示

6-2　创建图 6-102 所示的扭转网座模型（创建过程提示如图 6-103 所示）。

6-3　创建图 6-104 所示变形接头的三维模型（壁厚均为 1mm）。

6-4　创建图 6-105 所示曲架的三维模型。

※6-5　创建图 6-106 所示的灯罩。

图 6-102　题 6-2 图

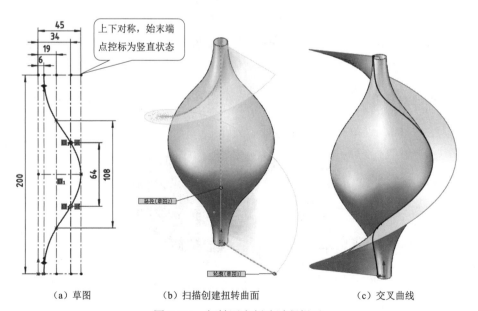

（a）草图 　　　　　（b）扫描创建扭转曲面 　　　　　（c）交叉曲线

图 6-103　扭转网座创建过程提示

（d）扫描轮廓

（e）圆周阵列

（f）旋转创建上下座

图 6-103　扭转网座创建过程提示（续）

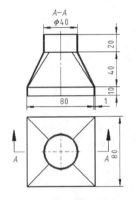

图 6-104　题 6-3 图

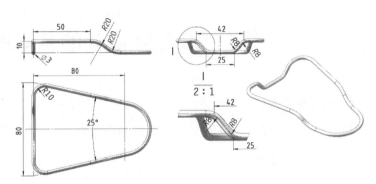

图 6-105　题 6-4 图

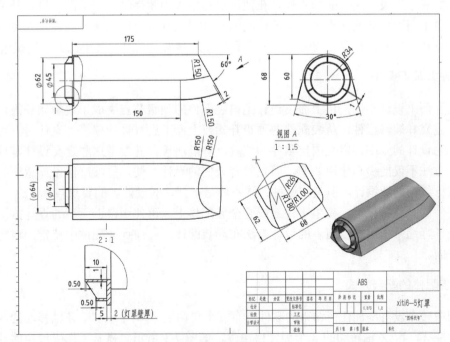

图 6-106　题 6-5 图

第7章 装　配　体

装配体设计是三维 CAD 软件具备的三大功能之一。在现代设计中，装配体设计不仅表达零件之间的配合关系，也是干涉检查、运动分析等工程应用的基础。

一个产品通常是由许多零部件组成的。在 SOLIDWORKS 中，可以将产品看成一个装配体，将部件看成一个子装配体。利用 SOLIDWORKS 提供的装配体功能环境，可以将零件与子装配体顺利地装配在一起，进而进行运动分析、干涉检查等。装配体文件的扩展名是.sldasm 或.asm。

7.1　装配体设计的基本概念

1. 装配体设计

利用 CAD 软件进行装配体设计有两种基本方法：自下而上设计和自上而下设计。

1）自下而上设计

在自下而上设计中，先在零件建模环境中创建单个零件，再进入装配环境，将零件插入装配体，然后根据设计要求配合零件。在使用已经生成的零件时，自下而上设计是首选的设计方法。自下而上设计的优点之一是零件间的相互关系及重建行为简单，设计者可专注于单个零件的设计。当不需要建立控制零件大小和尺寸的参考关系时，使用此方法建模较合适。

2）自上而下设计

与自下而上设计不同，自上而下设计是自装配件的顶级节点生成子装配体和组件，在装配层次上建立和编辑组件，从装配件的顶级开始自上而下进行设计建模。设计时，可以将布局草图作为设计的开端，定义固定零件的位置、基准面等，并参考这些定义设计零件。这种装配设计方法不仅能提高建模效率，而且符合人们的设计习惯，能够确保设计意图的实现，有利于进行结构创新设计。但是，这种方法不容易把握，对设计者的要求较高。

在零件的某些特征上、完整零件上或整个装配体上，可使用自上而下的设计方法。在实践中，设计师通常使用自上而下的设计方法布局装配体，并捕捉装配体中特定的自定义零件的关键方面。

2. 装配体的配合方式

空间中一个没有施加任何约束的零件具有 6 个自由度，即沿 X、Y、Z 轴移动的 3 个移动自由度和绕 X、Y、Z 轴转动的 3 个旋转自由度，如图 7-1 所示。日常工作中涉及的零件都是和其他零部件组装在一起的。在如图 7-2 所示的螺栓与螺母的连接中，螺母只能绕螺栓轴线方向移动和转动，其余的 4 个自由度全部失去。

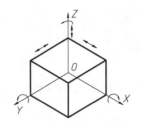

图 7-1　零件在空间中的 6 个自由度

图 7-2　螺栓与螺母的连接

　　工程中，零件的装配过程实际就是一个约束限位的过程。在装配体设计过程中，应用 CAD 软件提供的约束关系，可以精确地定位零件，以及定义零件相对于其他零件的移动和旋转。

　　在 SOLIDWORKS 中，可利用多种实体或参考集合体建立零件间的配合关系，主要包括模型面、参考面、模型边、顶点、草图线、基准轴和原点等。这些被选对象间的配合关系严格来说可以分为三种类型：标准配合、机械配合和高级配合。

　　1）标准配合

　　SOLIDWORKS 2024 提供的标准配合关系有重合配合、平行配合、垂直配合、相切配合、同轴心配合、锁定配合、距离配合、角度配合等。

　　（1）重合配合：将所选点、边线、面重合在一个点、一条线或一个面上，如图 7-3 所示。

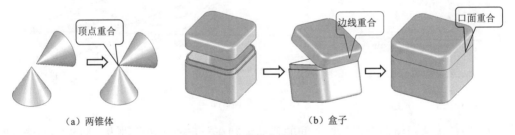

（a）两锥体　　　　　　　　　　　　　　　　　　　（b）盒子

图 7-3　重合配合

　　（2）平行配合：在所选项目之间加入平行约束关系。定位所选的项目使之保持相同的方向，并且彼此间保持等间距，如图 7-4 所示。

　　（3）垂直配合：在所选项目之间加入垂直约束关系，如图 7-4 所示。

　　（4）相切配合：在所选项目之间加入相切约束关系。所选项目至少有一项为圆柱面、圆锥面或球面，如图 7-5 所示。

　　（5）同轴心配合：使所选项目保持同轴。常用于圆柱面、锥面、轴线、球面、直线等，如图 7-6 所示。

　　（6）锁定配合：保持两个零部件之间的相对位置和方向。

　　（7）距离配合：使所选项目之间保持指定的距离。

　　（8）角度配合：使所选项目之间保持指定的角度。

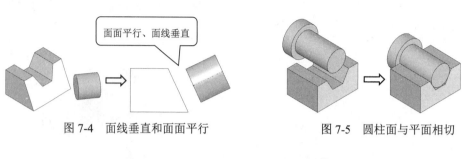

图 7-4　面线垂直和面面平行　　　　　图 7-5　圆柱面与平面相切

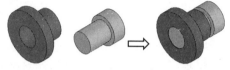

图 7-6　同轴心配合

2）机械配合

SOLIDWORKS 2024 提供的机械配合关系有槽口配合、铰链配合、凸轮推杆配合、齿轮配合、齿条和小齿轮配合、螺旋配合及万向节配合，可用于运动模拟。

（1）槽口配合：将螺栓或槽口运动限制在槽口孔内，提供的约束类型如图 7-7 所示。

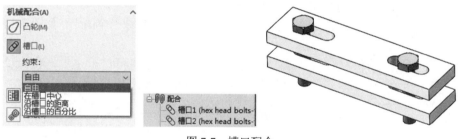

图 7-7　槽口配合

（2）铰链配合：将两个零部件之间的移动限制在一定的旋转范围内，效果相当于同时添加同轴心配合和重合配合；还可以限制两个零部件之间的移动角度，如图 7-8 所示。

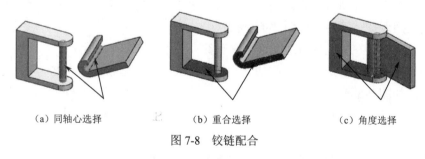

（a）同轴心选择　　　　　　（b）重合选择　　　　　　（c）角度选择

图 7-8　铰链配合

（3）凸轮推杆配合：为一相切或重合配合类型，允许将圆柱、基准面或点与一系列相切的拉伸曲面相配合，如图 7-9 所示。用户可用直线、圆弧及样条曲线制作凸轮的轮廓，只要它们保持相切并形成一闭合的环。

（4）齿轮配合：强迫两个零部件绕所选轴相对旋转，如图 7-10 所示。齿轮配合的有效旋转轴包括圆柱面、圆锥面、轴和线性边线。用户通过齿轮配合可设计出任何需要彼此相对旋转的两个零部件。

图 7-9　凸轮推杆配合

图 7-10　齿轮配合

齿轮配合无法避免零部件之间的干涉或碰撞。要防止干涉或碰撞，请进行干涉检查或碰撞检查。

（5）齿条和小齿轮配合：通过齿条和小齿轮配合，某个零部件（齿条）的线性平移会引起另一个零部件（小齿轮）做圆周旋转，反之亦然，如图 7-11 所示。

用户可以配合任意两个零部件进行此类相对运动。这些零部件不需要有轮齿。齿条和小齿轮配合无法避免零部件之间的干涉或碰撞。

（6）螺旋配合：将两个零部件约束为同心，并在一个零部件的旋转和另一个零部件的平移之间添加纵倾几何关系。一个零部件沿轴方向的平移会根据纵倾几何关系引起另一个零部件的旋转。同样，一个零部件的旋转可以引起另一个零部件的平移。螺旋配合无法避免零部件之间的干涉或碰撞，如图 7-12 所示。

（7）万向节配合：在万向节配合中，一个零部件（输出轴）绕自身轴的旋转是由另一个零部件（输入轴）绕其轴旋转驱动的。

SOLIDWORKS 提供的几种类型的配合关系都有两种配合对齐方式。

① 同向对齐：与所选面正交的向量指向同一方向。

② 反向对齐：与所选面正交的向量指向相反方向。

图 7-11　齿条和小齿轮配合

图 7-12　螺旋配合

3）高级配合

SOLIDWORKS 2024 提供的高级配合关系有轮廓中心配合、对称配合、限制配合、宽度配合、路径配合、线性/线性耦合配合。

（1）轮廓中心配合：将矩形和圆形轮廓互相中心对齐，并完全定义组件，如图 7-13 所示。

（2）对称配合：强制使两个相似的实体相对于零部件的基准面、平面或装配体的基准面对称。

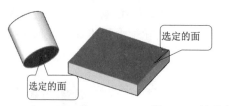

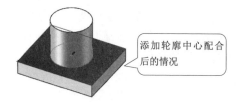

添加轮廓中心配合
后的情况

选定的面

选定的面

图 7-13 轮廓中心配合

在对称配合中可以使用以下实体：
① 点，如顶点或草图点；
② 直线，如边线、轴或草图直线；
③ 基准面或平面；
④ 半径相等的球体；
⑤ 半径相等的圆柱。

注意：对称配合不会相对于对称基准面镜向整个零部件，只将所选实体与另一实体相关联，如图 7-14 所示。

在图 7-14 中，两个高亮显示的面关于高亮显示的基准面对称。但是两个零部件互相上下颠倒。这是因为只有高亮显示的面是对称的，而不是两个零部件的所有面都对称。

（3）限制配合：允许零部件在距离配合和角度配合的一定数值范围内移动。用户指定一开始的距离或角度，以及其最大值和最小值。如图 7-15 所示，可以限制 V 形块之间的最大距离。

（4）宽度配合：使标签位于凹槽宽度的中心。

凹槽宽度参考可以包括两个平行平面、两个非平行平面（带或不带拔模）。

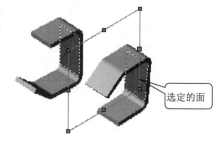

选定的面

图 7-14 对称配合

标签参考可以包括两个平行平面、两个非平行平面（带或不带拔模）、一个圆柱面或轴，如图 7-16 所示。

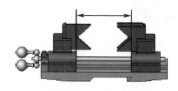

图 7-15 限制配合

图 7-16 宽度配合

（5）路径配合：将零部件上所选的点约束到路径。用户可以在装配体中选择一个或多个实体来定义路径，可以定义零部件在沿路径经过时的纵倾、偏转和摇摆。

（6）线性/线性耦合配合：在一个零部件的平移和另一个零部件的平移之间建立几何关系。如图 7-17 所示，导轨 1 移动 1mm，导轨 2 就移动 2mm。用户可在 SOLIDWORKS Motion 中使用线性/线性耦合配合。

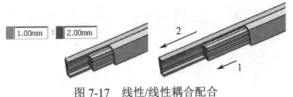

图 7-17　线性/线性耦合配合

7.2　装配体设计的步骤

设计装配体时，必须合理选择第一个作为"地"的固定不动的基础装配零件，第一个装配零件应满足以下两个条件：

（1）它是装配体中最关键的零件。

（2）它在以后的工作中不会被删除。

零件之间的装配关系也可形成零件之间的父子关系。在装配过程中，已存在的零件称为"父零件"，与父零件相装配的后来零件称为"子零件"。子零件可以被单独删除，父零件则不可以被单独删除。删除父零件时，与之相关联的所有子零件将一起被删除。因此，删除了第一个零件就删除了整个装配体。

一般创建装配体的步骤如下。

（1）启动 SOLIDWORKS 后进入装配体工作模式。

（2）插入第一个零件模型并放置在装配体的原点处，即零件原点与装配体原点重合。

（3）插入一个与第一个零件模型有装配关系的零件模型。先分析两个零件之间的装配约束关系，然后选取相应的约束选项进行零件装配操作。

（4）插入其他与已装配零件有装配关系的零件模型并进行装配。

（5）全部零件装配完毕后将装配体命名存盘。

可以用以下方法将零部件插入装配体中。

（1）用"插入零部件"命令。选择"插入"→"零部件"→"现有零件/装配体"菜单命令，或者单击命令管理器中的"插入零部件"按钮。

（2）用已打开的零部件。可以先将 SOLIDWORKS 系统窗口平铺，然后将已打开的零部件直接拖动到装配体窗口的图形区。

（3）用资源管理器。打开资源管理器，先找到存放零部件的文件夹，使资源管理器窗口与 SOLIDWORKS 装配体窗口同时可见，然后将要插入的零部件拖动到装配体图形区。

（4）用装配体特征设计树。在装配体中使用一个零部件的多个副本时，可以先插入一个样本，其他副本可以从特征设计树中选择并拖放插入。

另外，可以从浏览器中拖放一个零件的超文本链接，从装配体设计库中选择并拖放插入零部件。

7.3 装配体设计实例一

1．自下而上设计

下面以轮架为例说明装配体自下而上的设计过程。轮架及其组成如图 7-18 所示。

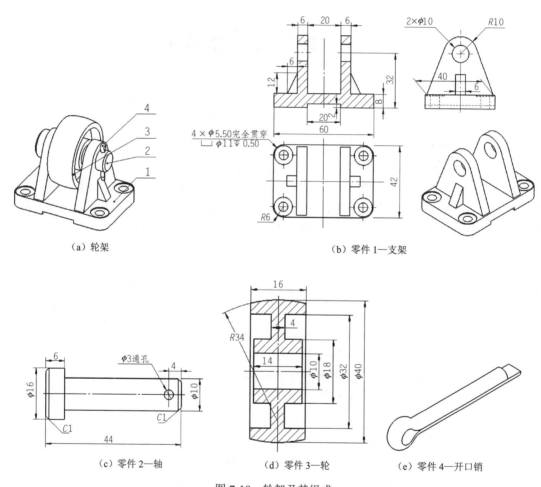

（a）轮架

（b）零件 1—支架

（c）零件 2—轴

（d）零件 3—轮

（e）零件 4—开口销

图 7-18　轮架及其组成

（1）单击"新建"按钮 📄，在弹出的"新建 SOLIDWORKS 文件"对话框中双击"装配体"按钮 🧊 装配体，进入装配体工作模式，若无打开的零件，直接显示"打开"对话框，如图 7-19 所示。

若无"打开"对话框出现，需要单击"要插入的零件/装配体"选区中的"浏览"按钮 浏览(B)...。

（2）在"打开"对话框中选择"T7-18b 支架"，单击"打开"按钮，支架零件出现在装配体工作窗口中，并随鼠标指针的移动而移动。

（3）单击"确定"按钮 ✅，支架零件自动定位到装配体的原点，在特征设计树中，该零件的按钮前自动加上"固定"两个字，表示该零件的位置是固定的，如图 7-20 所示。

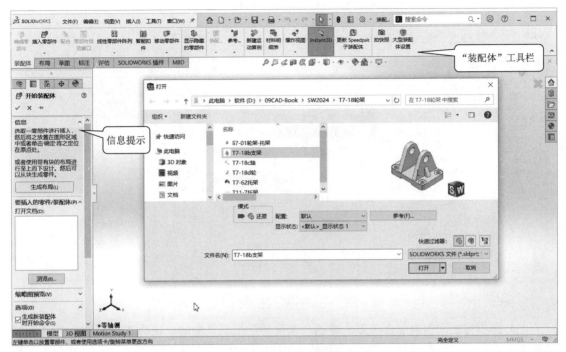

图 7-19　新建装配体的操作界面

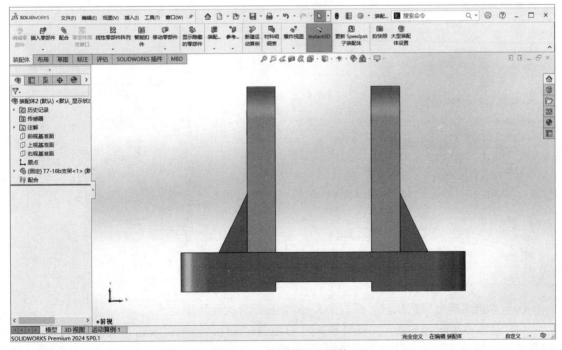

图 7-20　装配体插入零件

（4）单击"装配体"工具栏中的"插入零部件"按钮 ，在弹出的对话框中选择轴零件，将其移动到空白处单击，插入轴零件，如图 7-21 所示。此时，在特征设计树上，轴零件被标记为欠定义状态，欠定义的零件在图形区可以被随意拖动。

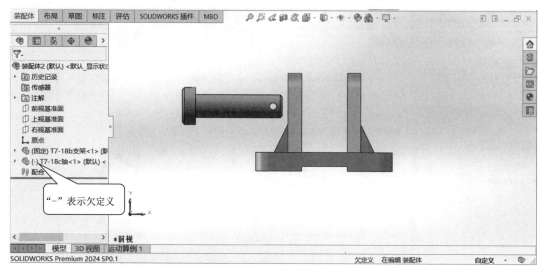

图 7-21 装配体插入轴零件

（5）在零件之间添加配合关系。单击"装配体"工具栏中的"配合"按钮 ◎，在图形区选择要配合的表面。选择轴右端 $\phi 10$ 表面，按住鼠标中键滚轮不放并拖动鼠标，在图形区移动到合适的位置时松开中键滚轮（见图 7-22），选择支架左端支承板孔表面，系统自动推理两表面的配合关系为"同轴心" ◎，并移动零件到配合位置，如图 7-22 所示。

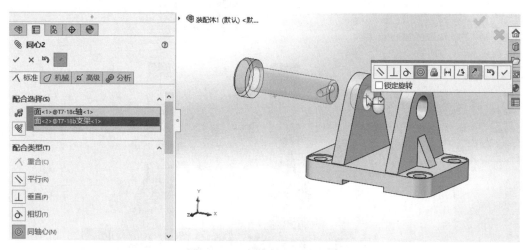

图 7-22 添加同轴心配合关系

（6）单击"确定"按钮 ✔（或右击），同轴心配合关系添加完成。

（7）继续添加配合关系。先选择轴 $\phi 20$ 右端面，按住鼠标中键滚轮并拖动旋转视图到合适角度，再选择支架左端支承板左表面，系统自动推理两表面配合关系为"重合" ◢，并移动零件到配合位置（见图 7-23）。单击"确定"按钮 ✔（或右击），重合配合关系添加完成。

（8）单击"确定"按钮 ✔，完成轴与支架的配合。

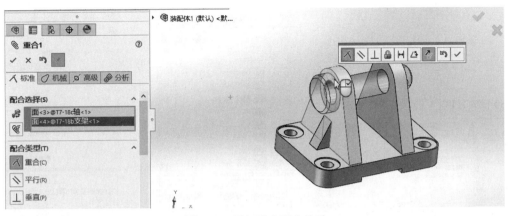

图 7-23　添加重合配合关系

（9）同理，将轮零件插入装配体，让轮毂 ϕ10 孔表面与轴 ϕ10 表面"同轴心"配合，轮毂一侧面与支架支承板内侧面以"距离" 关系配合，设置距离为"3"（见图 7-24），单击"确定"按钮 。

注意：操作时需要用鼠标中键滚轮局部放大和旋转视图。

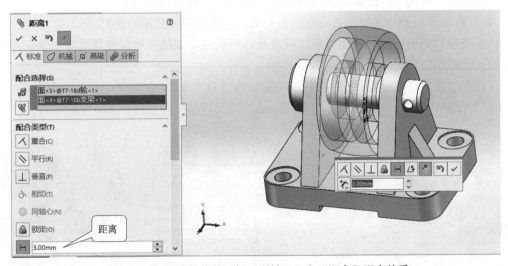

图 7-24　插入轮零件并添加"同轴心"和"距离"配合关系

（10）单击"确定"按钮 ，完成轴与轮、轮与支架的配合。

（11）插入开口销。可以从设计库中添加已有的设计零件。单击"任务窗格"中的"设计库"按钮 ，在"设计库"窗口选择"Toolbox"选项，在"设计库"的下方显示"Toolbox 未插入，现在插入"，如图 7-25 所示。

（12）先单击"现在插入"按钮，选择"GB"选项后双击"销和键"按钮 ，再单击"开口销"按钮，如图 7-26 所示。

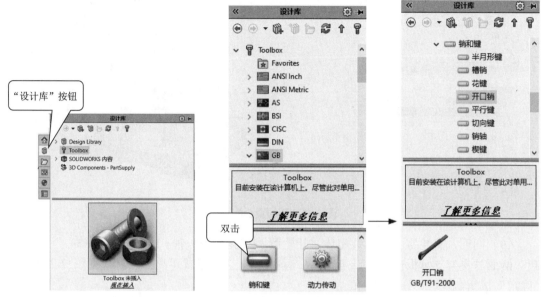

图 7-25   "设计库"栏   图 7-26   从设计库中插入开口销零件

（13）将开口销拖动到图形区的空白处，并将开口销的尺寸大小设为"2.5"，如图 7-27 所示。依次单击"确定"按钮✔和✖（或按 Esc 键），完成开口销的插入。

（14）添加开口销与轴销孔之间的配合关系，完成轮架装配体的装配。

为了使开口销的位置与视图对应，可将开口销的临时轴线与前视基准面添加重合关系，与右视基准面添加垂直关系，如图 7-28 所示。

可以在"视图（前导）"工具栏中"隐藏/显示项目" ◆ 下拉列表中开启或关闭临时轴。

（15）保存装配体。以"li7-01 轮架.sldasm"为文件名保存文件，完成装配体设计。

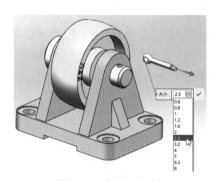

图 7-27   插入开口销

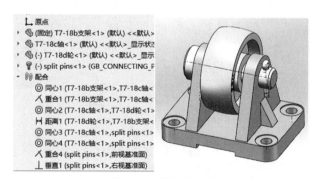

图 7-28   轮架装配体

2. 自上而下设计

在自上而下的装配体设计中，零件的一个或多个特征由装配体中的某项定义，如布局草图或另一个零件的几何体。设计意图（特征大小、装配体中零部件的放置、与其他零件的靠近等）来自顶层（装配体）并下移（到零件中），因此称为"自上而下设计"。

自上而下设计法可用于以下场合。

（1）单个特征。单个特征可通过参考装配体中的其他零件自上而下设计。SOLIDWORKS 允许用户在装配体窗口中操作时编辑零件，这可使其他零部件的几何体能为设计提供参考（如复制或标注尺寸）。而如果用自下而上的设计方法，零件只能在单独的窗口中建造，在此窗口中只可看到该零件。

（2）完整零件。完整零件可通过在关联装配体中创建新零部件而自上而下地建造。用户建造的零部件要附加（配合）到装配体中的另一个现有零部件，或者建造的零部件的几何体要基于现有零部件。

（3）整个装配体。整个装配体也可自上而下地设计，先建造定义零部件位置、关键尺寸等的布局草图，接着使用以上方法建造三维零件，这样建造的三维零件遵循草图的大小和位置。

下面仍以轮架为例说明装配体自上而下设计的过程（轮架及其组成如图 7-18 所示）。

（1）建立新的装配体文件。

① 先单击"新建"按钮，再双击"装配体"按钮，进入装配体工作模式，弹出"开始装配体"属性管理器（若弹出"打开"对话框，请将其关闭）。

② 单击"生成布局"按钮 生成布局(L)，进入布局界面，如图 7-29 所示。

③ 绘制图 7-30 所示的布局中心线并标注尺寸，单击确认角中的"确认"按钮，退出布局。

④ 单击"保存"按钮，以"li7-02 轮架.sldasm"为名保存装配体。

（2）在装配体环境中创建新零件"支架"。

① 选择"插入"→"零部件"→"新零件"菜单命令（或者单击"新零件"按钮 新零件），图形区出现图标。在特征设计树中选择"前视基准面"选项，进入草图环境。

② 绘制出如图 7-31 所示的草图后退出草图。若显示的单位不正确，可以通过"文档属性"对话框中的"单位"选项选择"MMGS（毫米、克、秒）"。

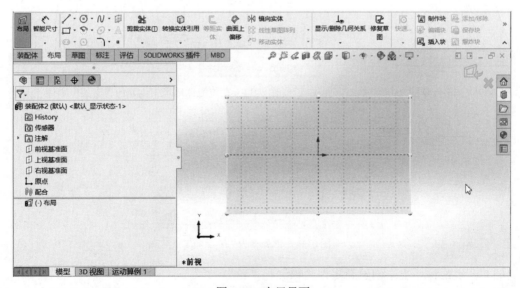

图 7-29　布局界面

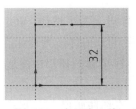

图 7-30　布局中心线

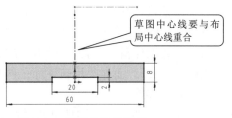

图 7-31　轮架的底板草图

③ 单击"特征"工具栏中的"拉伸凸台/基体"按钮 ，用"两侧对称"条件拉伸出宽 42 的底板。

在右视基准面（或与右视基准面平行且相距为"10"的参考基准面）上绘制如图 7-32 所示的支承板草图，要使圆心与布局中心线端点重合。用拉伸、筋、圆角、孔特征及特征镜向等，绘制出"支架"零件的其他特征，结果如图 7-33 所示。

④ 单击确认角中的按钮 ，退出零件编辑状态，进入装配环境。

⑤ 单击"保存"按钮，在弹出的"保存修改的文档"对话框中单击"保存所有"按钮 保存所有(S) ，弹出"另存为"对话框，如图 7-34 所示。

⑥ 单击"确定"按钮，"支架"零件被保存在装配体内。

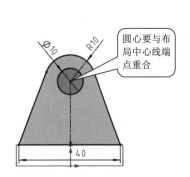

图 7-32　支承板草图

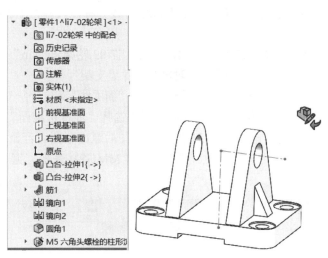

图 7-33　在装配体环境中创建的"支架"零件

图 7-34　"另存为"对话框

（3）在装配体环境中创建新零件"轴"和"轮"。

用同样的方法创建出零件"轴"（见图 7-35）和"轮"（见图 7-36）后保存文件。

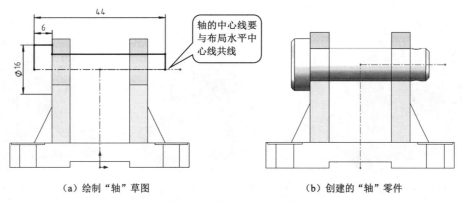

（a）绘制"轴"草图 　　　　　　　　　　　（b）创建的"轴"零件

图 7-35　创建"轴"零件

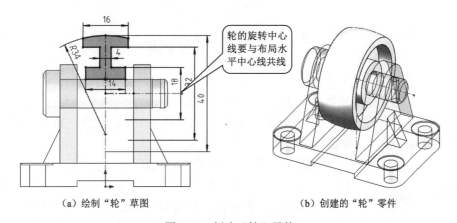

（a）绘制"轮"草图 　　　　　　　　　　　（b）创建的"轮"零件

图 7-36　创建"轮"零件

创建时要注意零件表面之间的关系，使轴和轮的中心线与布局水平中心线共线，零件表面有配合、接触关系的，草图线要与零件边线重合。

（4）重新命名新零件。单击特征设计树中的"零件 1"按钮 [零件1^li7-02轮架]，在弹出的菜单中单击"重新命名零件"按钮 重新命名零件 (0)，将零件 1 改名为"支架"。用同样的方法将零件 2 改名为"轴"，将零件 3 改名为"轮"。

（5）修改尺寸。

① 改变中心距。单击布局水平中心线，使其出现尺寸（见图 7-37），将尺寸"32"改为"52"后单击"确认"按钮 ，装配体随之改变，如图 7-38 所示。

② 改变轴孔直径。单击按钮 [支架^li7-02轮架]，将支承板的孔径尺寸"10"改为"12"，退到装配体设计环境后，装配体随之改变，如图 7-39 所示。

由以上内容可以看出，自上而下设计法更符合人的思维习惯，更能体现设计者的设计思想，并且不易出错。设计时关键零部件间建立关联，其中一个零部件变化时，其他与之关联的零部件也发生相应变化。如果改变上例中支架支承板上孔的尺寸，与之关联的轴、轮将产生相应的变化。但是，这种方法不易把握，对设计者的能力要求较高。有时，一个零部件引用的外部参考被删除会导致意外结果，移动相互关联的零部件时也要特别注意。另外，因为零部件互相关联，在设计时必然要调用更多的系统资源，这样会使系统运行速度变慢。

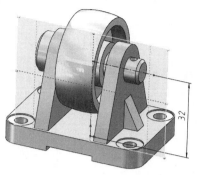

图 7-37 编辑布局

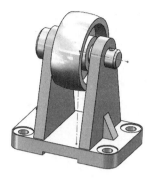

图 7-38 改变中心距

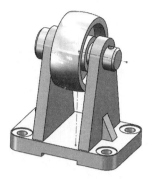

图 7-39 改变轴孔直径

7.4 装配体特征

装配体特征是指在装配体编辑状态下进行的、以装配体为操作对象建立的特征，包括孔系列、异型孔向导、简单直孔、拉伸切除、旋转切除、扫描切除、圆角、倒角、焊缝、皮带/链及对以上特征的阵列，如图 7-40 所示。

图 7-40 装配体特征

装配体特征不属于装配体中的任何一个零部件，也不会对零部件产生任何影响，只影响装配体。它们经常被用于零件装配后进行的钻孔和切除。例如，零件间的定位销孔，一般是零件装配在一起后才加工的。另外，常用装配体特征切除材料，以表达装配体的内部结构。

下面以轮架为例说明装配体特征的应用。

（1）打开"轮架"装配体文件。

（2）创建一个草图绘制的基准面。

① 选择"视图（前导）"工具栏中"隐藏/显示项目" ◆ ▾ 下拉列表中的"显示原点"选项 ↓，开启原点显示。

② 选择特征设计树中的"上视基准面"选项，单击"参考几何体" ▮ 下拉列表中的"基准面"按钮 ▯。

③ 单击轮的原点，此时，"基准面"属性管理器如图 7-41 所示，新建的基准面 1 通过轮的原点并平行于上视基准面。

④ 单击"确定"按钮 ✅。

（3）创建拉伸切除特征。选择基准面 1，按"Ctrl+5"组合键，使基准面 1 平行于屏幕平面，选择"插入"→"装配体特征"→"切除"→"拉伸"菜单命令，创建如图 7-42 所示的切除草图，单击"确定"按钮退出草图。将"切除-拉伸"属性管理器按图 7-43 所示进行设置，先单击"确定"按钮 ✅，再在弹出的信息框中单击"确定"按钮，完成切除操作，结果如图 7-44 所示。

（4）设定特征范围，轴、开口销不做切除处理。单击特征设计树中的"切除-拉伸 1"节点，在快捷菜单中单击"编辑特征"按钮 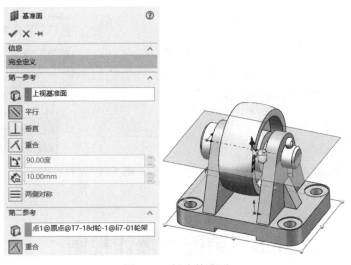，将"特征范围"按图 7-45 所示进行设置，单击
"确定"按钮 ✅，结果如图 7-46 所示。

图 7-41　创建基准面

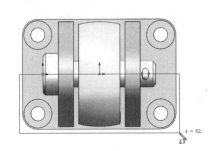

图 7-42　创建切除草图

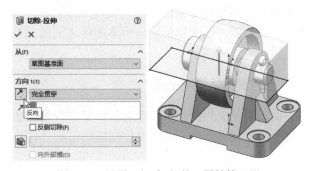

图 7-43　设置"切除−拉伸"属性管理器

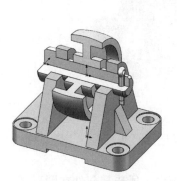

图 7-44　切除结果

图 7-45　设置"特征范围"

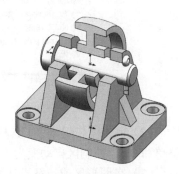

图 7-46　最后切除结果

（5）改变切面的颜色。单击特征设计树中的"切除−拉伸 1"节点，在快捷菜单中单击"外

观"按钮，选择"切除-拉伸1"选项（见图7-47），颜色选择黄色（见图7-48），单击"确定"按钮✔。

图 7-47　选择外观　　　　　　　　　　　　　　图 7-48　选择颜色

7.5　装配体爆炸视图

在 SOLIDWORKS 装配体中，使用爆炸视图命令和爆炸直线草图命令可以将装配体中的零部件分离显示，便于形象地分析零部件之间的关系。装配体爆炸后不能再给装配体添加配合关系。

1. 创建装配体爆炸视图

下面仍以轮架为例介绍创建装配体爆炸视图的操作步骤。

（1）在特征设计树上将回退控制棒回退到"切除-拉伸1"上，如图7-49所示。

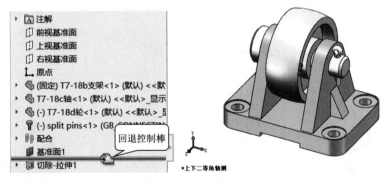

图 7-49　轮架装配体

（2）单击"装配体"工具栏中的"爆炸视图"按钮🗗（或者选择"插入"→"爆炸视图"菜单命令），控制区自动变为"爆炸"属性管理器。

（3）在图形区或特征设计树上选择需要创建爆炸视图的零部件，所选零部件在图形区高亮显示，并在其上建立参考三重轴，同时其名称出现在"爆炸步骤"的零部件选项框中。移动鼠标指针到开口销零件上并单击，在开口销零件上出现一个参考三重轴，如图7-50所示。

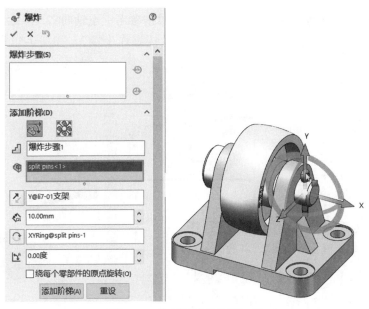

图 7-50　选择要移动的开口销

（4）选择移动方向。单击参考三重轴向上（Y 轴方向）的箭头（该箭头变大，其余的两个箭头变暗），沿箭头方向拖动鼠标，开口销向上移动到合适位置后松开鼠标，生成爆炸步骤 1，如图 7-51 所示，单击"完成"按钮。

　　三重轴的操作方法：拖动中央球形可来回拖动三重轴。按住 Alt 键并拖动中央球形或臂杆，可将三重轴拖放到边线或面上，使其对齐该边线或面。右击中央球形，在弹出的快捷菜单中可选择"对齐到""与零部件原点对齐""与装配体原点对齐"命令。

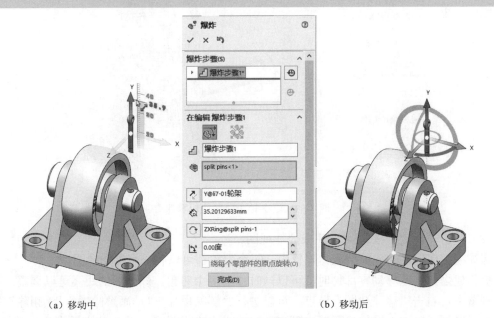

（a）移动中　　　　　　　　　　　　　　　　　　（b）移动后

图 7-51　沿 Y 轴正向移动开口销

（5）沿 X 轴负向移动轴零件。选择轴零件，单击参考三重轴向右（X 轴正向）的箭头，沿 X 轴负向拖动轴零件到合适位置后松开鼠标，生成爆炸步骤 2，如图 7-52 所示。

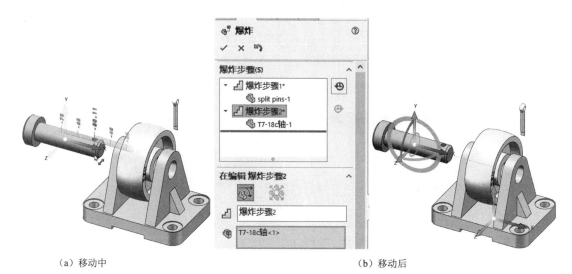

（a）移动中　　　　　　　　　　　　　　　　　　　（b）移动后

图 7-52　沿 X 轴负向移动轴零件

（6）沿 Y 轴正向移动轮零件，生成爆炸步骤 3，如图 7-53 所示。

（7）单击开口销零件，沿 X 轴正向将其移动到合适位置，使开口销与轮不重合，生成爆炸步骤 4，如图 7-54 所示。

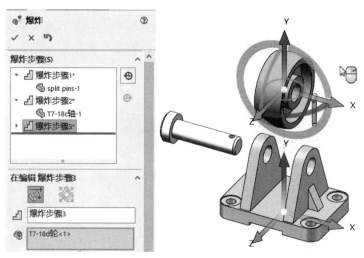

图 7-53　沿 Y 轴正向移动轮零件

（8）单击"确定"按钮，完成爆炸视图。

爆炸视图保存在生成的装配体配置中，每个配置都可以有一个爆炸视图。

在创建爆炸视图移动零部件时，可以同时移动多个对象，爆炸后的距离可以调整。在配置管理器中，右击"爆炸视图"节点，可以进行"解除爆炸""动画解除爆炸""删除"等操作；也可以再次单击"爆炸视图"按钮，进入爆炸编辑环境，进一步调整爆炸步骤等。

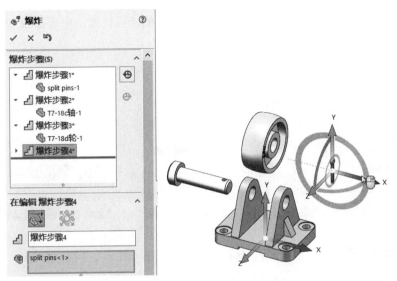

图 7-54 沿 *X* 轴正向移动开口销零件

2. 动画解除爆炸

具体操作方法如下。

（1）单击"配置"按钮 ，展开"默认" 下拉列表，右击"爆炸视图 1"按钮 ，在弹出的快捷菜单中单击"编辑特征"按钮 （见图 7-55），进入编辑"爆炸"状态。

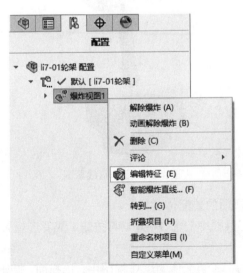

图 7-55 编辑"爆炸"

（2）将 拖放到 下面（见图 7-56），单击"确定"按钮 ，退出"爆炸"编辑状态。

（3）右击"爆炸视图 1"按钮 ，在弹出的快捷菜单中单击"动画解除爆炸"按钮，开始播放动画。

（4）单击"动画控制器"对话框（见图 7-57）中的相应按钮，可以播放动画、保存文件为.avi 视频文件等，具体请读者上机操作。

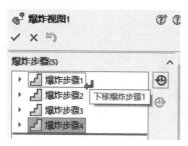

图 7-56　移动爆炸步骤 4　　　　　　　　　图 7-57　"动画控制器"对话框

3．爆炸直线草图

在 SOLIDWORKS 装配体中，运用"爆炸直线草图"菜单，可在装配体中添加爆炸草图的三维草图，即爆炸直线草图。在爆炸草图中可添加爆炸直线，从而更加清楚地表示装配体零部件之间的关系，如图 7-58 所示。操作步骤如下。

图 7-58　爆炸直线草图

（1）打开已生成爆炸视图的装配体文件。

（2）单击"装配体"工具栏中的 爆炸直线草图 按钮（或者选择"插入"→"爆炸直线草图"菜单命令）。

（3）选择要连接的项目。在装配体的爆炸视图中，选择面、圆形边线、直边线或平面作为爆炸直线连接的项目。

（4）在图形区，移动鼠标指针到管路线上可以拖动管路线并使之重新定位。

（5）单击"确认"按钮。

添加的爆炸直线草图在配置管理器窗口可以看到，其在"爆炸视图 1"选项下，名称为"3D 爆炸 1"。在其上单击鼠标右键，可以编辑草图。

在爆炸视图中可使用"智能爆炸直线"自动创建爆炸直线，可以将智能爆炸直线与手动创建的爆炸直线一起使用。要让爆炸直线使用不同的路径，必须手动创建爆炸直线或解散智能爆炸直线。在默认情况下，智能爆炸直线使用边界框中心作为参考点。

上例爆炸视图的智能爆炸直线如图 7-59 所示。

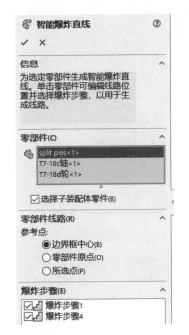

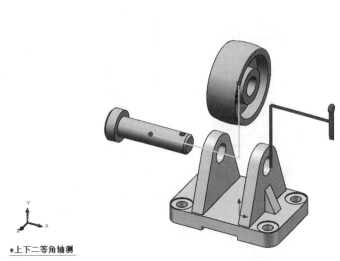

图 7-59　智能爆炸直线

7.6　Toolbox

Toolbox 是包含所支持标准的主零件文件、有关扣件大小及配置信息的数据库。在 SOLIDWORKS 中使用新的不同大小的零部件时，Toolbox 会根据参数设置更新主零件文件，以记录配置信息，或者针对此大小生成零件文件。Toolbox 支持 ANSI、DIN、GB、ISO 等标准。Toolbox 包括轴承、螺栓、凸轮、齿轮、螺母、螺钉等五金件。用户可以自己定义 Toolbox，详情请参阅 SOLIDWORKS 提供的帮助文件。

1．激活 Toolbox 的方法

要使用 Toolbox，必须安装并激活 Toolbox。激活 Toolbox 的方法如下。

（1）选择"工具"→"插件"菜单命令，弹出"插件"对话框，如图 7-60 所示。

（2）选中"SOLIDWORKS Toolbox"和"SOLIDWORKS Toolbox Browser"复选框。

（3）单击"确定"按钮，完成 Toolbox 的安装和激活。这样在设计库中就启动了 Toolbox，如图 7-61 所示。

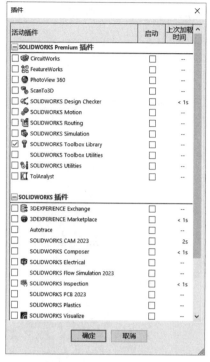

图 7-60　"插件"对话框

图 7-61　设计库中的 Toolbox

2. 添加智能扣件的方法

在 SOLIDWORKS 中，扣件实际上是指螺纹紧固件等标准件。若装配体中包含特定规格的孔、孔系列或孔阵列，可采用智能扣件技术自动向装配体中添加和这些孔匹配的扣件（螺栓和螺钉）。智能扣件使用 SOLIDWORKS Toolbox 扣件库，用户可向 SOLIDWORKS Toolbox 数据库中添加自定义的设计文件，并将其作为标准件通过智能扣件来调用。

为说明添加智能扣件的方法，接着 7.5 节的例子继续操作，为轮架装配体设计一个外连接托架零件（见图 7-62），并与轮架装配在一起（见图 7-63）。托架尺寸读者自定，但是 4 个孔位要和支架上的 4 个孔位对齐。最好采用关联设计，这样能够保证 4 个孔位的对齐关系。如果装配体是爆炸状态，请参考之前的内容解除爆炸。

图 7-62　托架零件

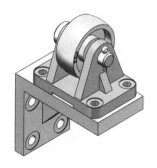

图 7-63　轮架与托架装配

添加智能扣件的步骤如下。

（1）单击"装配体"工具栏中的"智能扣件"按钮 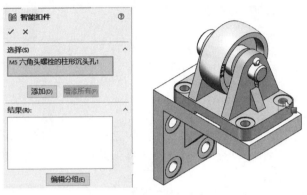（或者选择"插入"→"智能扣件"菜单命令），若弹出"提示轻化计算时间"对话框，单击"确定"按钮。

（2）选择支架上的一个孔（这些孔是用异型孔向导添加的，见图 7-64），单击"添加"按钮 添加(D)，支架上的 4 个孔自动添加 4 个螺栓，并自动适配孔大小和长度，如图 7-65 所示。

（3）如果满足需要就单击"确定"按钮 ✔，否则可进行设定扣件型号、长度等操作。

图 7-64　选择添加智能扣件的孔

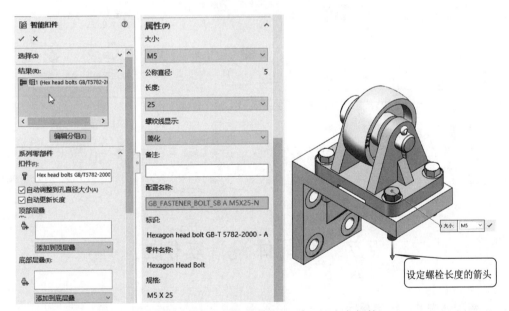

图 7-65　添加的智能扣件——4 个 M5 六角螺栓

对已添加的智能扣件可进行编辑：单击特征设计树中的"智能扣件 1"按钮 智能扣件1，在弹出的菜单中选择"编辑智能扣件"选项，在"智能扣件"属性框中选择要编辑的内容。如果要更改扣件类型，在扣件名称上右击，在弹出的快捷菜单中选择"更改扣件类型"选项即可。

3．添加弹簧垫圈和六角螺母的方法

在装配体中添加弹簧垫圈和六角螺母，如图 7-66 所示，插入其他零件的方法与之相同。

（1）单击"设计库"按钮🎁，展开"Toolbox"列表，选择"GB"列表。

（2）先选择"垫圈和挡圈"系列，再选择"弹簧垫圈"列表中的"标准型弹簧垫圈 GB/T 93-1987"选项。

（3）将"标准型弹簧垫圈 GB/T 93-1987"拖放到装配体的螺栓上，出现配合图标时松开鼠标，此时"尺寸"为"5"，单击"确定"按钮，放置其余的弹簧垫圈。

用同样的方法将"1 型六角螺母 GB/T 6170-2000"添加到装配体中。

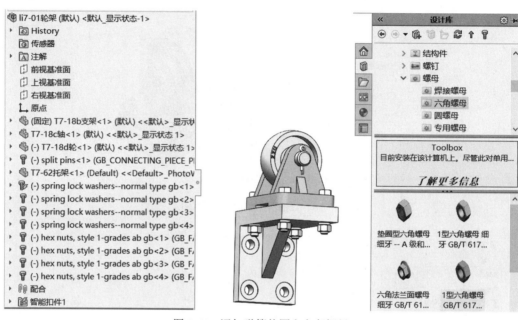

图 7-66　添加弹簧垫圈和六角螺母

注意：放置标准件时，鼠标指针的图标提示正确的位置含有配合关系。读者可以反复移动标准件观察一下。

7.7　装配体设计实例二

1．装配体中的压缩弹簧

机器设备中经常要用到弹簧，它主要做伸缩运动，如手压阀、安全阀、齿轮油泵中的弹簧。SOLIDWORKS 2024 提供了柔性零部件。在装配体上下文中对弹簧建模，弹簧长度由装配体的外部参考驱动。用"制作柔性零件"工具 🔧 将上下文之外的参考重新映射到第二个装配体。因此，弹簧由第二个装配体驱动，而不影响弹簧的标称长度。

下面以图 7-67 所示的压缩弹簧为例，介绍压缩弹簧随顶座零件上下移动而伸缩变形的装配体动画。制作好底座和顶座零件后，进行装配体创建。

（1）单击"新建"按钮⬜，双击"装配体"按钮🏷，进入装配体工作模式。

（2）选择底座，先单击"确定"按钮，再单击✅按钮。

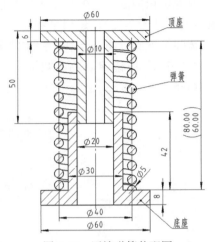

图 7-67　压缩弹簧装配图

（3）插入顶座，在 ϕ20 圆柱面间添加"同轴心"◎配合；在两个零件的内端面之间添加"距离"配合，距离限制在 80～60（先确定"标准配合"中的距离 80，再确定"高级配合"中的最小值 60），如图 7-68 所示。文件以"ch7-04 压缩弹簧动画"为名保存。

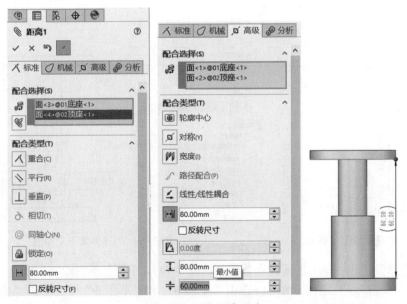

图 7-68　添加距离配合

（4）创建弹簧。

① 创建弹簧扫描路径。单击"插入零部件"下拉列表中的"新零件"按钮🏷（见图 7-69）。单击"前视基准面"按钮，从底座上面的中间位置开始按图 7-70 所示绘制长度为 7 的竖直线段，退出草图 1。同理，在前视基准面上，从顶座下面的中间位置开始绘制第二段长度为 7

图 7-69　插入新零件

的竖直线段，退出草图 2。再在前视基准面上绘制连接前两条线段的中间竖直线（见图 7-71），退出草图 3。

② 创建弹簧扫描截面。在前视基准面上绘制$\phi 5$ 的圆，圆心在底座上面的轮廓线上（见图 7-72），退出草图 4。

③ 创建弹簧下支撑圈。选中"草图 1"和"草图 4"后，单击"特征"工具栏中的"扫描"按钮，将参数按照图 7-73 所示进行设置后，单击"确定"按钮。

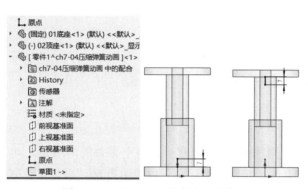

图 7-70　画上、下两长度为 7 的线段

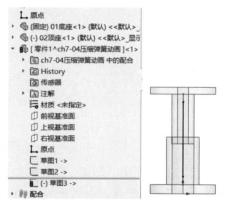

图 7-71　画中间竖直线

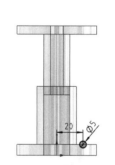

图 7-72　创建弹簧扫描截面

图 7-73　创建弹簧下支撑圈

④ 创建弹簧工作圈。单击簧丝上截面（见图 7-74），单击"草图绘制"按钮，单击"转换实体引用"按钮，退出草图 5。选中"草图 3"和"草图 5"后，单击"特征"工具栏中的"扫描"按钮，将参数按照图 7-75 所示进行设置后，单击"确定"按钮。

⑤ 创建弹簧上支撑圈。同上操作，单击簧丝上截面，单击"草图绘制"按钮，单击"转换实体引用"按钮，退出草图 6。选中"草图 2"和"草图 6"后，单击"特征"工具栏中的"扫描"按钮，将参数按照图 7-76 所示进行设置后（注意方向，选择"反

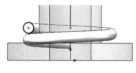

图 7-74　创建工作圈

向"），单击"确定"按钮 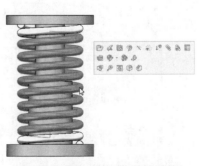。

⑥ 创建用于切除两端的基准面。选中底座的上表面（见图 7-77），用"基准面"工具 📖，创建参数如图 7-77 所示的基准面 1。

⑦ 切除弹簧两端。用 🗋 **使用曲面切除** 工具切除弹簧两端（见图 7-78）。

⑧ 将零件名称修改为"弹簧"，单击确认角的"确认"按钮 ⦿，退出零件编辑，结果如图 7-79 所示。

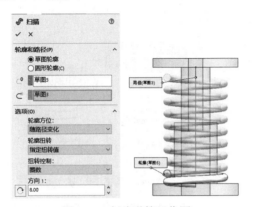

图 7-75　创建弹簧工作圈

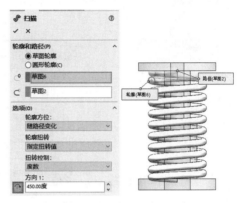

图 7-76　创建弹簧上支撑圈

图 7-77　创建基准面 1

图 7-78　创建基准面 2

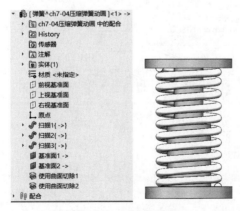

图 7-79　创建的弹簧

图 7-80　选择弹簧制作柔性零件

（5）制作柔性零件。选择弹簧，单击"制作柔性零件"按钮 ⚙（见图 7-80），在左窗格"激活柔性零部件"属性管理器的"弹性参考"栏中，选中"基准面 2"下拉列表中的 `参考的实体: 面 ← 02顶座<1>` 选项，再选择顶座的底面（见图 7-81），单击"确定"按钮 ✓。

（6）移动顶座，查看结果。使视图前视显示，上下移动顶座，可以看到弹簧随之伸缩（见图 7-82）。保存文件。

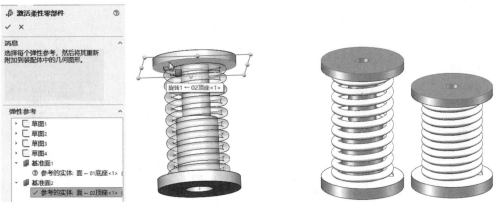

图 7-81　建立弹性参考　　　　　　　图 7-82　移动顶座，弹簧随之伸缩

（7）制作动画。SOLIDWORKS 提供了功能强大的"运动算例"，它是装配体模型运动的图形模拟。可将光源和相机透视图之类的视觉属性融合到运动算例中。运动算例不更改装配体模型或其属性，根据装配关系模拟规定的运动。

① 将顶座移动到上限值处，按组合键"Ctrl + 1"，视图前视显示。单击左下角的"运动算例 1"选项卡，系统展开编辑窗口（见图 7-83）。

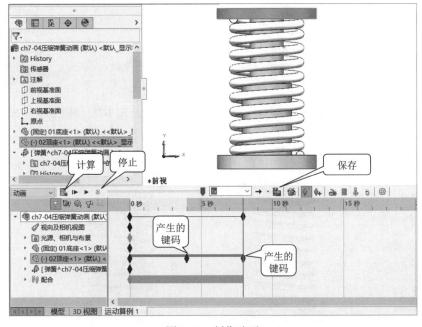

图 7-83　制作动画

② 将鼠标光标移到时间"4 秒"处并单击（见图 7-83），将图形区的顶座向下拖动到下限值处，制作顶座下移动画。

③ 将鼠标光标移到时间"8 秒"处并单击，将图形区的顶座向上拖动到上限值处，制作顶座上移动画，如图 7-83 所示。

④ 单击"计算"按钮，计算动画。计算完成后自动播放动画，可看到弹簧随之伸缩。

⑤ 单击"停止"按钮■，完成动画。

关于动画保存、播放等操作，请读者自己完成。

2．轴系装配体设计举例

分析图 7-84 所示的轴系，该轴装有两个滚动轴承 6205，一个齿轮（$m=3$，$z=35$，$B=25$）和一个普通平键 10×8×22。轴使用第 3 章例 3-6 给出的轴，轴承和键可以从设计库提供的 Toolbox 中直接找到，齿轮也可以利用 Toolbox 中提供的齿轮，但需要进行修改。

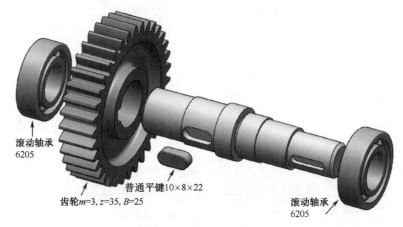

图 7-84 轴系装配爆炸图

绘制步骤如下。

（1）新建装配体文件，加载轴零件。单击"新建"按钮，双击"装配体"按钮，进入装配体环境后单击"要插入的零件/装配体"选区中的按钮 浏览(B)...，查找到"li3-6 轴.sldprt"文件，单击"打开"→"确定"按钮。

（2）插入 Toolbox。依次单击"设计库"按钮、 Toolbox 按钮、<u>*现在插入*</u> 按钮。

（3）装入普通平键 10×8×22。依次单击 Toolbox 按钮、> GB 按钮、> 销和键 按钮、 平行键 按钮，将"普通平键"按钮拖放到图形区 10×22 键槽的位置，将"大小"设为"10"，"长度"设为"22"（见图 7-85），单击"确定"按钮后，单击"取消"按钮，结束插入键操作。添加键与轴上键槽的配合关系。

（4）装入滚动轴承 6205。依次单击"设计库"按钮、 Toolbox 按钮、> GB 按钮、> 轴承 按钮、 **滚动轴承** 按钮，将"深沟球轴承"按钮拖放到图形区轴径为 30 的位置后松开鼠标，将"尺寸系列代号"设为"02"，"大小"设为"6205"（见图 7-86），单击"确定"按钮，在另一个轴径为 30 的位置单击（放置第二个滚动轴承），单击"取消"按钮，结束插入滚动轴承操作。添加轴承与轴的配合关系。

（5）装入齿轮（$m=3$，$z=35$，$B=25$）。依次单击"设计库"按钮、 Toolbox 按钮、> GB 按钮、> 动力传动按钮、 齿轮 按钮，将"正齿轮"按钮拖放到图形区轴径为 32 的位置后松开鼠标，将"模数"设为"3"，"齿数"设为"35"，"面宽"设为"25"，"标称轴直径"设为"32"，"键槽"设为"矩形（1）"，"显示齿"设为"35"（见图 7-87），单击"确定"按钮后单击"取消"按钮，结束插入齿轮操作。添加齿轮与轴、齿轮键槽与键的配合关系。

图 7-85　普通平键参数

图 7-86　深沟球轴承参数

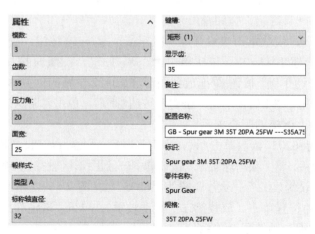

图 7-87　正齿轮参数

（6）查看配合关系。展开特征设计树中的 ⚙️ 配合列表（见图 7-88），可以看到四种同心配合关系、六种重合配合关系。

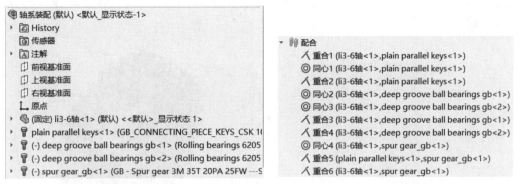

图 7-88　配合关系

（7）修改齿轮结构。

① 以"轴系装配.sldasm"为文件名保存装配体，打开齿轮零件。单击齿轮，在弹出的菜单中单击"打开零件"按钮 📂，再在弹出的信息框中单击"确定"按钮。

② 将齿轮零件改名并另存。单击 💾 另存为 按钮，再单击"另存为副本并打开 (S)"按钮，将齿轮以"li7-齿轮.sldprt"为名保存到自定义的文件夹中，单击"确定"按钮，单击关闭原始文档(C) 按钮。

③ 改变视图显示样式。单击"显示样式"下拉列表 📦 ▼ 中的"隐藏线可见"按钮 📦。

④ 压缩轮齿圆周阵列。在特征设计树中单击 TeethCuts 按钮，在弹出的菜单中单击"压缩"按钮 ⬇️，简化视图显示，按"Ctrl + 3"组合键使视图左视显示，如图 7-89 所示。

⑤ 旋转切除出轮辐板。依次单击 Plane1 按钮、"草图绘制"按钮 ✏️，绘制出如图 7-90 所示的草图后确认，退出草图。依次单击"特征"工具栏中的"旋转切除"按钮 🔲、水平中心线（作为旋转轴）、"确定"按钮 ✅，完成旋转切除。

图 7-89　压缩轮齿圆周阵列

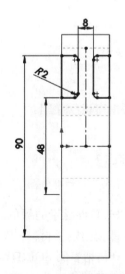

图 7-90　绘制切除草图

⑥ 调整特征位置。将 🔲 切除-旋转1 拖动到 TeethCuts 上部，如图 7-91 所示。

⑦ 解除轮齿圆周阵列的压缩。在特征设计树中单击 ⁂ TeethCuts 按钮,在弹出的菜单中单击"解除压缩"按钮↑🗗。

⑧ 将显示样式改回"带边线上色" 🔲（见图 7-92），为齿轮指定"普通碳钢"材质,保存并退出齿轮零件图。

图 7-91 调整"切除-旋转 1"特征的位置

图 7-92 修改后的齿轮

（8）替换装配体中的齿轮。在左窗格右击 🔑 spur gear_gb<1> 选项,单击弹出菜单下方的 ⁑ 按钮,再单击 🖧 替换零部件 (Z) 按钮,系统在左窗格显示"替换"属性管理器（见图 7-93），单击 浏览(B)... 按钮,在弹出的"打开"对话框中找到"li7-齿轮.sldprt",单击"确定"按钮 ✔。系统在左窗格显示"配合的实体"属性管理器（见图 7-94），单击"确定"按钮 ✔。

（9）查看配合关系。在左窗格展开"配合"列表,可看到新的配合关系,如图 7-95 所示。

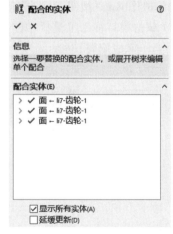

图 7-93 "替换"属性管理器　　图 7-94 "配合的实体"属性管理器　　图 7-95 更新的配合关系

（10）修改零件显示的颜色。系统默认的零件颜色都是灰色的,多个零件装配在一起时则不够美观,即使指定了材料,零件的色彩也多是不理想的。用户可通过多种方法改变零件显示的颜色,详情请参阅 SOLIDWORKS "帮助"中的"模型显示"介绍。下面介绍通过显示管理器设置零件的颜色。

① 单击控制区的"显示管理器"选项卡 🌐,通过它可设置查看外观、贴图、布景、光源

和相机等。

② 展开“外观”列表下的各项，可看到 4 种零件的颜色显示（见图 7-96），只有轴没有指定材质，因此，以“颜色”作为其外观名。右击“颜色”按钮 颜色，弹出如图 7-97 所示的菜单，在此可进行“添加外观”和“编辑外观”等操作。

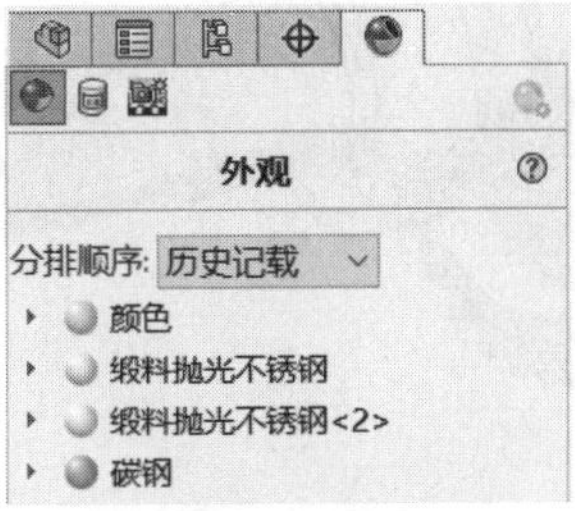

图 7-96　显示管理器

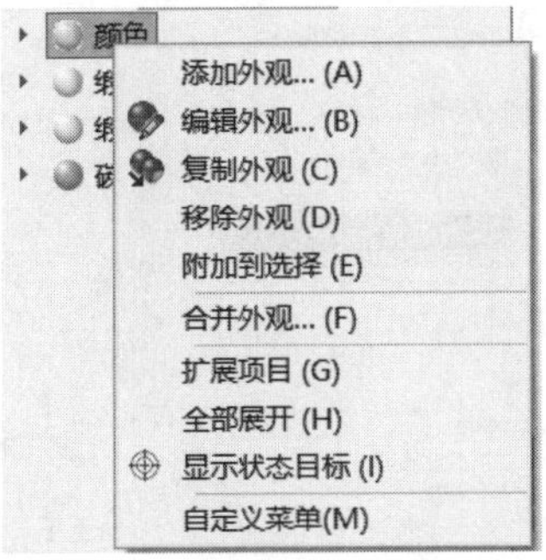

图 7-97　“颜色”右键菜单

③ 右击 li3-6轴 按钮，单击“编辑外观”按钮，弹出“颜色”属性管理器（通过它可设置颜色属性），设定颜色后单击“确定”按钮，完成颜色设定。

④ 用同样的方法设定其他零件的颜色，结果如图 7-98 所示。

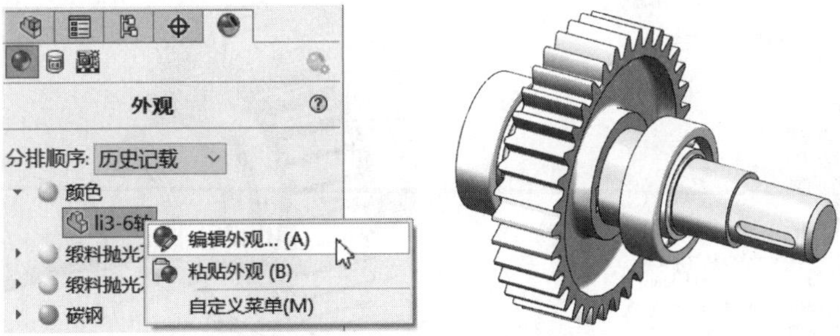

图 7-98　设置零件颜色

（11）马达驱动动画。工程上一般是滚动轴承外圈不动，轴转动。这就需要将轴系装配中“固定”的轴“浮动”，将“浮动”的滚动轴承“固定”。下面创建用马达驱动轴转动，同时带动键、齿轮转动的动画。

① 单击“特征设计树”按钮。右击 (固定) li3-6轴<1> 按钮，在弹出的快捷菜单中选择 浮动(S) 选项，同时选中两行 (-) deep groove ball bearings 选项并右击，在弹出的快捷菜单中选择 固定(S) 选项。

② 使装配体在图形区以“上下二等角轴测”视图显示。

③ 单击系统左下角的“运动算例 1”选项卡。

将时间设置为 5 秒，即在时间“5 秒”处单击，再单击工具栏中的“马达”按钮，在控制区显示马达属性。

④ 确认“马达类型”是“旋转马达”后，在图形区单击右端轴径，将“零部件 /方向”下的“马达位置”和“马达方向”设置到轴上（见图 7-99），单击“确定”按钮，完成马达设定。

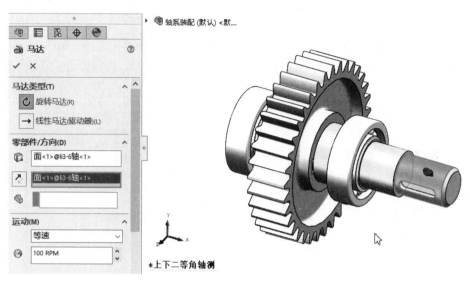

图 7-99　设置马达

⑤ 单击"运动算例 1"窗口中的"播放"按钮 ▶，软件开始动画模拟轴系运动，可以看到轴带动键、齿轮一起旋转，结果如图 7-100 所示。

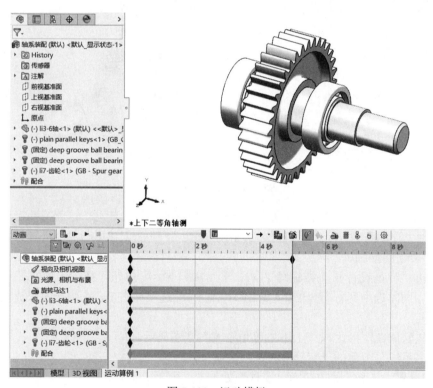

图 7-100　运动模拟

如果选择有错误，可以右击 🔧旋转马达1 按钮，并对其进行特征编辑，以达到要求。

⑥ 保存文件。

习　题

通过下面的习题，练习零部件的建模方法和装配方法。

7-1　创建齿轮泵装配体。

（1）齿轮泵零件图如图 7-101～图 7-104 所示。

（2）齿轮泵装配体爆炸图如图 7-105 所示。

（3）创建提示：参考第 4 章习题 4-7 的泵体创建方法创建泵盖。齿轮的创建方法可参考 5.4 节的内容或本章介绍的方法；标准件螺钉和销可以用 Toolbox 插入装配体中。在引用标准件时，单击任务窗格中的"设计库"按钮 🛢，查找要插入的标准件，详情请参阅 SOLIDWORKS 提供的帮助文件。

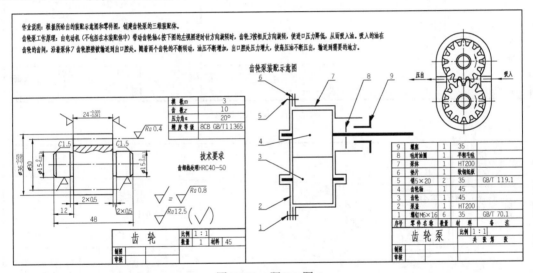

图 7-101　题 7-1 图 1

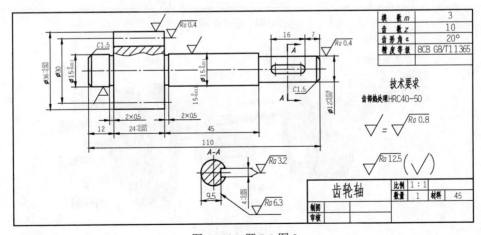

图 7-102　题 7-1 图 2

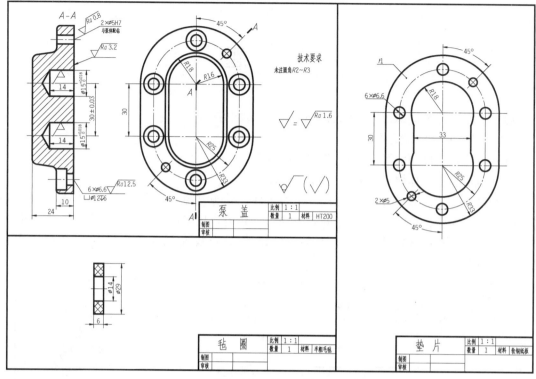

图 7-103 题 7-1 图 3

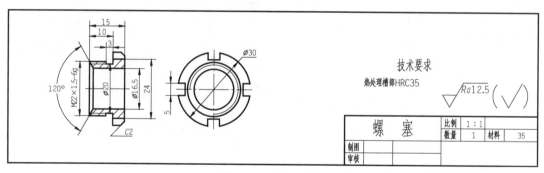

图 7-104 题 7-1 图 4

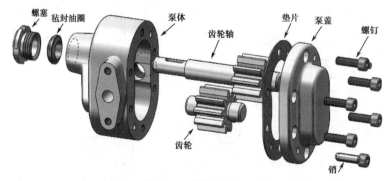

图 7-105 题 7-1 图 5

（4）添加马达，制作运动动画及爆炸图。制作爆炸时，要根据实际情况沿装配干线爆炸。

7-2　创建手压阀的装配体（见图 7-106），并制作出动画（二维零件图，可参考文献［10］，阀体零件图如图 7-107 所示）。

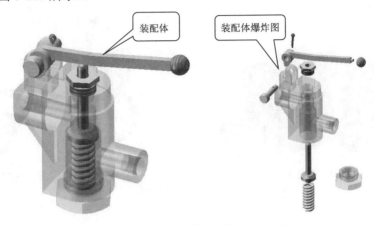

图 7-106　题 7-2 图 1

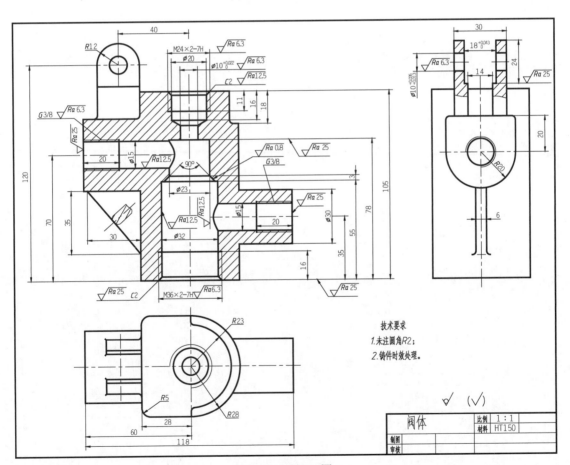

图 7-107　题 7-2 图 2

7-3　创建平口钳装配体（见图 7-108，二维装配图可参考文献 [1]）。

7-4　创建一个自行车装配体（见图 7-109），数据从自己的自行车上量取。

图 7-108　题 7-3 图

图 7-109　题 7-4 图

第8章 工 程 图

在实际生产中，指导生产制造的技术文件主要是二维工程图。所以，在产品的三维模型设计完成之后，通常还需要将其转换成二维工程图。SOLIDWORKS 系统提供的工程图模块功能强大，能够将零件或装配体直接转换成二维工程图。由三维模型生成的二维视图与三维模型之间，数据具有全相关性，在一个模块中对数据进行修改，其他模块中与之相关的数据将直接随之更新。三维模型的尺寸能够直接转换成工程图尺寸，用户可以在此基础上进行尺寸的编辑修改。工程图模块还提供标注表面粗糙度、尺寸公差、形位公差等功能，在此环境中可以创建完全符合工程需要的工程图。

8.1 创建工程图

创建工程图的步骤如下。

（1）新建工程图文件。单击"新建"按钮，在"新建 SOLIDWORKS 文件"对话框中选择"工程图"设计模式（见图 8-1），单击"确定"按钮，进入工程图环境，如图 8-2 所示（默认的图纸是 A0 幅面）。

用二维工程图准确地表达一个三维模型，根据模型的复杂程度需要不同的表达方式和视图数量，SOLIDWORKS 提供了多种不同的视图方式，默认状态下为"模型视图"方式，用户可以先退出"模型视图"方式，再选择其他视图方式。

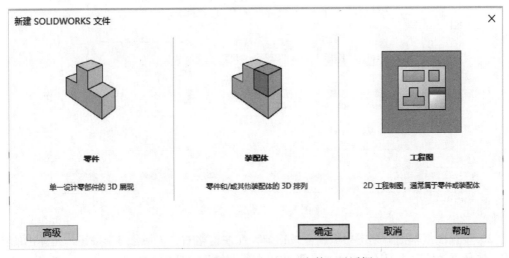

图 8-1 "新建 SOLIDWORKS 文件"对话框

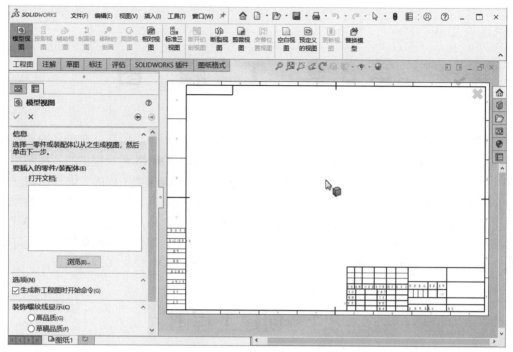

图 8-2 "模型视图"方式

> **注意：** 可能读者使用的系统会与此方式不同，这与安装和设置有关。若使用"高级"模式（见图 8-3），系统会让用户选择"图纸格式/大小"，可选择"gb_a3"后单击"确定"按钮，进入模型视图状态。

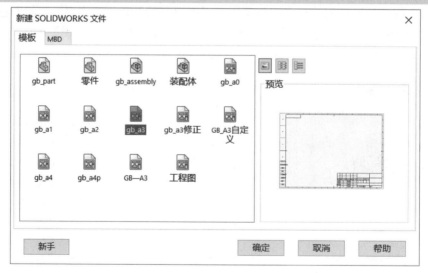

图 8-3 "高级"模式

（2）设置图纸幅面。单击"取消"按钮✖，在左窗格右击"图纸 1"按钮，在弹出的快捷菜单中选择"属性"选项（见图 8-4），弹出"图纸属性"对话框，将其按图 8-5 所示进行设置，单击"应用更改"按钮。图纸 1 变为 A3 图纸模式，单击"整屏显示"按钮🔍，如图 8-6 所示。

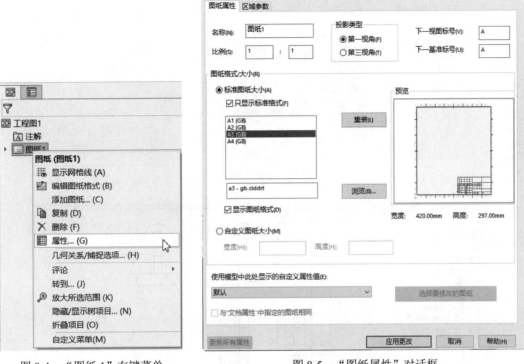

图 8-4 "图纸 1"右键菜单　　　　　　　图 8-5 "图纸属性"对话框

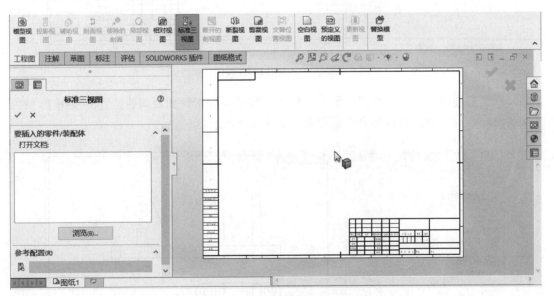

图 8-6 A3 图纸模式

（3）创建标准三视图。单击"工程图"工具栏中的"标准三视图"按钮，在左窗格单击 [浏览(B)...] 按钮，弹出"打开"对话框，找到要生成的零部件模型，如图 8-7 所示，单击"打开"按钮，系统自动创建标准三视图，如图 8-8 所示。

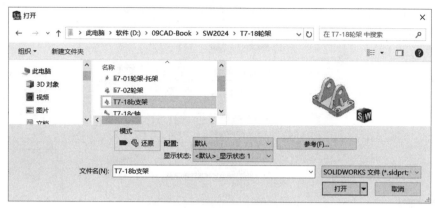

图 8-7　选择打开的模型

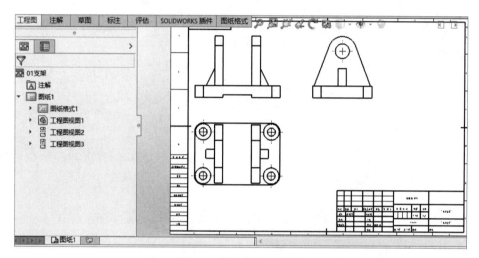

图 8-8　创建标准三视图

（4）调整视图位置。当视图位置不合理时，移动鼠标指针到要调整位置的视图上，待出现移动指针 时，拖动该视图到合适位置，如图 8-9 所示。

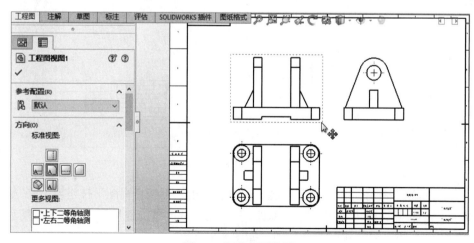

图 8-9　调整视图位置

注意：在默认状态下，投影视图中的正交视图与第一个正交视图存在父子关系，移动第一个（父）视图，其投影（子）视图随之移动，子位置受父位置限制。

（5）添加轴测图。在图形区单击工程视图1，在弹出的菜单中单击"投影视图"按钮⊞，向工程视图1的左上方移动指针，待出现轴测图时单击（见图8-10），再将轴测图移动到工程视图1的右下角，按图8-11所示调整各视图间的位置。

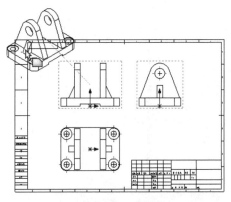

图8-10　添加轴测图

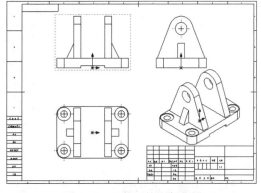

图8-11　调整后的视图位置

（6）设置视图显示样式。默认状态下为"消除隐藏线"显示样式。选择工程图视图1，单击"显示样式"下拉列表中的"隐藏线可见"按钮⊡，模型主视图及其三个投影图中的隐藏线均可见。选择轴测图，单击"显示样式"下拉列表中的"带边线上色"按钮⬛，使轴测图变为上色显示，如图8-12所示。图8-12中各视图原点的显示已关闭（在菜单栏选择"视图"→"原点"命令，控制各视图原点的显示，或单击"视图（前导）"工具栏"隐藏/显示项目"◈▾下拉列表中的"原点"按钮⬆）。

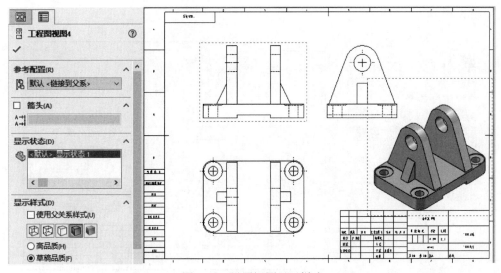

图8-12　设置视图显示样式

（7）消除切边显示。在默认状态下，视图中的切边可见，工程图中一般不需要显示切边。在视图上右击，从弹出的快捷菜单中选择"切边"→"切边不可见"命令（见图8-13），消除视图中的切边。

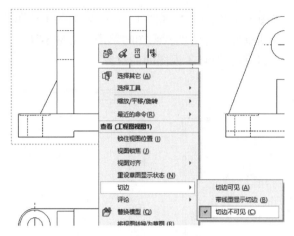

图8-13　设置切边显示样式

> **提示：** 可在"系统选项-普通"对话框中"系统选项"选项卡下"工程图"选项的"显示类型"中设置是否显示切边。

（8）添加中心线。在工程图中，对称图形一般要有对称中心线。先单击"注解"工具栏中的"中心线"按钮，再单击要添加中心线的视图，根据"中心线"属性管理器中的信息提示选择要添加中心线的两条边线。单击中心线，拖动其端点可以调整长度，如图8-14所示。勾选"自动插入"选区中的复选框 ☑选择视图，并单击要添加中心线的视图，圆孔自动添加中心线。

也可以在要添加中心线的视图上右击，在弹出的快捷菜单中选择"注解"→"中心线"命令，如图8-15所示。

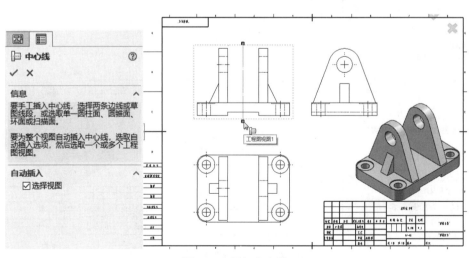

图8-14　添加中心线

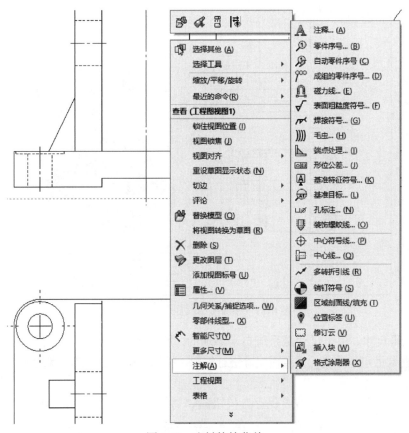

图8-15　右键快捷菜单

（9）插入模型项目。单击"注解"工具栏中的"模型项目"按钮 （或者选择"插入"→"模型项目"菜单命令），控制区切换为"模型项目"属性管理器，将其按照图8-16所示进行设置，单击"确定"按钮，完成工程图项目中模型项目的添加，如图8-17所示。

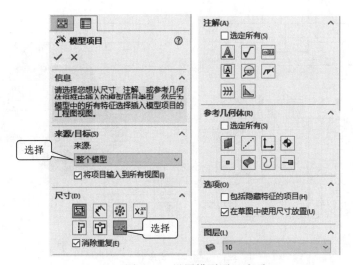

图8-16　设置模型项目选项

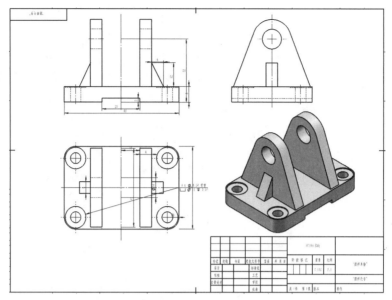

图 8-17　添加模型项目之后的视图

（10）编辑尺寸。由于尺寸是系统自动添加的，所以尺寸的位置可能不合理，有些尺寸可能漏标，有些尺寸可能重复，需要对尺寸进行编辑。编辑方法见 8.6 节，修改后的尺寸如图 8-18 所示。

（11）保存工程文件。单击"保存"按钮 🖫，将文件命名为"支架.slddrw"并保存。

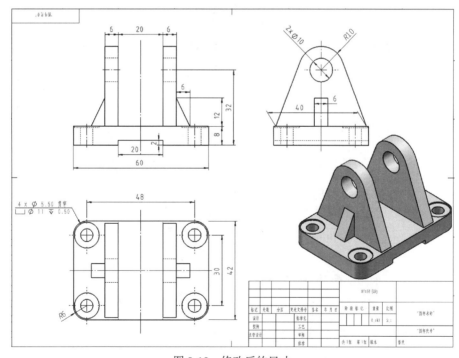

图 8-18　修改后的尺寸

以上就是利用三维模型创建工程图的一般方法，其中重要的是规划恰当的视图表达方案、标注合理的尺寸、注写正确的注解，这与用户受到的工程制图训练有关。要创建正确、合理的工程图，用户必须有扎实的工程制图基础。

8.2　工程图环境

工程图中的视图表达、字体、线型、尺寸、图纸格式等都有严格规定。不同国家和地区有不同的制图标准，设计者须根据要求创建符合制图标准的工程图。SOLIDWORKS 提供了 ISO、ANSI、GB 等标准，但这些标准中的某些选项与实际要求还是有差距的，如 GB 中的字体、角度标注等，与《技术制图》国家标准要求有偏差，这就要求用户通过设置 SOLIDWORKS 的工程图环境，绘制出符合 GB 新规定的图样。

1. 系统选项

SOLIDWORKS 专门为工程图提供了一些选项，用户可以根据自己的要求定义选项。工程图的选项分布在"系统选项"和"文档属性"两个选项卡中，"系统选项"选项卡中的选项影响所有工程图，"文档属性"选项卡中的选项只在当前工程图中有效。

（1）打开"系统选项-普通"对话框。选择"工具"→"选项"菜单命令，或者单击"标准"工具栏中的"选项"按钮 ⚙，弹出"系统选项-普通"对话框，如图 8-19 所示。

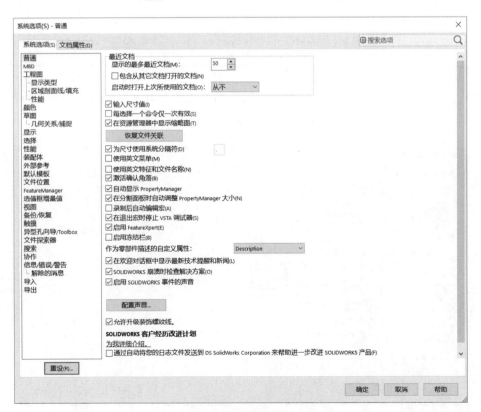

图 8-19　"系统选项-普通"对话框

（2）查看"工程图"选项。选择"系统选项"选项卡中的"工程图"选项，如图 8-20 所示。用户可以根据需要设置其中的选项，想要了解各选项的含义可以查看 SOLIDWORKS 的帮助文件。

图 8-20　查看"工程图"选项

（3）设置"显示类型"选项。选择"系统选项"选项卡中"工程图"选项下的"显示类型"选项，将"相切边线"设置为"移除"，如图 8-21 所示。

图 8-21　设置"显示类型"选项

（4）查看"区域剖面线/填充"选项。选择"系统选项"选项卡中"工程图"选项下的"区域剖面线/填充"选项，如图8-22所示。

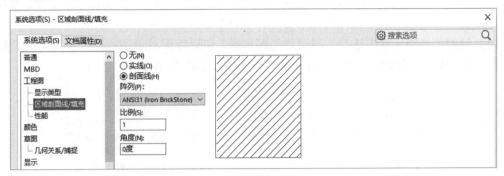

图8-22　查看"区域剖面线/填充"选项

（5）设置"显示"选项。选择"系统选项"选项卡中的"显示"选项，如图8-23所示。建模时，可将"零件/装配体上的相切边线显示"设为"移除"。

图8-23　设置"显示"选项

2．文档属性

在打开的"系统选项-普通"对话框中选择"文档属性"选项卡，可以设置零件、装配体及出详图的各种选项，这些选项只在当前文件中有效。

（1）设置"绘图标准"选项。通过"绘图标准"可以设置总绘图标准，系统提供了 ISO、ANSI、GB（默认）等标准，如图 8-24 所示。绘图时可选用"GB"。

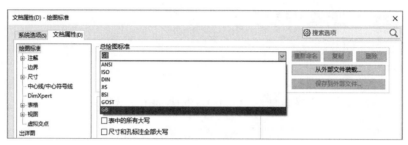

图 8-24　设置"绘图标准"选项

（2）设置"尺寸"选项。通过该选项可以设置尺寸字体、箭头大小、延伸线（尺寸界线）、尺寸精度等。勾选☑以尺寸高度调整比例(S)复选框，可以修改"延伸线"的相关数值，如图 8-25 所示。

图 8-25　设置"尺寸"选项

（3）设置"角度"选项。角度标注按 GB 要求的数值标准书写，因此，应将其设置为如图 8-26 所示的值。

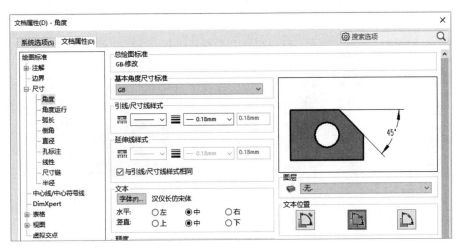

图 8-26　设置"角度"选项

（4）设置"倒角"选项。选择"倒角"选项，弹出如图 8-27 所示的对话框。单击"倒角文字格式"选区中的"C1"单选按钮即可。

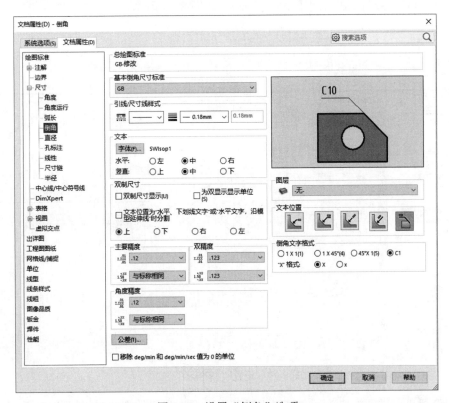

图 8-27　设置"倒角"选项

（5）设置"直径"选项。选择"直径"选项，弹出如图 8-28 所示的对话框。单击"文本位置"选区中的按钮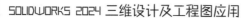，使用"折断引线，水平文字"的方式。

同理，将"孔标注"选项和"半径"选项也设置成"折断引线，水平文字"的方式。

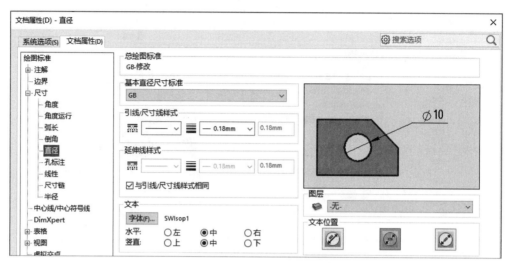

图 8-28　设置"直径"选项

（6）设置"基准点"选项。选择"基准点"选项，在弹出的对话框中将"基本基准标准"选项设为"ISO"（最新 GB 采用了 ISO 标准），如图 8-29 所示。

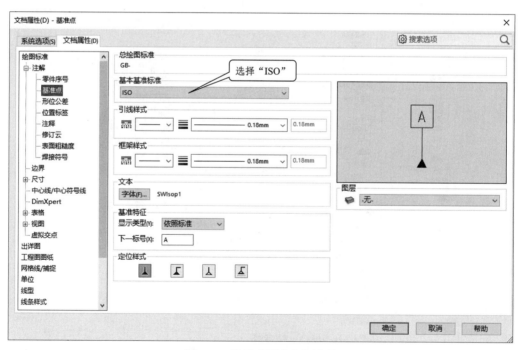

图 8-29　设置"基准点"选项

（7）设置"出详图"选项。选择"出详图"选项，弹出如图 8-30 所示的对话框，在此可设置显示类型、文字比例、视图生成时自动插入的中心符号等。

图 8-30　设置"出详图"选项

（8）设置字体。在将"总绘图标准"设置为"GB"后，系统就为注解、尺寸和表格等指定了字体——汉仪长仿宋体。实际上，这样标注的尺寸字体与《技术制图字体》GB/T 14691—1993 规定的拉丁字母和数字的字体不太一致，GB 等效采用了 ISO 相关标准，因此将尺寸等文本字体设置为"SWIsop1"较为合适，如图 8-31 所示。

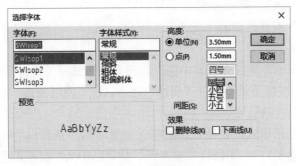

图 8-31　设置字体

（9）设置线型。系统默认"可见边线"的线粗为"0.25mm"，其他线的线粗为"0.18mm"。出图打印时，线粗 0.25mm 不易被看出是粗线，所以将"可见边线"的线粗设为"0.35mm"，如图 8-32 所示。

图 8-32　设置线型

8.3　制作工程图模板

使用工程图模板，可以减少新建工程图文档属性被反复设置的麻烦。SOLIDWORKS 提供了很多模板，用户可以选用。当然，用户也可以对工程图环境进行定制，设定相关的系统选项和文档属性，使 SOLIDWORKS 工程图满足国家标准的要求，并将其保存为工程图模板，这样就可以将它们应用到新建的工程图中。

制作简易标题栏的 A3 工程图模板的步骤如下。

（1）单击"标准"工具栏中的"新建"按钮 🗋，选择"工程图"选项，单击"确定"按钮 确定 。

（2）单击"模型视图"属性管理器中的"取消"按钮 ✖，关闭"模型视图"属性管理器。右击图纸 1，在弹出的快捷菜单中选择"属性"命令，在"图纸属性"对话框中，将图纸设为 A3 大小，单击"确定"按钮。

（3）切换到编辑图纸格式。在图纸区的任意位置右击，从弹出的快捷菜单中选择"编辑图纸格式"命令（见图 8-33），图纸格式被激活。按"Ctrl+A"组合键选中所有对象，在图纸区右击，在弹出的快捷菜单中选择"删除"命令（或者按 Delete 键），删除所有对象。

（4）绘制图纸边界线和图框线。使用"草图"工具栏上的"矩形"和"智能尺寸"等工具绘制图纸边界线和图框线，并标注尺寸，设定边界线左下角起点坐标为(0,0)，利用"添加几何关系"命令将起点设为"固定"，使草图完全定义，结果如图 8-34 所示。

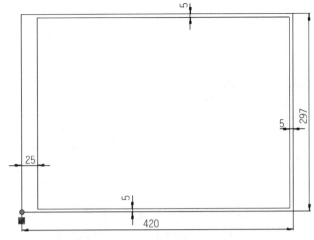

图 8-33　图纸区右键快捷菜单　　　　　图 8-34　绘制图纸边界线和图框线

> **注意：**系统默认的图层是"10"，绘制的图线、标注的尺寸均在"10"层（见图 8-35）。在高版本的 SOLIDWORKS 中，系统预置了多个图层，用户可根据需要创建新图层。打开"图层"对话框的方法：选择"视图"→"工具栏"→"图层"菜单命令，开启"图层"工具栏，单击"图层属性"按钮📚（也可单击"线型"工具栏中的"图层属性"按钮📚），打开"图层"对话框。若将"标注层"设置为当前层，则可在"标注层"左侧单击，如图 8-36 所示。每层的颜色、线型、线宽均可重新设置。对已标注的尺寸、绘制的图线等，均可通过属性设置改变它们所属的图层。

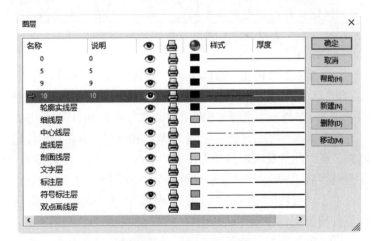

图 8-35　"尺寸"属性管理器　　　　　图 8-36　"图层"对话框

图层"10"默认线宽（厚度）是"0.18mm"，若要将其中的部分图线线宽修改为"0.35mm"，可单击其厚度，或利用"线型"工具栏（在工具栏的空白处右击，从弹出的快捷菜单中选择"线型"命令，即可打开"线型"工具栏，如图 8-37 所示）进行修改。

（5）绘制标题栏。利用"草图"工具栏上的"直线"和"智能尺寸"工具绘制标题栏，如图 8-38 所示。将标题栏的外框线绘制在"粗实线层"，内部线绘制在"细实线层"。为图框、标题栏尺寸标注创建一个新的图层——标题栏尺寸层，以便于管理。

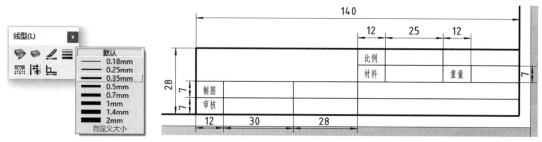

图 8-37 选择线宽   图 8-38 绘制标题栏并更改线宽

（6）插入文字。单击"图层属性"按钮🖿，将"文字层"设置为当前层，单击"标题栏尺寸层"中的"显示"按钮👁，将其关闭后单击"确定"按钮。选择"插入"→"注解"→"注释"菜单命令（或单击"注解"工具栏上的"注释"按钮 **A**），在标题栏相应位置添加文字，结果如图 8-39 所示。

图 8-39 添加文字后的标题栏

> **注意**：标题栏中带括号的文字可以不写出，以便链接属性，单击"注释"按钮 **A** 后确定即可，图中会以▨形式显示。

（7）建立属性链接。选择标题栏左上角的▨"图样名称"，单击"链接到属性"按钮🖾（在"注释"属性管理器的"文字格式"选区中，见图 8-40），弹出"链接到属性"对话框（见图 8-41）。在列表中选择"SW-文件名称(FileName)"，单击"确定"按钮。

（8）同理，将比例栏链接到"SW-图纸比例"；将材料标记链接到"使用来自此项的自定义属性"下"此处发现的模型"中的"Material"（显示名称应为"$PRPSHEET:{Material}"）；将重量栏链接到"Weight"（显示名称应为"$PRPSHEET:{Weight}"）。

对于"材料""重量""制图""审核""公司名称"等信息，若要在此自动显示，需要用户在零件模型文件中添加这些属性。

（9）添加属性。选择"文件"→"属性"菜单命令，弹出"摘要信息"对话框，如图 8-42 所示，用户可以在此添加新属性。

（10）设定定位点。右击标题栏上边框的右端点，从弹出的快捷菜单中选择"设定为定位点"→"材料明细表"命令，即将该点设置为材料明细表的定位点。

（11）切换到编辑图纸格式。在图纸的空白区域单击，取消所有选择后右击，从弹出的快捷菜单中选择"编辑图纸"命令（或者单击右上角的按钮🖿），图纸被激活，可添加工程视图。此时图纸格式变灰状，处于隐藏状态。

图 8-40 "注释"属性管理器

图 8-41 "链接到属性"对话框

图 8-42 "摘要信息"对话框

（12）保存工程图模板与图纸格式。选择"文件"→"另存为"菜单命令，将保存类型设为"工程图模板"，以"GB_A3 自定义.DRWDOT"为文件名将工程图模板保存在默认路径中（见图 8-43），完成工程图模板制作。选择"文件"→"保存图纸格式"菜单命令，以"A3-gb自定义.slddrt"为文件名将图纸格式保存在默认路径中。

（13）测试效果。选择"插入"→"工程视图"→"模型"菜单命令，选择"T7-18b 支架"

零件，创建主、俯视图后单击"确定"按钮，链接属性的标题栏如图 8-44 所示。

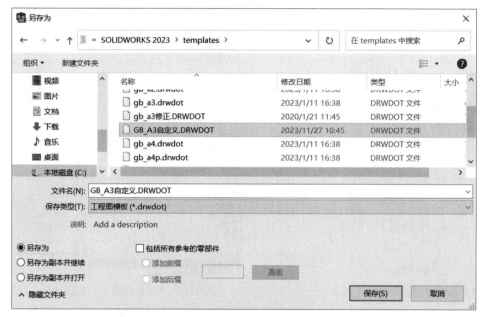

图 8-43　保存工程图模板

T7-18b支架		比例	1:1		
		材料	HT150 (GB)	重量	0.193
制图	zhao	2023/11/27			
审核					

图 8-44　链接属性的标题栏

8.4　编　辑　图　纸

1. 修改图纸属性

进入工程图环境后可以选择图纸类型、大小、格式，制作工程图时可随时修改图纸属性，设定图纸细节。

修改图纸属性的步骤如下。

（1）在特征设计树中右击"图纸 1"按钮（或者在工程图图纸的任意空白区域或工程图窗口底部的"图纸"标签上右击），在弹出的快捷菜单中选择"属性"命令，出现"图纸属性"对话框，如图 8-45 所示，用户可以根据需要进行设置。

（2）单击"浏览"按钮 浏览(B)... ，可以打开图纸格式文件，如图 8-46 所示。

图 8-45 "图纸属性"对话框

图 8-46 图纸格式文件

2. 设置默认图纸格式

新建 SOLIDWORKS 文件时,默认选择"新手"模式。用户可以单击"高级"按钮进入"新建 SOLIDWORKS 文件"对话框中的"模板"选项卡(见图 8-47),并选择所需模板,之后就以选定的模板创建文件。

图 8-47　"新建 SOLIDWORKS 文件"对话框

3．添加图纸

在 SOLIDWORKS 中，一个工程图文件可以包含多张图纸。添加图纸的方法是：在特征设计树中右击"图纸 1"按钮（或者在工程图图纸的任意空白区域或工程图窗口底部的"添加图纸"标签上右击），在弹出的快捷菜单中选择"添加图纸"命令，用户可根据需要添加新的图纸，在左窗格及窗口左下角会出现新图纸的标签，如图 8-48 所示。

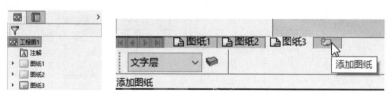

图 8-48　图纸标签

4．更改图纸颜色

默认状态下图纸颜色显示为暗黄色，可以通过"系统选项-颜色"对话框中的"颜色方案设置"选区进行改变，如图 8-49 所示。

图 8-49　"系统选项-颜色"对话框

8.5 工 程 视 图

工程视图是参考零件和装配体，通过对模型的视图进行一定比例缩放、定向并最终放置在图纸中形成的。一般来说，工程图可包含由零件或装配体建立的几个视图，也可包含由现有视图建立的视图，每个视图具有唯一参考，每张图纸可包含不同参考的视图。利用SOLIDWORKS，可以在工程图中建立多种类型的零件视图或装配体视图，包括标准工程视图和派生工程视图。"工程图"工具栏如图 8-50 所示；命令管理器中有"工程图"选项卡，如图 8-51 所示；"工程图视图"菜单可以通过选择"插入"→"工程图视图"菜单命令打开，如图 8-52 所示。

图 8-50　"工程图"工具栏

图 8-51　"工程图"选项卡

图 8-52　"工程图视图"菜单

1. 标准工程视图

通常，生成三维模型的工程视图是从标准工程视图开始的。SOLIDWORKS 提供的标准工程视图有标准三视图🖳、模型🖼、相对于模型🖾、预定义的视图🖺和空白视图🖺。

（1）标准三视图🖳。用它可建立模型的三个默认正交视图（主视图、俯视图和左视图）。生成标准三视图的方法有标准方法、从文件中生成和从资源管理器中拖放。

标准方法的步骤如下。

① 新建工程图文件。

② 单击"工程图"工具栏中的"标准三视图"按钮🖳（或者选择"插入"→"工程图视图"→"标准三视图"菜单命令）。

③ 单击"标准三视图"属性管理器中的"浏览"按钮 浏览(B)... 。

④ 在弹出的"打开"对话框中选择要创建工程图的三维模型文件，单击"打开"按钮 打开(0) ，自动生成标准三视图。

（2）模型🖼。这是根据模型中定义的视图方向（如前视、上视、下视、左视、右视、等轴测视图、当前模型视图等）建立的预定义视图。相对于标准三视图，模型比较灵活，应用更广泛，所以系统将它作为默认设置。

（3）相对于模型🖾。这是利用两个正交的表面或参考平面分别定义各自的视图方向，从而形成特定摆放位置的视图。

（4）预定义的视图🖺。这是根据模型中定义的视图方向产生的视图，和模型类似。

（5）空白视图🖺。这是在工程图中建立的不显示任何零件或装配体的视图，常用于在工程图中绘制必要的示意图。空白视图中的内容需要用户绘制。

2. 派生工程视图

派生工程视图是由其他视图派生的，主要包括投影视图🖳、辅助视图🖈、局部视图🅐、剪裁视图🖳、断开的剖视图🖳、断裂视图🖒、剖面视图🡙、交替位置视图🖳等。利用这些视图可以创建符合国家标准的各种视图。

（1）投影视图🖳。它是已有视图通过正交投影生成的。

（2）辅助视图🖈。它相当于机械图中的斜视图，用来表达倾斜结构。其本质类似于投影视图，是垂直于现有边线的正投影视图，但参考边线不能水平或竖直，否则生成的是正投影视图。

（3）局部视图🅐。它用来显示现有视图某一局部的形状，常用放大比例显示。

（4）剪裁视图🖳。它在现有视图中剪去不需要的部分，使视图表达既简练又突出重点。

（5）断开的剖视图🖳。它又称为"局部剖视图"，是现有视图的一部分，并不是独立的视图，常用于表达零件的部分内部结构。利用"断开的剖视图"命令，可以在现有视图上绘制一个封闭轮廓（通常用样条线），轮廓范围内的材料被移除到指定深度，以展示内部细节。可通过设定一个数值或在相关视图中选择一条边线来指定深度。

（6）断裂视图🖒。较长的机件（如轴、杆、型材等），沿长度方向的形状一致或按一定的规律变化，可用"断裂视图"命令将其断开后再绘制，与断裂区域相关的参考尺寸和模型尺寸反映实际的模型数值。断裂视图包括水平折断线🖳和竖直折断线🖒。

（7）剖面视图🡙。它用来表达机件的内部结构。生成剖面视图必须先在工程视图中绘制出适当的剖切路径，执行"剖面视图"命令时，系统依照指定的剖切路径产生对应的剖面视图，路径可以是直线段、相互平行的线段或相交的线段，也可以是圆弧。利用它可以创建全剖视图、半剖视图、阶梯剖视图和旋转剖视图。

（8）交替位置视图。它可以通过显示装配体中零部件的不同位置来表示运动范围。"交替位置视图"命令可以在一个装配体中建立一个或多个交替位置的视图，它们分别重叠在原始视图上，并使用双点画线显示。

3. 生成工程视图的步骤

（1）在"工程图"工具栏单击"工程视图"按钮，或者选择"工程图视图"菜单中相应的视图命令。

（2）在图形区域单击，以放置视图。

（3）在属性管理器中设定选项后单击"确定"按钮。

4. 工程视图操作

在工程视图文件中，可以进行移动视图、对齐视图、旋转视图、复制和粘贴视图、隐藏或显示视图、隐藏或显示边线、隐藏或显示零部件等操作。

8.6 标注工程图

对于完整的工程图纸来说，在工程视图设计完成之后，一般还需要标注尺寸、注写技术要求、添加表格等，这被称为"出详图"。这些菜单命令在"插入"和"工具"菜单中，"插入"菜单与"工具"→"尺寸"菜单（见图8-53）提供了标注工程图的有关命令。

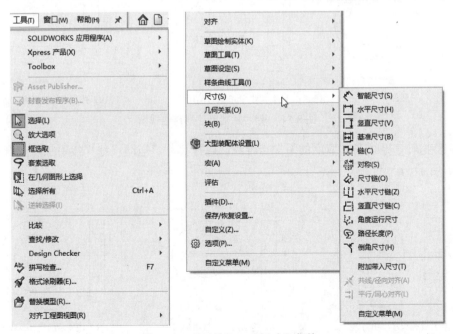

图8-53　"工具"→"尺寸"菜单

1．插入模型项目

单击"注解"工具栏的"模型项目"按钮 ，或者选择"插入"→"模型项目"菜单命令，可以将模型（特征、零部件或装配体）文件中的尺寸、注释和参考几何体等注解自动插入现有工程视图（特定的工程视图或所有视图）。将尺寸插入所选视图时，可以插入整个模型尺寸，也可以插入选择的零部件尺寸（在装配体工程图中）或特征尺寸（在零件或装配体工程图中）。

这些插入工程图的项目与模型是关联的，更改模型中的尺寸会更新工程图，更改工程图中的插入尺寸也会更改模型。在安装时，可以通过设置选项阻止在工程图中更改模型。

2．尺寸编辑

将尺寸或注解插入工程图后，就可以在视图中进行对齐、删除、移动、复制等操作。

（1）删除尺寸。选择要删除的尺寸后按 Delete 键（若不使用 Delete 键删除，请定义 Delete 键的功能，方法参见 2.5.2 节自定义快捷键）。

（2）移动尺寸。移动尺寸时只需用鼠标选择尺寸值，并将其拖放到合适位置即可。

（3）移动/复制尺寸到其他视图。移动尺寸时先按住 Shift 键，复制尺寸时先按住 Ctrl 键，再拖动尺寸到其他视图的合适位置即可，如图 8-54 所示。

> **注意：** 只有对应视图适合被移动/复制的尺寸时，尺寸才能被移动/复制。

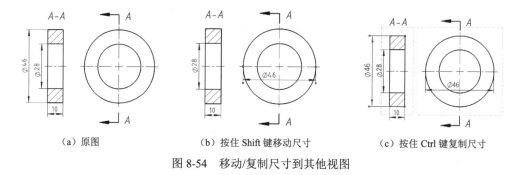

（a）原图　　　　（b）按住 Shift 键移动尺寸　　　　（c）按住 Ctrl 键复制尺寸

图 8-54　移动/复制尺寸到其他视图

（4）改变尺寸界线在模型上的附加点位置。选择尺寸，拖动尺寸界线附加点到合适位置，如图 8-55 所示。

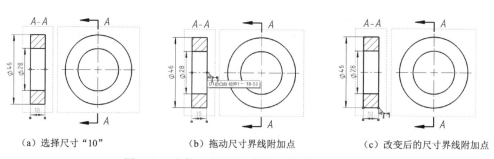

（a）选择尺寸"10"　　　　（b）拖动尺寸界线附加点　　　　（c）改变后的尺寸界线附加点

图 8-55　改变尺寸界线在模型上的附加点位置

（5）改变尺寸属性。选择工程图中的一个尺寸（按住 Ctrl 键可同时选择多个尺寸），打开
"尺寸"属性管理器，如图 8-56 所示。用户可以重新设置参数，这些参数只适用于选中的
尺寸。

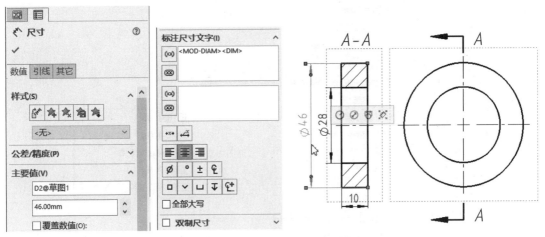

图 8-56　"尺寸"属性管理器

可以单击"尺寸"属性管理器的各选项框并将其展开，详细内容如图 8-57 所示。通过这
些选项框，可以给尺寸添加公差/精度，改变尺寸名称、标注值、标注文字和箭头等。

如果单独修改尺寸数字，可以在尺寸数字上双击，在弹出的"修改"对话框中修改数值，
单击"重建模型"按钮 ⬤，模型将重建。

也可以在尺寸数字上右击，弹出"尺寸"右键菜单，尺寸"10"的右键菜单如图 8-58 所
示。通过右键菜单可以使尺寸隐藏、变为从动等。

注意：不同性质的尺寸的右键菜单是不同的。

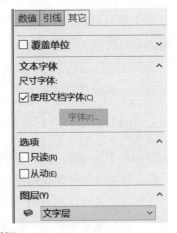

图 8-57　"尺寸"属性管理器的选项框

图 8-58　尺寸"10"的右键菜单

3. 添加尺寸

在设计中，有时可能没有考虑工艺要求，尺寸标注不完全，需要手工添加一些尺寸才能符合加工需要。在工程图中，用尺寸标注命令为模型添加的尺寸称为参考尺寸，添加参考尺寸的方法与给草图添加尺寸的方法基本相同，但参考尺寸的数值不能修改。

4. 隐藏/显示尺寸

选择"视图"→"显示/隐藏"→ ^{Abc}注解(A) 菜单命令，鼠标指针变为 时单击要隐藏的尺寸，尺寸变为灰色，结束命令后选中的尺寸被隐藏。或者右击要隐藏的模型尺寸，在弹出的快捷菜单中选择"隐藏"命令。

若要显示隐藏的尺寸，选择"视图"→"显示/隐藏"→" ^{Abc}注解(A) "菜单命令，隐藏的尺寸会灰显，单击它即可变为正常显示。

5. 注解

在创建工程图时，一般要为工程图注写技术要求，以满足生产需要。在 SOLIDWORKS 中，通过添加注解来完成此操作。图 8-59 所示是"注解"菜单栏，图 8-60 所示是右键菜单中的"注解"工具栏，图 8-61 所示是命令管理器中的"注解"工具栏，它们提供了标注工程图的有关命令。用法将在 8.7 节进行说明。

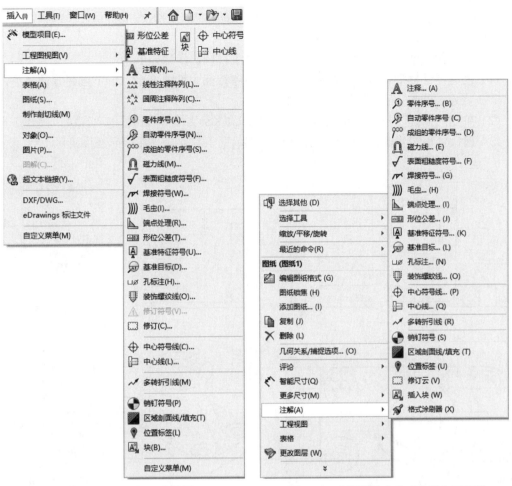

图 8-59　"注解"菜单栏　　　　　　图 8-60　右键菜单中的"注解"工具栏

图 8-61　"注解"工具栏

8.7　综 合 举 例

1. 全剖、半剖、局部剖视图举例

例 8-1　绘制如图 8-62（a）所示的工程图

图 8-62（a）所示的工程图视图用到了全剖、半剖和局部剖三种表达方法。全剖的左视图

用"剖面视图"工具 ⚓ 直接创建。但对于主视图，SOLIDWORKS 没有提供在半剖视图中创建局部剖视图的功能，下面分别用两种方法创建。

方法一：用"断开的剖视图"工具创建半剖主视图，步骤如下。

（1）创建零件模型。参照所给视图及模型参考特征［见图 8-62（b）］创建零件模型，并以"li8-1 底座.sldprt"为文件名保存文件。

（2）单击"新建"按钮，在"新建 SOLIDWORKS 文件"对话框的"高级"模式下选择"gb_a3"模板，单击"确定"按钮。用"整屏显示"工具 🔍 使图纸显示在图形区。

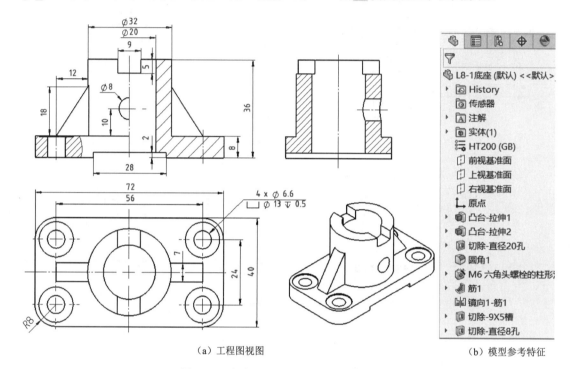

（a）工程图视图　　　　　　　　　　（b）模型参考特征

图 8-62　底座工程图视图及模型参考特征

（3）创建主、俯视图。

① 单击属性管理器中的"往下"按钮 ➡ （见图 8-63），这时"模型视图"属性发生了变化。

② 确认"方向"选区中的"前视"按钮 🔲 是被选中的，在图纸的合适位置单击（见图 8-64），创建出主视图；向下移动鼠标指针，在合适位置单击，创建出俯视图；右击结束投影视图。

（4）改变视图比例。单击主视图，在左窗格将"比例"设为"2：1"，并将主、俯视图调整到合适位置，如图 8-65 所示。

（5）创建半剖视图（因为要隐藏半剖线，所以先做半剖）。

① 单击"草图"工具栏中的"矩形"按钮 🔲，在主视图中间绘制一个矩形，完全框住主视图的右半部（见图 8-66，若视图太小，可以先将鼠标指针移到主视图中央，再向上滚动鼠标中键滚轮，以放大视图）。

注意：矩形的第一角点要定位在主视图的左右对称线上。

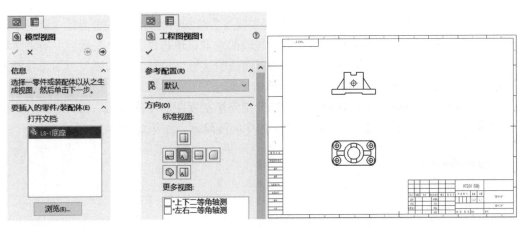

图 8-63　"模型视图"属性管理器　　　　　　　　　　　图 8-64　确定主视图位置

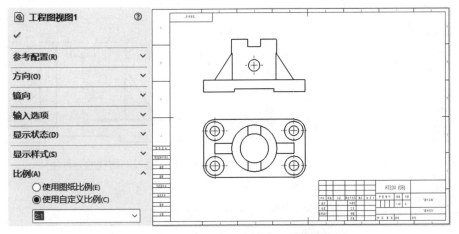

图 8-65　改变视图比例，调整主、俯视图位置

② 让刚绘制的矩形处于被选中状态，单击"工程图"工具栏中的"断开的剖视图"按钮 ，选择俯视图中间的圆弧，勾选"预览"复选框（见图 8-67），单击"确定"按钮 。

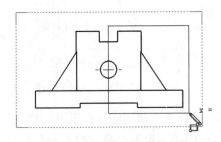

图 8-66　绘制半剖范围矩形

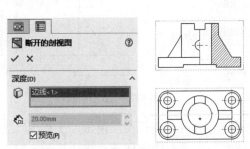

图 8-67　确定半剖位置

可以看出，肋板也被剖切，并且在视图中间出现了一条实线，这些均不符合国家标准的要求。

③ 去除肋板的剖面线。单击主视图中的剖面线，取消勾选其属性中的"材质剖面线"复选框，单击"无"单选按钮（见图 8-68）。

④ 绘制分界线。用直线工具在"轮廓线实线层"绘制肋板与圆柱的分界线（见图 8-69）。

⑤ 添加剖面线。单击空白区域，取消线段的选取；单击"注解"工具栏中的"区域剖面线/填充"按钮，将属性管理器中的"加剖面线的区域"设置为"区域"，"图层"设为"剖面线层"，单击剖切区域（见图 8-70）后单击"确定"按钮。

⑥ 隐藏半剖视图中的中间线。鼠标指针指向半剖视图的中间线后右击，从弹出的快捷菜单中单击"隐藏/显示边线"按钮，选中的中间线隐藏，结果如图 8-71 所示。

图 8-68　设定剖视图属性

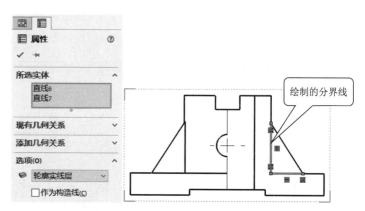

图 8-69　绘制肋板与圆柱的分界线

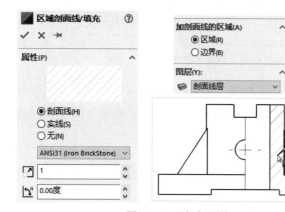

图 8-70　添加剖面线

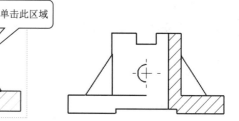

图 8-71　隐藏中间线

（6）创建局部剖视图。单击"工程图"工具栏中的"断开的剖视图"按钮，在主视图左下角绘制一条封闭的样条曲线（见图 8-72），选择俯视图左下角的小圆边线（见图 8-73），单击"确定"按钮。

（7）创建全剖左视图。单击"工程图"工具栏中的"剖面视图"按钮，鼠标指针移动到主视图中间的左右对称线处（保证从零件的中间剖切，如图 8-74 所示，使用系统默认的切割线）并单击，右击确定剖切位置，弹出"剖面视图"对话框，单击"确定"按钮。在适当位置单击，创建出全剖左视图，单击"反转方向"按钮（见图 8-75），使投射方向向右。

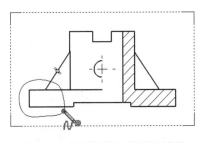

图 8-72　绘制局部剖视图区域线

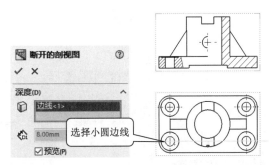

图 8-73　指定剖切位置

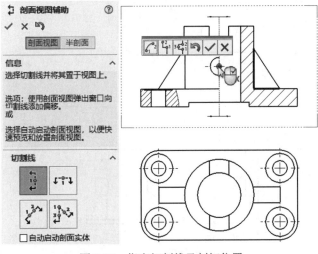

图 8-74　指定切割线及剖切位置

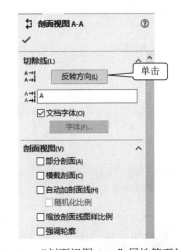

图 8-75　"剖面视图 A-A"属性管理器

（8）添加中心线和孔中心符号线。选择"A-A"视图，单击"注解"工具栏中的 中心线 按钮，勾选 选择视图 复选框，单击左视图，添加中心线；单击"注解"工具栏中的 中心符号线 按钮，选择俯视图的大圆，添加中心符号线，单击"确定"按钮 。

（9）整理中心线。将中心线按图 8-76 所示进行整理，完成工程图视图创建。

（10）添加尺寸。在视图区同时选中主、俯视图，单击"注解"工具栏中的"模型项目"按钮 ，将选项按照图 8-77 所示进行设置，单击"确定"按钮 ，模型尺寸添加结果如图 8-77 所示。

从中可以看出，创建模型时标注的尺寸位置直接反映在视图上。为方便整理，创建模型时必须先设计好，按国家标准标注尺寸。

（11）调整尺寸。将尺寸调整到合适位置，在视图之间移动尺寸时按住 Shift 键。隐藏多余的尺寸或不合适的尺寸。添加缺少的尺寸，如螺栓孔的中心距 24 和 56 及总高尺寸 36。修改样式不合适的尺寸，如尺寸 $\phi 20$，隐藏其左边的尺寸界线和尺寸线（方法是右击隐藏部分，在弹出的快捷菜单中选择相应命令），修改的最后结果参见图 8-62（a）。

（12）创建轴测图，使其比例为 1.5:1。

（13）调整视图间的位置、隐藏切割线等后的结果参见图 8-62（a），保存文件。

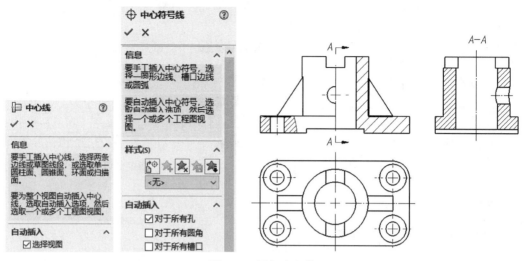

图 8-76　添加中心线

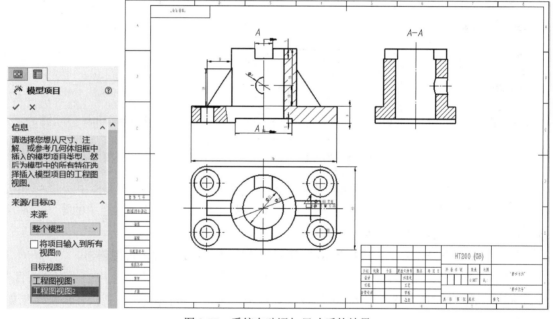

图 8-77　系统自动添加尺寸后的结果

方法二：用"半剖面"功能创建半剖主视图。

（1）新建工程图。

（2）创建俯视图："方向"和"比例"设置如图 8-78 所示，在图纸上的位置如图 8-79 所示。

（3）创建半剖主视图。

① 单击"工程图"工具栏中的"剖面视图"按钮、左窗格中的 半剖面 按钮、"右侧向上"按钮，将鼠标指针移动到俯视图中间圆的圆心处（保证从零件的中间剖切，如图 8-79 所示）并单击，弹出"剖面视图"对话框。

② 在视图上单击右边"筋"的边线，使其出现在排除筋特征清单中，如图 8-80 所示。

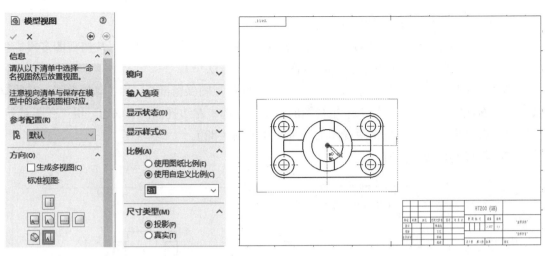

图 8-78　"方向"和"比例"设置　　　　　图 8-79　俯视图的位置

图 8-80　选择排除不剖的筋特征

③ 单击"确定"按钮，关闭"剖面视图"对话框。

④ 上移鼠标指针并在适当位置单击，创建半剖主视图（见图 8-81）。

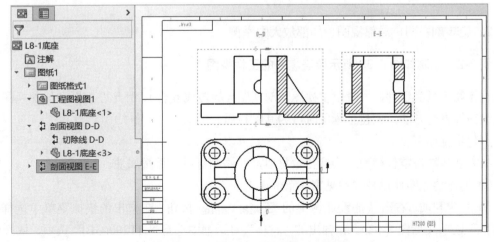

图 8-81　创建的半剖主视图和全剖视图

（4）创建全剖左视图（步骤同方法一）。

（5）创建局部剖视图。局部剖视图无法直接在半剖主视图中创建，可从俯视图多投影出一个主视图，在此主视图中创建局部剖视图（步骤同方法一）。

（6）合成主视图。分两次用"边角矩形"工具框住视图保留部分，用"剪裁视图"工具 裁剪掉半剖视图的左半部与第二个主视图的右半部。选中左边视图的一底边，用"视图对齐"中的"中心水平对齐"工具将两视图上下对齐（见图8-82）。

（7）隐藏剖切线和注解。

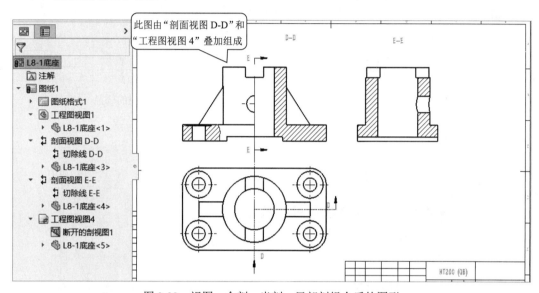

图8-82　视图、全剖、半剖、局部剖组合后的图形

（8）为视图添加中心线（用"注解"工具栏中的 中心符号线 和 中心线 工具），如图8-82所示。

（9）创建轴测图，使其比例为 $1.5 : 1$。

（10）调整好视图间的位置，保存文件。

2．旋转剖视图、局部视图、局部放大图举例

例8-2　绘制如图8-83所示端盖零件的工程视图

端盖属于盘类零件，一般用主视图全剖视图（旋转或复合）、外形左视图和局部视图、局部放大图等表达方法，创建工程图时可为其赋材质。

创建步骤如下。

（1）创建端盖零件模型，为其指定材质，并添加材质、重量属性。

① 创建端盖零件模型（参见第3章例3-7）。

② 指定材质。右击特征设计树中的 材质 <未指定> 按钮，在弹出的快捷菜单中选择"编辑材料"选项（见图8-83）。在弹出的"材料"对话框中选择"HT200(GB)"选项，依次单击"应用"按钮 应用(A) 和"关闭"按钮 关闭(C) （见图8-84）。

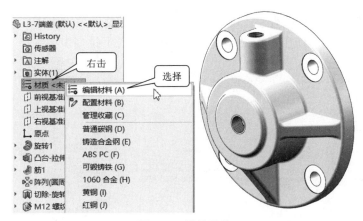

图 8-83 端盖零件

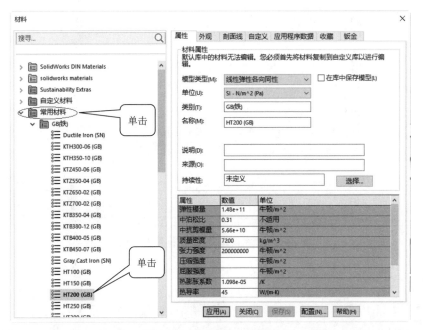

图 8-84 "材料"对话框

注意："材料"对话框中的"常用材料"是需要手动添加的，SOLIDWORKS 系统默认是无此材料库的。请读者在网上查找到该材料库后自行下载。将其添加到 SOLIDWORKS 系统的方法是：单击"选项"按钮 ⚙，在"系统选项–文件位置"对话框中找到"材质数据库"选项，单击"添加"按钮，找到"SW-GB 常用材料"所在文件夹，单击"确定"按钮（见图 8-85）。

③ 保存文件。

（2）新建工程图文件，进入工程图环境，在"高级"模式下选择"gb_a3"图纸格式创建工程图，模型视图属性如图 8-86 所示。

（3）创建左视图。依次单击属性管理器中的"往下"按钮 ⊙ 和"方向"选区中的"左视"按钮 ⊡，在图纸的合适位置单击创建出左视图，单击"确定"按钮 ✔，结束视图创建。

（4）改变比例。因为视图较小，现行比例为 1：2，应将其改为 1：1。先选择左视图，再单击"比例"选区中的"使用自定义比例"单选按钮，在下拉列表中选择"1：1"选项，如图 8-87 所示。

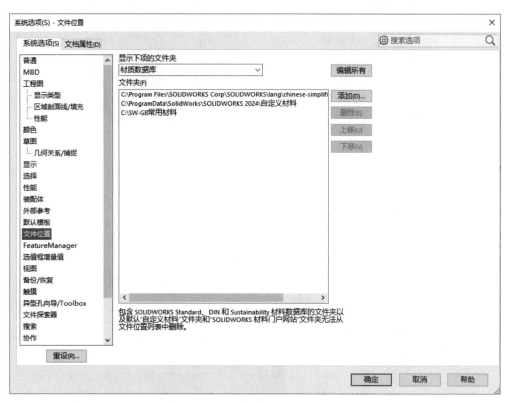

图 8-85　"系统选项-文件位置"对话框

图 8-86　模型视图属性

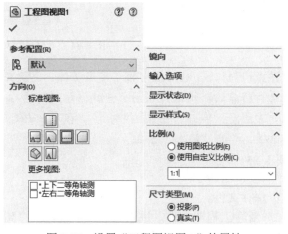

图 8-87　设置"工程图视图 1"的属性

（5）创建剖面视图。单击"工程图"工具栏中的"剖面视图"按钮 ，在左窗格"切割线"选区中单击"对齐"按钮 （见图 8-88），将鼠标指针移动到左视图的中心点后单击，再向上移动鼠标指针，使切割线与竖直中心线对齐后单击，然后向右下方移动鼠标指针到右下角圆心处并单击（见图 8-89），最后向视图的正左方移动鼠标指针到适当位置并单击，弹出如图 8-90 所示的对话框，选择 ➡ 创建对齐剖面视图(A) 按钮，创建出旋转剖视图。单击 反转方向(L) 按钮，如图 8-91 所示。

图 8-88　剖面视图属性　　图 8-89　设置剖切位置　　图 8-90　SOLIDWORKS 对话框

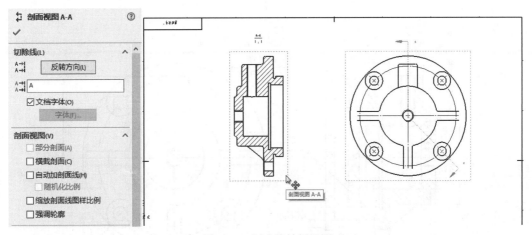

图 8-91　创建旋转剖视图

（6）创建凸台的局部视图（剪裁视图）。

① 创建反映凸台实形的俯视图。选择剖视图，单击"投影视图"按钮，在剖视图正下方的适当位置单击，创建出俯视图。

② 绘制裁剪边界。单击"草图"工具栏中的"样条曲线"按钮，在凸台端面周围绘制一条封闭的样条曲线，如图 8-92 所示。

③ 裁剪视图。确认刚绘制的样条曲线是被选中的，单击"工程图"工具栏中的"剪裁视图"按钮。俯视图以封闭样条曲线为边界进行剪裁（见图 8-93）。

（7）创建局部放大图。选择剖视图，单击"工程图"工具栏中的"局部视图"按钮 **CA**，在旋转剖视图右上角退刀槽处单击，移动鼠标指针绘制出大小合适的圆（见图 8-93）后单击，再将鼠标指针移动到合适的位置后单击，创建出 2∶1 的局部放大图。

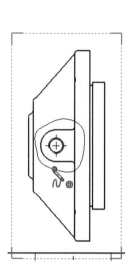

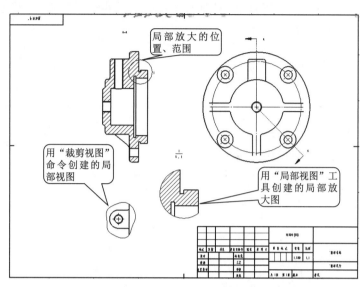

图 8-92　绘制裁剪边界　　　　　　图 8-93　创建局部视图和局部放大图

（8）标注尺寸、表面粗糙度等（步骤可参考下面的例题，结果如图 8-94 所示，图中压缩了圆角）。

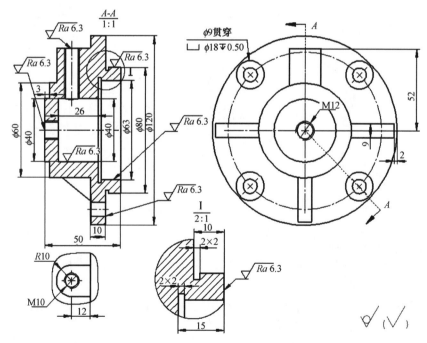

图 8-94　标注尺寸、表面粗糙度等

3. 斜视图、断面图举例

例 8-3　绘制拨叉零件的详细工程图（见图 4-27）

分析：图 4-27 用 6 个图形来表达拨叉的形状。其中，主、俯视图有两处局部剖视图，用"断开的剖视图"工具 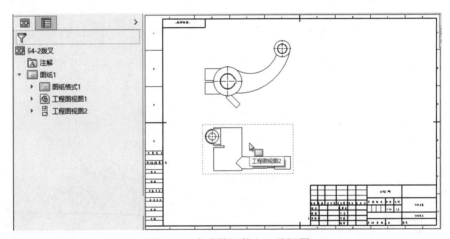 创建；两个轴测图用"投影视图"工具 创建；斜视图用"辅助视图"工具 和"剪裁视图"工具 创建；重合断面用"剖面视图"工具 创建，也可用"视图锁焦"工具及"椭圆"工具绘制。

创建步骤如下。

（1）开启 SOLIDWORKS，进入工程图，在"高级"模式中选择"gb_a3"图纸格式，先单击"确定"按钮，再单击"浏览"按钮找到"li4-2 拨叉.sldprt"文件，在图纸中生成主、俯视图，如图 8-95 所示。

图 8-95　生成拨叉的主、俯视图

（2）创建斜视图。

① 创建辅助视图。单击"工程图"工具栏中的"辅助视图"按钮 ，选择脚板的左下底边线，移动鼠标指针到主视图的右上角定点（见图 8-96）。

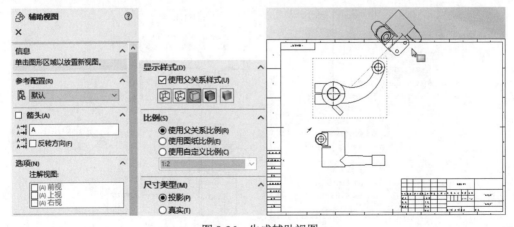

图 8-96　生成辅助视图

② 解除视图对齐关系。在辅助视图上右击，在弹出的快捷菜单中选择"对齐视图"→"解除对齐关系"菜单命令，将辅助视图下移至合适位置，将投影箭头也移动到脚板左下方（见图 8-97）。

③ 裁剪辅助视图。单击"草图"工具栏中的"样条曲线"按钮 $\mathcal{N}$，在脚板周围绘制一条封闭的样条曲线，如图 8-98 所示。单击"工程图"工具栏中的"剪裁视图"按钮，完成斜视图的创建（结果参见图 8-99）。

（3）创建主、俯视图上的局部剖视图。用"断开的剖视图"工具 创建局部剖按钮，结果参见图 8-99。

若对局部剖视图的范围不太满意，可以在左窗格"断开的剖视图 2"按钮上右击，在弹出的快捷菜单中选择"编辑草图"命令（见图 8-99），对绘制的样条曲线进行编辑，并修改局部剖视图的范围。

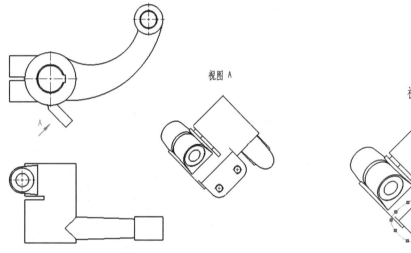

图 8-97　调整辅助视图的位置　　　　　　　图 8-98　绘制裁剪的范围

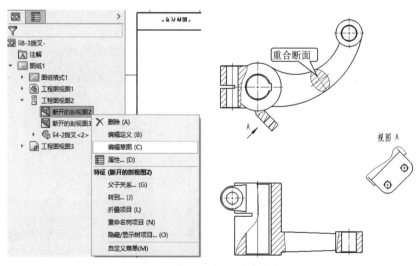

图 8-99　创建局部剖视图和重合断面

（4）生成断面图。可用"剖面视图"工具 ⇅ 创建断面，也可用"视图锁焦"、"椭圆"及"区域剖面线/填充"工具绘制断面。锁定视图可以保证绘制的断面与视图相关，随视图的变化而变化。

① 右击主视图，从弹出的快捷菜单中选择"视图锁焦"工具，将主视图锁定。

② 在"草图"工具栏中选择"中心线"和"椭圆"工具，绘制重合断面草图（见图8-99）。

③ 选中椭圆，单击"注解"工具栏中的"区域剖面线/填充"按钮 ▨，在椭圆中填充剖面线。注意和其他剖面线的一致性。

④ 单击"确定"按钮。

（5）生成等轴测图。选择主视图，单击"投影视图"按钮 ⊞，向主视图左上方移动鼠标指针，出现轴测图后定点，将视图移至右上角（见图8-100）。选择俯视图，单击"投影视图"按钮 ⊞，向俯视图右上方移动鼠标指针定点，生成第二个轴测图，并将其移到右下角；单击"视图（前导）"工具栏中的"旋转视图"按钮 ↻，将其旋转到如图8-100所示的位置。

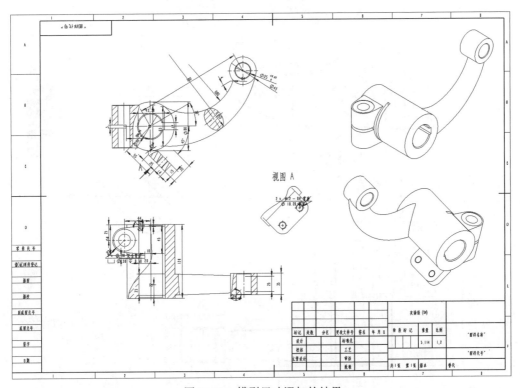

图8-100 模型尺寸添加的结果

（6）添加中心线。单击"注解"工具栏上的"中心线"按钮 ⊟。

（7）添加尺寸。单击"注解"工具栏上的"模型项目"按钮 ✿，将选项按图8-101所示进行设置，单击"确定"按钮 ✓，模型尺寸添加的结果如图8-100所示。

（8）调整尺寸。隐藏多余的尺寸，并移动尺寸到合适位置。在视图之间移动尺寸时按住Shift键，如果有遗漏的尺寸，请重新标注。调整尺寸公差及半径标注形式时，需要改变尺寸的属性。例如，选择"工具"→"标注尺寸"→"倒角尺寸"菜单命令，标注倒角，选择不带箭头的引线，修改的最后结果如图8-102所示。

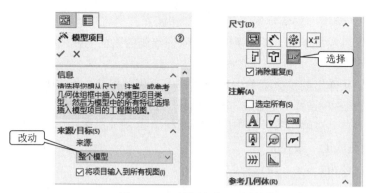

图 8-101　"模型项目"属性管理器

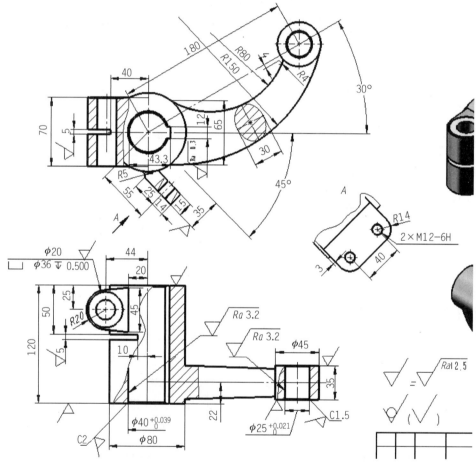

图 8-102　拨叉工程图的尺寸及表面粗糙度

（9）标注表面粗糙度。单击"注解"工具栏中的"表面粗糙度符号"按钮√，选择符号，输入数据，如图 8-103 所示，先在要标注的表面上单击，再单击"确定"按钮标注位置即可。可先将相同的表面粗糙度标注完成，再标注其他表面粗糙度，结果如图 8-102 所示。

（10）标注文字。图中的技术要求等文字，应单击"注解"工具栏中的"注解"按钮添加。

（11）保存文件。检查是否有遗漏或不合适之处，以"拨叉.slddrw"为文件名保存文件。

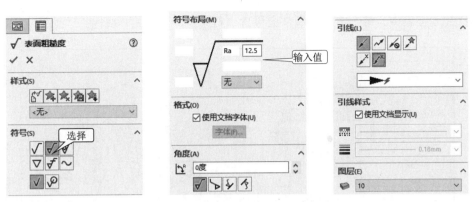

图 8-103　"表面粗糙度"属性管理器

4．阶梯剖举例

例 8-4　绘制如图 8-104 所示零件的工程图

从图 8-104 中看出该零件用 3 个正交视图表达，即阶梯剖主视图、俯视图和局部视图。创建模型时，先生成俯视图，然后用"剖面视图"工具 ⛯ 创建出阶梯剖的主视图；局部视图用"投影视图"工具 ⛯（或"辅助视图"工具 ⛯ ）和"剪裁视图"工具 ⛯ 创建。最后用"中心线""模型项目""智能尺寸"等工具完成图形绘制。

操作步骤：略。

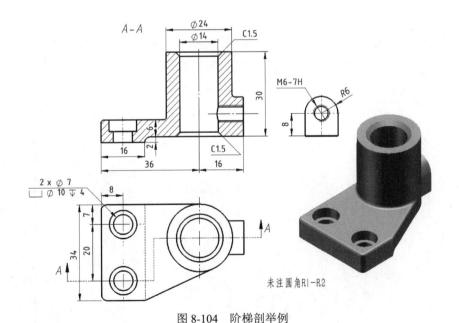

图 8-104　阶梯剖举例

5．装配图举例

例 8-5　创建如图 8-105 所示轮架的装配图

装配图比零件图多了零件序号和明细表，创建时需要插入材料明细表。为了将各零件的材料属性显示在表中，每个零件模型都应包含"材质"（Material）属性。

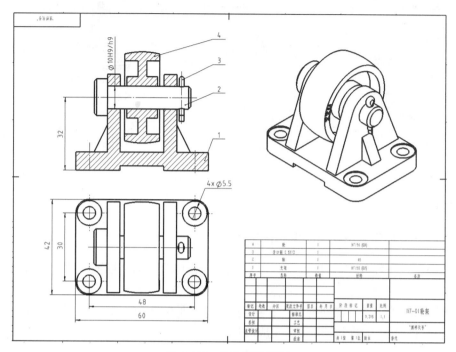

图 8-105　轮架的装配图

创建装配图的步骤如下。

（1）新建一张"gb_a3"工程图，创建轮架的俯视图，并将其比例改为 2∶1，如图 8-106 所示。

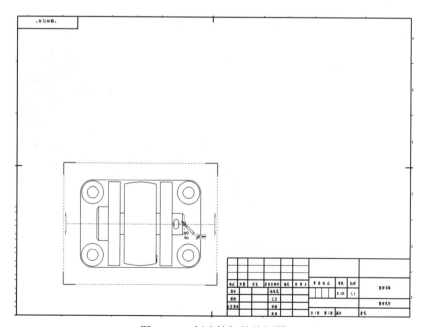

图 8-106　创建轮架的俯视图

（2）创建全剖主视图。

① 依次单击"工程图"工具栏中的"剖面视图"按钮 $\updownarrow$ 和"水平"切割线按钮 $\downarrow^{-}\uparrow$，在俯视图某一条线的中间点单击（见图 8-106），弹出"剖面视图"对话框。

② 在左窗口单击"特征设计树"按钮 ，并使其展开，如图 8-107 所示，依次单击 (-) split pins<1> 按钮、 03轴<1> 按钮、 筋-镜向2 按钮、 筋1 按钮，使剖面范围不包含这些特征和零件，此时的"剖面视图"对话框如图 8-108 所示，单击"确定"按钮。

注意：剖面范围应按制图标准设置，不包括纵向剖切的筋、轴、标准件。因此，创建支架时，筋应通过单击"筋"按钮 单独创建。

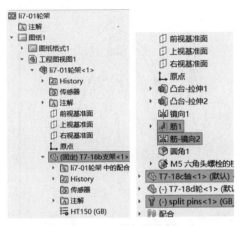

图 8-107　特征设计树

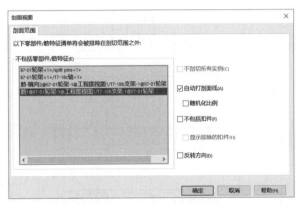

图 8-108　"剖面视图"对话框

③ 将鼠标指针移至俯视图的正上方，单击确定主视图的位置，如图 8-109 所示，单击"确定"按钮 ，完成全剖主视图的创建。

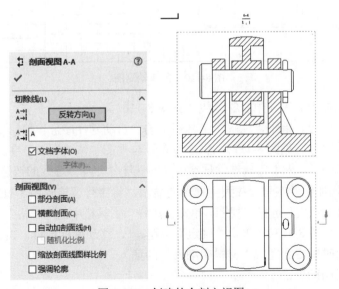

图 8-109　创建的全剖主视图

> **注意：** 若创建的图样格式与此不同，请检查"文档属性—绘图标准"，该图使用的国家标准可用"选项"工具 ⚙ 设置。若没有扣除轴等，可在剖视图上右击，在弹出的快捷菜单中选择"属性"命令，在"工程视图属性"对话框中选择"剖面范围"选项重新进行设置。

（3）创建轴测图。单击工程图中的"投影视图"按钮 🔠，选择主视图，向右上方移动鼠标指针，在轴测图出现后单击，单击"确定"按钮 ✅，结束投影视图创建，将轴测图移至主视图的右边（见图 8-110）。

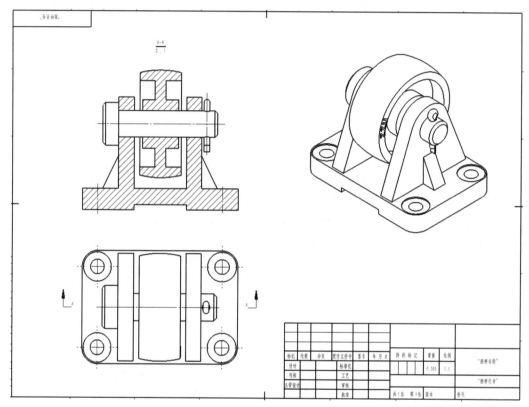

图 8-110　创建轴测图

（4）为视图添加中心线和中心符号线（见图 8-110）。

（5）添加零件序号。单击"注解"工具栏中的"自动零件序号"按钮 ⚟，选择主视图，系统自动添加零件序号（见图 8-111）。将零件序号与视图字体改为 5 号字。

（6）调整零件序号。先单击属性管理器中"零件序号布局"选区的按钮 ⫘，再单击"确定"按钮 ✅ 结束添加零件序号。放大主视图的显示，将序号调整到图 8-112 所示的位置。

（7）添加材料明细表。选择主视图，单击"注释"工具栏中的"表格"按钮 ⊞，选择"材料明细表"工具（见图 8-113），单击"确定"按钮 ✅，移动鼠标指针，当"材料明细表"定位在标题栏右上角时单击，完成"材料明细表"的插入。

（8）编辑材料明细表。

① 定位表格。将鼠标指针移到表格上，先单击表格左上角的 ✛ 按钮，再单击"材料明细

表"属性管理器"表格位置"选区中的按钮 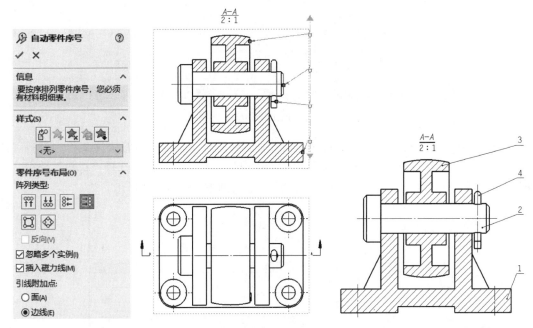，并勾选"附加到定位点"复选框（见图 8-114）。

图 8-111　自动添加零件序号　　　　图 8-112　调整后的零件序号

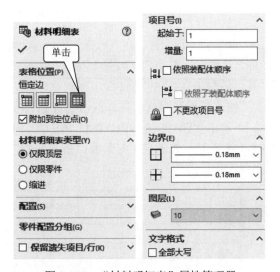

图 8-113　选择"材料明细表"命令　　　　图 8-114　"材料明细表"属性管理器

② 自下而上排列序号。单击"表格"属性栏（见图 8-115）中的"表格标题在上"按钮，使其变为"表格标题在下"按钮，零件序号变为自下而上排列，如图 8-116 所示。

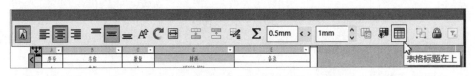

图 8-115　"表格"属性栏

图 8-116　自下而上排列序号的明细栏

③ 插入列。在"说明"列标签上单击，选中该列后右击，在弹出的快捷菜单中选择"插入"→"左列"菜单命令。在"列类型"栏下的"属性名称"列表框中选择"材料"选项，将"属性名称"改为"材料"，并调整列宽，此时材料明细表如图 8-117 所示。

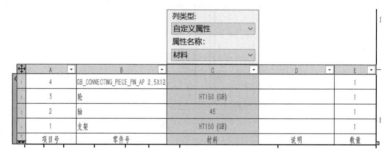

图 8-117　增加"材料"列并定义其"列类型"属性

④ 调整列、行位置。在"数量"列标签上单击，选中该列，将其拖动到"零件号"列的右边；将"材料"列拖动到"数量"列的右边；将"零件号"列居中。将"轮"零件所在行拖放到"开口销"所在行的上面。

⑤ 修改标题及零件名称。双击列标题"项目号"，将其改为"序号"；将"零件号"改为"名称"；双击"GB_CONNECTING_PIE CE_PIN_AP 2.5×12"，将其改为"开口销 2.5×12"，如图 8-118 所示。修改名称时选择"保持连接"选项。

4	轮	1	HT150 (GB)	
3	开口销 2.5X12	1		
2	轴	1	45	
1	支架	1	HT150 (GB)	
序号	名称	数量	材料	备注

图 8-118　调整列位置、重命名列名

（9）标注尺寸，以"轮架.slddrw"为文件名保存图形。

习　　题

8-1　参照本章实例上机练习。

8-2 制作各种规格的工程图模板。

8-3 分别创建轴套类、轮盘类、叉架类、壳体（箱体）类工程图。

8-4 创建如图 8-119 所示的三维模型及工程图。

8-5 完成齿轮泵装配体的工程图。

8-6 完成手压阀装配体的工程图。

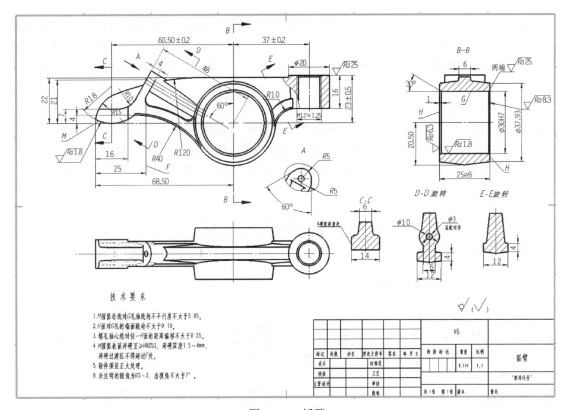

图 8-119 摇臂

第 9 章 钣 金 设 计

　　钣金零件是一种常见的零件加工材料，被广泛地用在外壳覆盖件、底盘、托架、挂钩和卡箍上，还用于汽车和航天工业的复杂造型零件中。钣金零件的加工需要金属的板材毛坯经过冲压、剪裁和弯曲达到最终的形状。能够预知剪切部分和每个特征在毛坯上的最终状态是钣金设计的关键。

　　SOLIDWORKS 的钣金设计集成在零件设计环境中，有三种方法：一是使用钣金特定的特征生成钣金零件；二是将已经设计好的零件实体转化为钣金零件（可转化实体、曲面实体、已输入的零件）；三是创建一个零件，将其抽壳后转换为钣金零件。在实际设计过程中，这三种方法经常被使用，并相互补充。本章主要介绍使用钣金特征创建钣金零件的方法。

9.1　钣金设计特征

1. "钣金"菜单栏和工具栏

　　SOLIDWORKS 提供了一些专门应用于钣金零件建模的特征，主要集中在"插入"→"钣金"菜单栏中，如图 9-1 所示。在默认情况下，SOLIDWORKS 不显示"钣金"工具栏，在任意工具栏上右击，在弹出的快捷菜单中选择"钣金"（在快捷菜单栏下部）命令，即可显示"钣金"工具栏，如图 9-2 所示。

图 9-1　"钣金"菜单栏

图 9-2　"钣金"工具栏

2. 基体法兰（Base Flange）

基体法兰是新钣金零件的第一个特征，也是钣金零件设计的起点。基体法兰被添加到
SOLIDWORKS 零件后，系统就会将该零件标记为钣金零件。折弯被添加到适当位置，并且特
定的钣金特征被添加到特征设计树中。

> **注意：基体法兰特征是从草图生成的，草图可以是单一开环、单一闭环或多重封闭轮
> 廓。基体法兰特征的厚度和折弯半径将成为其他钣金特征的默认值。**

生成基体法兰的步骤如下。

（1）单击"新建"按钮，进入"零件"设计环境。

（2）在前视基准面绘制如图9-3所示的草图。

（3）单击"钣金"工具栏中的"基体法兰/薄片"按钮（或者选
择"插入"→"钣金"→"基体法兰"菜单命令），出现"基体法兰"
属性管理器，将参数按照图9-4所示进行设置，单击"确定"按钮，
完成基体法兰特征的创建，如图9-5所示。

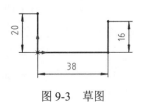

图9-3 草图

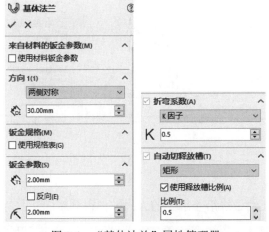

图9-4 "基体法兰"属性管理器

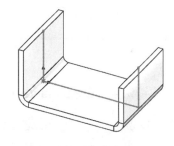

图9-5 基体法兰特征

3. 钣金零件的特征设计树

基体法兰特征建立后，在特征设计树中自动生成三个新特征：钣金、基体-法兰1和平板
型式，如图9-6所示。

钣金：包含默认的折弯参数。若要编辑默认折弯半径、折
弯系数、折弯扣除或默认释放槽类型，可右击"钣金"按钮并选
择编辑特征。

基体-法兰1：代表钣金零件的第一个实体特征。

平板型式：展开钣金零件。在默认情况下，当零件处于折
弯状态时，平板型式被压缩。将该特征解除压缩可展开钣金零

图9-6 钣金零件的特征设计树

件。在折叠的钣金零件中，平板型式特征应是最后一个特征。在特征设计树中，平板型式被

压缩时，所有新特征均插入其上方；解除压缩后，新特征插入其下方，并且不在折叠零件中显示。

4．钣金薄片（Sheet Metal Tab）

薄片特征可为钣金零件添加薄片。系统会自动将薄片特征的深度设置为钣金零件的厚度。至于深度的方向，系统会自动将其设置为与钣金零件重合，从而避免实体脱节。

薄片草图可以是单一闭环、多重闭环或多重封闭轮廓，但必须在垂直于钣金零件厚度方向的基准面或平面上。可以编辑草图，但不能编辑定义，因为系统已将深度、方向及其他参数设置为与钣金零件参数相匹配。

在钣金零件中生成薄片特征的操作步骤如下。

（1）在符合上述要求的基准面或平面上生成草图（见图 9-7）。

（2）单击"钣金"工具栏中的"基体法兰/薄片"按钮 🤛，单击"确定"按钮。薄片会添加到钣金零件中，系统会自动设置薄片的深度及方向，以使之与基体法兰特征的参数相匹配（见图 9-7）。

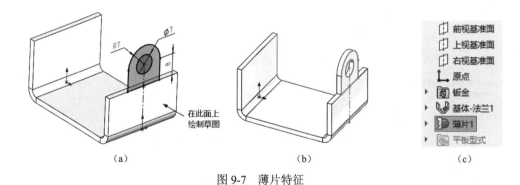

图 9-7　薄片特征

5．边线法兰（Edge Flange）

用"边线法兰"工具可以通过已有特征的边缘沿着选定的方向拉伸得到新的法兰特征。

> **注意：** 所选边线必须为直线，系统会自动将厚度设置为钣金零件的厚度，轮廓的一条草图直线必须位于所选直线上。

生成边线法兰特征的操作步骤如下。

（1）单击"钣金"工具栏中的"边线法兰"按钮 🔖（或者选择"插入"→"钣金"→"边线法兰"菜单命令），显示"边线-法兰 1"属性管理器，如图 9-8 所示。

（2）在图形区域选择要放置特征的边线（见图 9-9），并指定方向，给定长度 17。

（3）单击"确定"按钮 ✔，生成边线法兰特征。

在"法兰参数"选区单击"编辑法兰轮廓"按钮，可编辑轮廓的草图。若要使用不同的折弯半径（而非默认值），可取消对"使用默认半径"复选框的选择，并根据需要设置折弯半径，以及法兰角度、法兰长度的终止条件及其相应参数。

在设置法兰位置时，可将折弯位置设置为材料在内 ⬛、材料在外 ⬛、折弯向外 ⬛、虚拟交点的折弯█或与折弯相切✎。要移除邻近折弯的多余材料，可勾选"剪裁侧边折弯"复选框。要从钣金体等距生成法兰，先勾选"等距"复选框，再设定等距终止条件及相应参数。

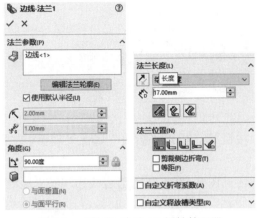

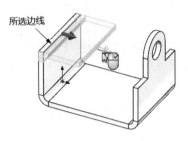

图 9-8　"边线-法兰 1"属性管理器　　　图 9-9　生成边线法兰

6．斜接法兰（Miter Flange）

斜接法兰用于一段或多段相互连接的法兰，并生成必要的切口。通过设置法兰位置可以设置法兰在模型的外面或里面。

斜接法兰特征的一些注意事项如下。

（1）草图可包括直线或圆弧。如果使用圆弧生成斜接法兰，圆弧不能与厚度边线相切，可与长边线相切，或在圆弧和厚度边线之间放置一小的草图直线。

（2）斜接法兰轮廓可以包括一条以上的连续直线。例如，它可以是 L 形轮廓。

（3）草图基准面必须垂直于生成斜接法兰的第一条边线。

（4）系统自动将褶边厚度链接到钣金零件的厚度上。

（5）可以在一系列相切或非相切边线上生成斜接法兰特征，也可以指定法兰的等距距离，而不是在钣金零件的整条边线上生成斜接法兰。

生成斜接法兰特征的操作方法：选择模型上端侧面，单击"钣金"工具栏上的"斜接法兰"按钮🗋，绘制如图 9-10 所示的草图后退出草图绘制状态，"斜接法兰 1"属性管理器及斜接法兰的预览如图 9-11 所示，单击"确定"按钮✔。

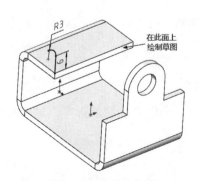

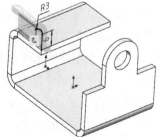

图 9-10　绘制斜接法兰草图　　　图 9-11　"斜接法兰 1"属性管理器及斜接法兰的预览

若要选择与所选边线相切的所有边线，可单击所选边线中点处出现的"延伸"按钮![icon]。

7. 褶边（Hem）

用褶边工具可将褶边添加到钣金零件的所选边线上。

> **注意：**（1）所选边线必须为直线。（2）如果选择多个要添加褶边的边线，则这些边线必须在同一个面上。

生成褶边特征的操作方法如下。

（1）单击"钣金"工具栏上的"褶边"按钮![icon]，出现"褶边"属性管理器，如图 9-12 所示。

（2）在图形区域选择要添加褶边的边线（见图 9-13），则所选边线出现在"边线"选项框中。

（3）给定褶边的长度和缝隙距离。

（4）单击"确定"按钮![icon]，生成褶边特征，如图 9-14 所示。

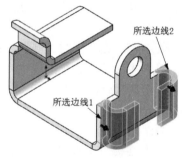

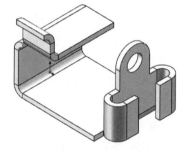

图 9-12 "褶边"属性管理器　　图 9-13 选择褶边的边线　　图 9-14 生成褶边特征

8. 绘制的折弯（Sketched Bend）

在钣金零件上添加折弯，用于折弯的草图只允许使用直线，可为每个草图添加多条直线，折弯线长度可以与正折弯的面长度不同。

生成绘制的折弯特征的操作方法如下。

（1）在钣金零件的上平面绘制一条如图 9-15 所示的直线。

（2）单击"钣金"工具栏上的"绘制的折弯"按钮![icon]，出现"绘制的折弯"属性管理器，如图 9-16 所示。

（3）选择上平面的中间作为折弯固定面，如图 9-17 所示。

（4）单击"确定"按钮![icon]，生成折弯。

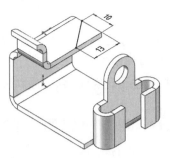

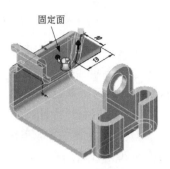

图 9-15　绘制的折弯草图　　　图 9-16　"绘制的折弯"属性管理器　　　图 9-17　选择折弯固定面

9. 转折（Jog）

"转折"工具通过从草图线生成两个折弯而将材料添加到钣金零件上。

> **注意：**（1）草图必须只包含一条直线。（2）直线不需要是水平直线或垂直直线。（3）折弯线长度可以与折弯面的长度不同。

生成转折特征的操作方法如下。

（1）在要生成转折的钣金零件的面上绘制一条直线（见图 9-18）。

（2）单击"钣金"工具栏上的"转折"按钮 ，出现"转折"属性管理器，如图 9-19 所示。

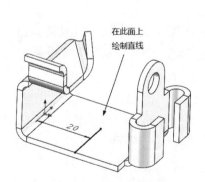

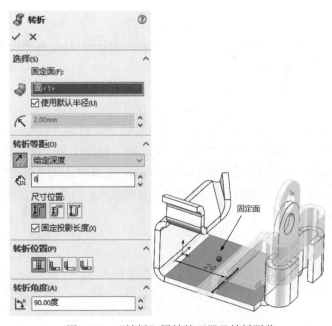

图 9-18　绘制转折草图　　　　　　图 9-19　"转折"属性管理器及转折预览

（3）在图形区域选择转折线的左边面作为固定面，并将等距距离设为"8"。

（4）单击"确定"按钮 ，生成转折。

10. 展开/折叠（Unfold/Fold）

使用展开和折叠工具可在钣金零件中展开/折叠一个或多个折弯。此组合在沿折弯添加拉伸切除特征时很有用。首先，添加展开特征展开折弯。其次，添加拉伸切除特征。最后，添加折叠特征，将折弯返回折叠状态。为使系统性能更好，只展开和折叠正在操作项目的折弯。

（1）添加展开特征。

① 在钣金零件中，单击"钣金"工具栏上的"展开"按钮 ，出现"展开"属性管理器，如图 9-20 所示。

② 在图形区域选择一个面作为展开固定面（见图 9-21）。

图 9-20　"展开"属性管理器

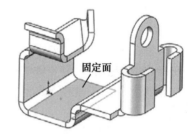

图 9-21　选择展开固定面

③ 单击"收集所有折弯"按钮，系统自动选择零件中所有合适的折弯，也可选择一个或多个折弯作为要展开的折弯。

④ 单击"确定"按钮 ，展开钣金。

（2）添加拉伸切除特征。在展开的钣金草图上绘制两个椭圆草图，如图 9-22 所示。单击"钣金"工具栏上的"拉伸切除"按钮 ，出现"切除-拉伸"属性管理器，终止条件设为"成形到下一面"，单击"确定"按钮 ，切除出两个椭圆切孔。

（3）添加折叠特征。单击"钣金"工具栏上的"折叠"按钮 ，选择固定面（见图 9-23），单击"折叠"属性管理器中的"收集所有折弯"按钮 收集所有折弯(A) ，单击"确定"按钮 ，折叠钣金。

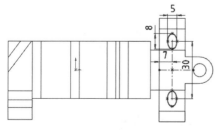

图 9-22　在展开的钣金草图上绘制椭圆草图

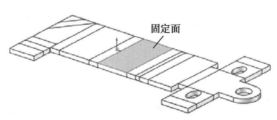

图 9-23　选择折叠固定面

11. 断开边角（Break Corner）

通过断开边角可以建立圆角或倒角形状的边角。

断开边角的操作步骤如下。

（1）单击"钣金"工具栏上"边角"按钮 下拉列表中的 <u>断裂边角/边角剪裁</u> 按钮，显示"断开边角"属性管理器，如图9-24所示。

（2）选择断开边角的面（或边线），如图9-25所示。

（3）单击"确定"按钮 ，完成断开边角操作，如图9-26所示。

图9-24 "断开边角"属性管理器

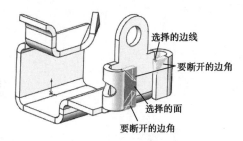

图9-25 选择面或边线

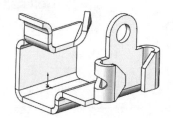

图9-26 断开边角

12. 展开整个零件

要展开整个零件，如果平板型式特征存在，解除压缩平板型式特征，或者单击"钣金"工具栏上的"展平"按钮 。当解除压缩平板型式特征时，折弯线默认为显示，如图9-27所示。若要隐藏折弯线，展开平板型式，右击折弯线，并选择隐藏。

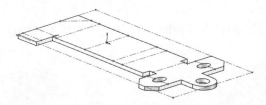

图9-27 展开整个零件

13. 放样折弯（Lofted Bend）

放样折弯使用由放样连接的两个开环轮廓草图。基体法兰特征不与放样折弯特征一起使用。

放样折弯的特点如下。

（1）不能被镜向。

（2）要求选择两个草图，这两个草图还应该满足：①无尖锐边线的开环轮廓；②轮廓开口同向对齐，以使平板型式更精确；③每个草图中的轮廓线段类型相同；④草图轮廓位于平行基准面上。

生成放样折弯的操作步骤如下。

（1）生成两个单独的开环轮廓草图，如图 9-28 所示。

（2）单击"钣金"工具栏中的"放样折弯"按钮，显示"放样折弯"属性管理器，如图 9-29 所示。

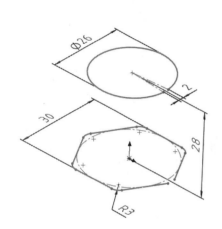

图 9-28　放样折弯草图

图 9-29　"放样折弯"属性管理器

（3）在图形区域选择两个草图。对于每个轮廓，选择想要放样路径经过的点。这时草图名称出现在属性管理器中的"轮廓"项下。

（4）查看路径预览，如图 9-30 所示。单击"上移"按钮或"下移"按钮调整轮廓的顺序，或者重新选择草图，将不同的点连接在轮廓上。

（5）设定钣金厚度为 2。

（6）单击"确定"按钮，生成如图 9-31 所示的放样折弯特征。

图 9-30　路径预览

图 9-31　放样折弯

14. 切口（Rip）

切口特征通常用于生成钣金零件，但可将切口特征添加到任何零件。

切口特征应用举例如下。

（1）创建一个长为36、宽为32、高为18的长方体，并将其抽壳成厚度为1的壳体，如图9-32所示。

（2）在前面的中间绘制一条直线，如图9-33所示。

（3）单击"切口"按钮 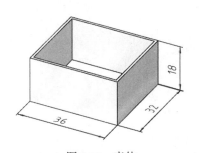（在"钣金"工具栏中），显示"切口"属性管理器。选择内边线或外边线和绘制的直线，如图9-34所示。

（4）单击"确定"按钮 ✅，生成切口特征，如图9-35所示。

图 9-32　壳体

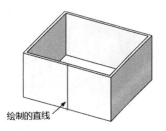

图 9-33　绘制线性草图实体

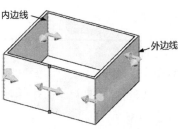

图 9-34　"切口"属性管理器，以及选择的切口边线和实体

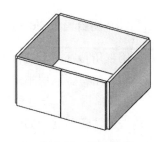

图 9-35　切口结果

若要在一个方向插入一个切口，先单击"在要切口的边线"选项栏中列举的边线名称，然后单击"改变方向"按钮或预览箭头。默认情况下，在两个方向插入切口。每次单击"改变方向"按钮时，切口方向先切换到一个方向，再切换到另一个方向，最后返回到两个方向。

15. 插入折弯

插入折弯特征应用举例（接上例操作）如下。

（1）单击"插入折弯"按钮 🗐（在"钣金"工具栏中），显示"折弯"属性管理器，如图9-36所示。

（2）选择底面的上表面作为固定面，如图9-37所示。

（3）单击"确定"按钮 ✅，出现系统提示信息，单击"确定"按钮 确定，生成插入折弯特征，如图9-38所示。

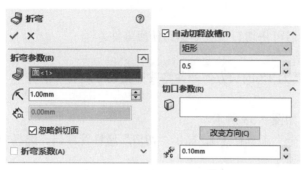

图 9-36 "折弯"属性管理器

图 9-37 选择折弯的固定面

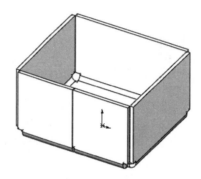

图 9-38 插入折弯特征

16. 闭合角（Closed Corner）

闭合角特征用于延伸钣金零件的面。

闭合角特征应用举例（接上例操作）如下。

（1）单击"闭合角"按钮 🔲（在"钣金"工具栏"边角"按钮 🔧 ·下拉列表中），显示"闭合角"属性管理器，如图 9-39 所示。

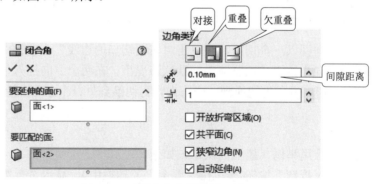

图 9-39 "闭合角"属性管理器

（2）选择要延伸的面和要匹配的面，如图 9-40 所示。

（3）单击"确定"按钮 ✔，生成闭合角特征，如图 9-41 所示。

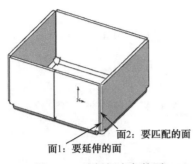

图 9-40　选择闭合角的面

图 9-41　闭合角特征和焊接的边角特征

17．焊接的边角（Welded Corners）

焊接的边角特征应用举例（接上例操作）如下。

（1）单击"焊接的边角"按钮（在"钣金"工具栏"边角"按钮 下拉列表中），显示"焊接的边角"属性管理器，如图 9-42 所示。

图 9-42　"焊接的边角"属性管理器

（2）选取钣金边角的侧面进行焊接，如图 9-41 所示。

（3）单击"确定"按钮，生成焊接的边角特征。

18．扫描法兰（Swept Flange）

"扫描法兰"工具可以在钣金零件中创建复合折弯。

"扫描法兰"工具与"扫描"工具相似，需要创建法兰的轮廓和路径。要创建扫描法兰，需要一个开环草图作为轮廓，钣金零件中的一个开环轮廓或一系列现有边线作为路径。

创建扫描法兰的方法如下。

（1）在上视基准面上，从原点开始绘制五段直线（见图 9-43），并标注尺寸，单击"确认"按钮退出草图 1。

（2）在右视基准面上，从原点开始绘制两段直线（见图 9-43），并标注尺寸，单击"确认"按钮退出草图 2。

（3）单击"扫描法兰"按钮（在"钣金"工具栏中），或者选择"插入"→"钣金"→

"扫描法兰"菜单命令，弹出"扫描法兰"属性管理器，选择"草图 2"，使其作为扫描轮廓；选择"草图 1"，使其作为路径，如图 9-44 所示。

（4）单击"确定"按钮 ✔，完成扫描法兰的创建，结果如图 9-45 所示。

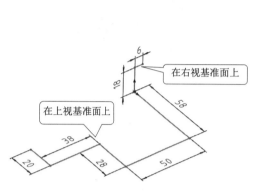

图 9-43　绘制草图

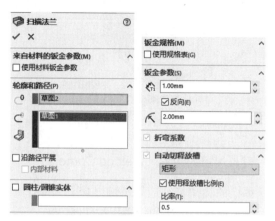

图 9-44　"扫描法兰"属性管理器

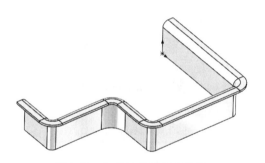

图 9-45　扫描法兰的创建结果

9.2　钣金成型工具

　　成型工具可以用于折弯、伸展或成型钣金的冲模，生成一些成型特征，如百叶窗、矛状器具、法兰和筋。SOLIDWORKS 软件包含一些成型工具，储存在<安装目录>\Documents and Settings\All　Users\Application　Data\SOLIDWORKS\SOLIDWORKS　<版本>\design library\forming tools 中。这些工具包括 embosses（压凸）、extruded flangs（冲孔）、louvers（百叶窗）、ribs（压筋）、lances（切口）等，用户可以设计成型工具。

> **注意：** 只能从设计库插入成型工具，而且只能将之应用到钣金零件。在将成型工具添加到钣金零件之前，必须右击包含成型工具的文件夹，并选择"成型工具"文件夹，指定其内容为成型工具。

将成型工具应用到钣金零件的步骤如下。

（1）打开钣金零件，浏览设计库中包含成型工具的文件夹，如图 9-46 所示。

（2）将成型工具从设计库拖动到想改变形状的面上（图 9-46 所示是将 counter sink emboss. sldprt 拖放到模型的面上），此时显示"成型工具特征"属性管理器，如图 9-47 所示。

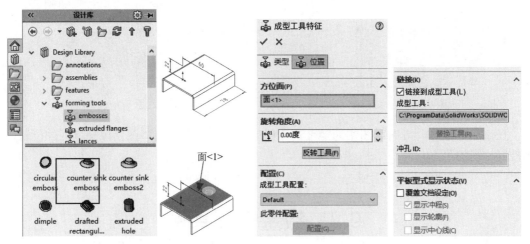

图 9-46　钣金零件和设计库中的成型工具　　　　　图 9-47　"成型工具特征"属性管理器

（3）先编辑"类型"选项卡，再单击"位置"选项卡，自动转到"编辑草图"模式，标注尺寸并定位草图，如图 9-48 所示。

（a）　　　　　　　　　　　　　　　　　（b）

图 9-48　编辑草图模式

（4）单击"确定"按钮 ✓，完成成型特征的放置，结果如图 9-49 所示。

（5）再次将 counter sink emboss.sldprt 拖放到模型的面上，在"成型工具特征"属性管理器中单击"反转工具"按钮，更改行进方向，如图 9-50 所示。

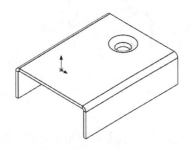
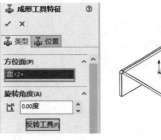
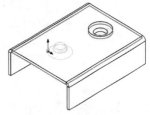

图 9-49　放置的成型特征　　　　　图 9-50　拖放 counter sink emboss.sldprt

（6）标注如图 9-51 所示的尺寸，单击"确定"按钮 ，完成成型特征的放置，结果如图 9-52 所示。

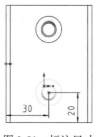

图 9-51　标注尺寸

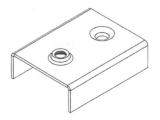

图 9-52　放置的成型特征

在添加尺寸时，方向草图作为单个实体移动。特征中专有的草图仅控制特征的位置，而不控制特征的尺寸。

9.3　钣金设计举例

1. 钣金零件模型设计

应用钣金工具设计如图 9-53 所示的零件模型。

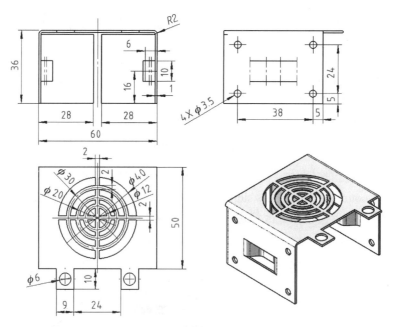

图 9-53　钣金零件模型

所给钣金零件可以通过创建基体法兰、薄片，添加边线法兰，放置成型特征，添加通风口和切孔等操作来完成。

（1）创建基体法兰。新建零件文件，进入模型空间，在前视基准面上绘制如图 9-54 所示的草图并标注尺寸，单击"钣金"工具栏中的"基体法兰/薄片"按钮 🔰（或者选择"插入"→"钣金"→"基体法兰"菜单命令），出现"基体法兰"属性管理器，将参数按照图 9-55 所示进行设置，单击"确定"按钮 ✅，完成基体法兰特征的创建，如图 9-56 所示。

（2）创建薄片。在模型上表面绘制如图 9-57 所示的草图，单击"钣金"工具栏中的"基体法兰/薄片"按钮 🔰，使用默认参数，单击"确定"按钮 ✅，完成薄片的创建，结果如图 9-58 所示。

（3）添加边线法兰。选择基体法兰的右后边线，单击"钣金"工具栏中的"边线法兰"按钮 🔖 指定方向，给定深度为 28（见图 9-59），单击"确定"按钮 ✅，完成边线法兰的创建，如图 9-60 所示。

（4）放置成型特征。单击"设计库"按钮 🎁（在任务窗格中），在设计库中依次展开 🎁 Design Library→forming tools→lances，将 bridge lance.sldprt 拖放到模型的面上（见图 9-61），显示"成型工具特征"属性管理器，调节成型工具的方向。单击"位置"选项卡，自动跳转为"编辑草图"模式，标注草图原点定位尺寸"25"和"16"（见图 9-62），单击"完成"按钮 ✅，完成成型特征的放置，如图 9-63 所示。

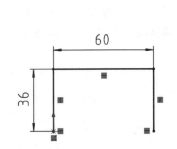

图 9-54　基体法兰草图

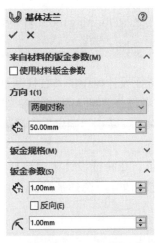

图 9-55　"基体法兰"属性管理器及其模型预览

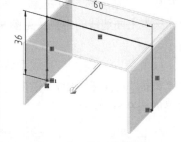

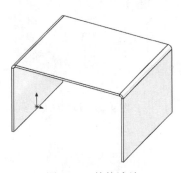

图 9-56　基体法兰

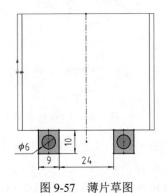

图 9-57　薄片草图

图 9-58　添加薄片特征

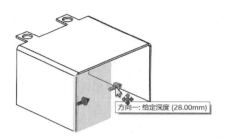

图 9-59　创建边线法兰

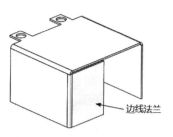

图 9-60　添加的边线法兰

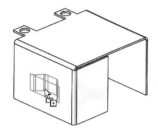

图 9-61　拖放成型特征

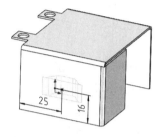

图 9-62　标注成型特征草图

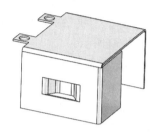

图 9-63　放置的成型特征

注意： 若 Design Library 中不包含 forming tools 文件夹，单击"添加文件夹位置"按钮，将其添加到库中。

（5）创建镜向基准面。选择特征设计树中的"右视基准面"选项，单击"参考几何体"工具栏中的"基准面"按钮（或者选择"插入"→"参考几何体"→"基准面"菜单命令），单击模型上面边线的中点（见图 9-64），单击"确定"按钮，完成基准面 1 的创建，如图 9-65 所示。

（6）镜向边线法兰和成型特征。在特征设计树中选择 边线-法兰1 和 bridge lance1，单击"特征"工具栏中的"镜向"按钮，选择基准面 1，单击"确定"按钮，完成镜向，结果如图 9-66 所示。

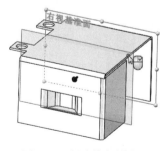

图 9-64　创建镜向基准面

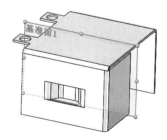

图 9-65　镜向基准面 1

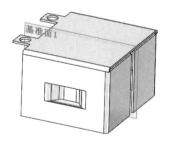

图 9-66　镜向结果

（7）隐藏基准面 1。选择基准面 1，单击"隐藏"按钮。

（8）添加通风口。

① 选择模型上表面，在弹出的菜单上单击"草图绘制"按钮。

② 绘制通风口草图。在模型上表面的正中间先绘制一条中心线，然后绘制四个圆，再绘

制四条直线，并标注尺寸，如图 9-67 所示。

③ 选择"插入"→"扣合特征"→"通风口"菜单命令（或者单击"钣金"工具栏中的"通风口"按钮 ），出现"通风口"属性管理器，如图 9-68 所示。

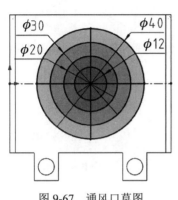

图 9-67　通风口草图

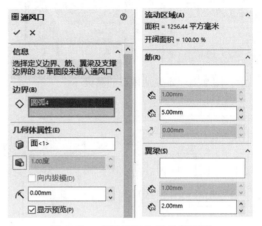

图 9-68　"通风口"属性管理器

④ 在图形区单击圆 ϕ40（为通风口的边界选择形成闭合轮廓的二维草图段），如图 9-69 所示。

⑤ 单击属性管理器中"筋"下方的方框，在图形区依次单击草图中的两条直线（选择代表通风口筋的二维草图段），并将筋的宽度设为"2.00mm"，如图 9-70 所示。

图 9-69　定义通风口的边界

图 9-70　定义通风口的筋

⑥ 单击属性管理器中"翼梁"下方的方框，在图形区依次单击圆 ϕ30、圆 ϕ20 和圆 ϕ12（选择代表通风口翼梁的二维草图段），设置翼梁的宽度为"2.00mm"，如图 9-71 所示。

⑦ 单击"确定"按钮 ，完成通风口特征的创建。

⑧ 按"Ctrl+7"组合键，切换为等轴测视图显示，此时的钣金零件模型及其特征设计树（局部）如图 9-72 所示。

⑨ 切除孔。先选择"模型前右侧面"选项，再单击"草图绘制"按钮 ，绘制如图 9-73 所示的草图，单击"钣金"工具栏中的"拉伸切除"按钮 ，将"方向 1"的终止条件设置为"完全贯穿"，单击"确定"按钮 ，完成切除孔操作，结果如图 9-74 所示。

⑩ 显示平板型式。单击"钣金"工具栏中的"展平"按钮 ，平板型式显示如图 9-75 所示。再次单击"展平"按钮 ，取消平板型式显示。

⑪ 以"L9-6 箱壳.sldprt"为文件名保存零件。

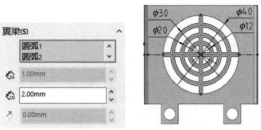

图 9-71　定义通风口的翼梁　　　　图 9-72　钣金零件模型及其特征设计树（局部）

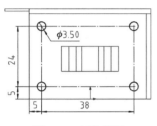
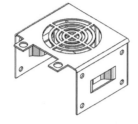
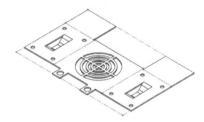

图 9-73　切孔草图　　　　图 9-74　完成的钣金零件模型　　　　图 9-75　平板型式显示

2. 钣金零件的工程图

创建钣金零件的工程图与创建普通零件的工程图类似，先分析要表达的钣金零件，确定表达方法、绘图比例和图纸大小等；然后新建一张工程图，设置图纸大小、比例等属性；最后根据钣金零件的结构特点，选择合适的视图和表达方法，并标注尺寸等。

下面以 L9-6 箱壳.sldprt 为例，简要介绍钣金零件工程图的创建方法。

（1）单击"新建"按钮，打开一张工程图。

（2）先单击任务窗格中的"视图调色板"按钮 ，再单击"视图调色板"下的列表，找到 L9-6 箱壳.sldprt，视图调色板显示如图 9-76 所示。

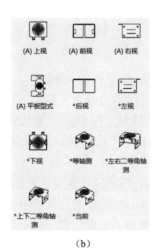

（a）　　　　　　　　　　　　　（b）

图 9-76　视图调色板显示

（3）在图纸区域右击，在弹出的快捷菜单中单击"属性"按钮，在"图纸属性"对话框中设置图纸大小为"A3"，比例为"1:1"，投影类型为"第一视角"，单击"确定"按钮。

（4）将视图调色板中的"前视"拖放到图纸的合适位置，先将鼠标指针移至"前视"的正下方，单击定出"上视"投影图，再将鼠标指针移至"前视"的正右方，单击定出"左视"投影图，按 Esc 键结束投影，完成三视图的确定。

（5）将视图调色板中的"上下二等角等轴测"拖放到"上视"投影图的左边、"左视"投影图的下方。

（6）将视图调色板中的"平板型式"拖放到"左视"投影图的左边，下移鼠标指针投影出上视图并右击，完成视图的确定，视图布局如图 9-77 所示。

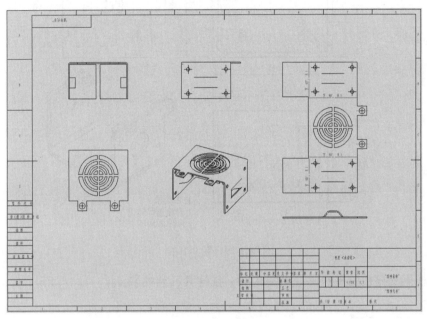

图 9-77　视图布局

（7）标注尺寸。选择"插入"→"模型项目"菜单命令，显示"模型项目"属性管理器，取消选择"将项目输入到所有视图"复选框，如图 9-78 所示，先单击图纸中的"前视"投影图、"上视"投影图、"左视"投影图，再单击"确定"按钮，完成尺寸的自动标注，根据需要调整尺寸。

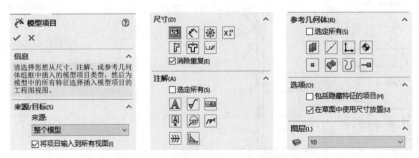

图 9-78　"模型项目"属性管理器

（8）保存文件，完成文件的创建。

习　　题

9-1　根据托架的零件图（见图9-79）绘制其展开图。

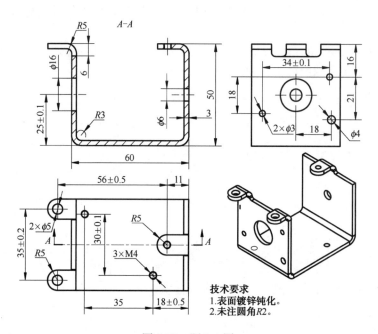

技术要求
1.表面镀锌钝化。
2.未注圆角R2。

图 9-79　题 9-1 图

9-2　根据支撑板的零件图（见图9-80）创建其三维模型。

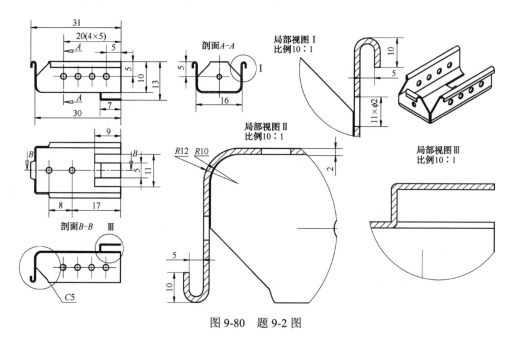

图 9-80　题 9-2 图

9-3 根据挤钉支架零件图（见图9-81）创建其三维模型及工程图。

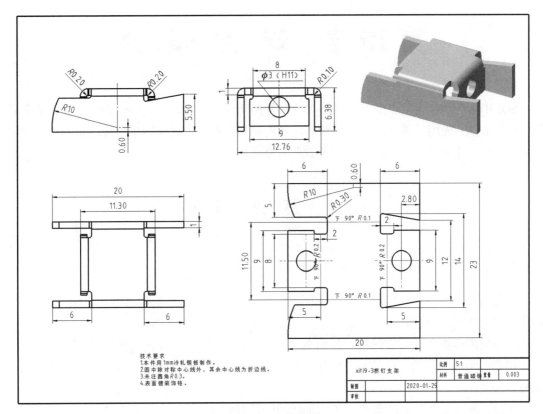

图 9-81 题 9-3 图

第10章 焊件设计

SOLIDWORKS 为用户提供了设计焊件结构的功能，它将焊件结构作为单一多实体零件。具体使用方法：先用二维和三维草图绘制出基本框架，然后生成包括草图线段组的结构构件，再用"焊件"工具栏上的工具添加角撑板和顶端盖等。

10.1 基 本 概 念

1. 组

组是结构构件中相关线段的集合。配置一个组可以影响其中的所有线段，但不影响结构构件中的其他线段或组。

组的类型有相邻和平行两种，如图 10-1 所示。

相邻：两端相连的线段的相邻轮廓。用户可以控制线段间的连接方式，组的末端可以选择与其起点相连。

平行：平行线段的断续集合。组中的线段无法互相接触。

图 10-1 组的类型

用户可以定义位于一个基准面内的组，也可以定义位于多个基准面内的组。组可以包含一条或多条线段，结构构件可以包含一个或多个组。

定义组之后，可以将其当作一个单位操作。

使用"结构构件"属性管理器可以完成以下操作。

（1）指定组中线段的边角处理。

（2）在线段之间生成焊接缝隙，以留出焊缝空间。

（3）镜向单个组的轮廓。

（4）在不影响结构构件中其他组的情况下，对齐、旋转或平移组的轮廓。

2. 轮廓

轮廓用于生成某一特征（如放样）或工程视图（如局部视图）的草图实体。轮廓可以是开环的（如 U 形或开环样条曲线），也可以是闭环的（如圆形或闭环样条曲线）。结构构件都使用轮廓，如角铁、矩形管等，SOLIDWORKS 提供的焊件轮廓类型如图 10-2 所示。

轮廓由标准、类型及大小来识别。用户可以创建自己的轮廓，并将之添加到焊件轮廓的现有库中，指定相对于草图线段的方向和穿透点。

焊件轮廓位置：安装_目录\data\weldment profiles。用户可选择"工具"→"选项"→"系统选项"→"文件位置"菜单命令为焊件轮廓添加或更改位置。

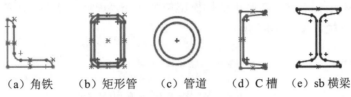

（a）角铁　（b）矩形管　（c）管道　（d）C 槽　（e）sb 横梁

图 10-2　焊件轮廓类型

单个结构构件中的所有组必须使用相同的轮廓。

结构构件在特征设计树中以"结构构件 1""结构构件 2"等形式出现。结构构件生成的实体出现在特征设计树的切割清单中，用户可为结构构件指派材料。

3．切割清单

切割清单是特征设计树将零件的相同实体组合在一起的项目。用户可使用焊件切割清单表格，为切割、焊接的结构形状添加类似材料明细表的表格。当第一个焊件特征插入零件时，实体文件夹 ⬚ 重命名为"切割清单" ⬚，以表示要包括在切割清单中的项目。按钮 ⬚ 表示切割清单需要更新，按钮 ⬚ 表示切割清单已更新。

出现在切割清单中的项目，必须在零件层显示在切割清单文件夹 ⬚ 中。

自动组织切割清单中所有焊件实体的选项在新的焊件零件中默认打开。若想关闭此功能，先右击"切割清单"按钮 ⬚，再取消选择该功能。

4．焊缝

焊缝焊件被焊接后形成的结合部分，如图 10-3 所示。用户可以在焊件零件、装配体和多实体零件中添加焊缝。

焊缝的主要特征如下。

（1）与所有类型的几何体兼容，包括带有缝隙的实体。

（2）在使用焊接表的工程图中包含焊缝属性。

（3）自动生成焊接符号。

（4）焊接符号与焊缝关联。

（5）在特征设计树中，包含焊缝的单独焊接文件夹 ⬚。

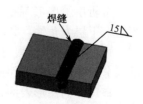

图 10-3　焊缝

焊缝使用简化的显示，在模型中显示为图形，不会生成任何几何体。焊缝是轻化单元，不会影响性能。

10.2 "焊件"菜单栏及工具栏

SOLIDWORKS 提供了一些专门应用于焊件零件建模的工具，主要集中在"插入"→"焊件"菜单栏中，如图 10-4 所示。在默认情况下，SOLIDWORKS 不显示"焊件"工具栏，在任意工具栏上单击鼠标右键，在弹出的快捷菜单中选择"焊件"命令（在菜单栏下部），即可显示"焊件"工具栏，如图 10-5 所示。

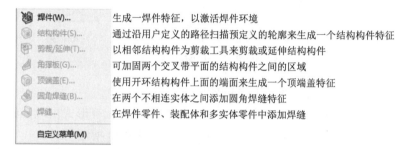

图 10-4　"焊件"菜单栏及其功能说明

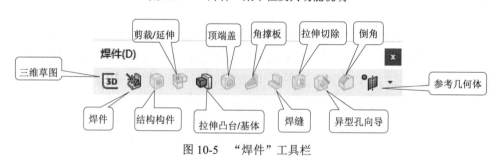

图 10-5　"焊件"工具栏

10.3 焊件设计举例

创建如图 10-6 所示焊件的三维模型和工程图。

分析所给图形可知，该焊件有 4 条腿，上下分两层，轮廓有两种，4 条腿和上层框架为矩形管，下层为角铁，共 14 段，因此可用 14 条线段作为基础建立构件。分析各线段的对接形式，可以将 14 条线段分为 5 组，其中 4 条竖直线段为组 1，上层 4 条线段为组 2，下层 6 条线段分为 3 组。该焊件还有 4 个角撑板和 4 个顶端盖。

该焊件的图形表达方法有 1 个主视图、1 个 A-A 剖视图、1 个等轴测视图、6 个局部放大图、1 个切割表、1 个焊缝表。

创建步骤如下。

（1）绘制基本框架。

① 进入 SOLIDWORKS 系统环境，开始创建新零件。

② 开启"焊件"工具栏。

③ 按"Ctrl+7"组合键，使视图"等轴测"显示。

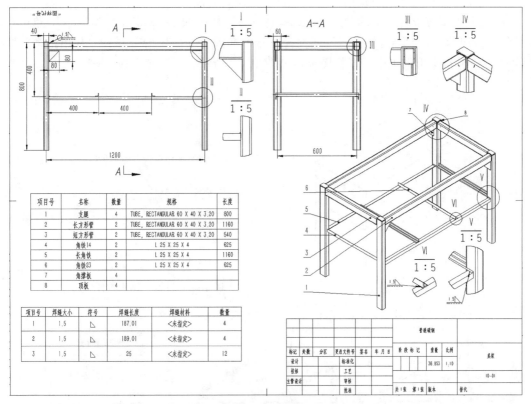

图 10-6　焊件

④ 先单击"焊件"工具栏中的"三维草图"按钮 [3D]，再单击"中心矩形"按钮 [□]，在 *XOZ* 平面绘制出矩形，并让矩形中心与原点重合。单击"直线"按钮 ∕ 绘制其余线段，可按 Tab 键切换绘制平面，控制线段方向，使各线段平行于相应坐标轴。

⑤ 添加"平行"几何关系，并使 4 条竖直线段长度相等，标注尺寸（见图 10-7）后退出草图。

（2）建立构件。

① 单击"焊件"工具栏中的"结构构件"按钮 [⬡]，将"结构构件"属性管理器设置成如图 10-8 所示，依次选择 4 条竖直线段，组成"组 1"（见图 10-9）；单击属性管理器中的 新组(N) 按钮，依次选择上层 4 条线段，组成"组 2"（见图 10-10），此时属性管理器如图 10-11 所示（它提供了 3 种边角处理类型），单击"确定"按钮 ✓。

② 按回车键（重复"结构构件"按钮 [⬡]），将"结构构件"属性管理器设置成如图 10-12 所示，选择中间 1、3 两条线段，组成"组 1"（见图 10-13），旋转角度设为"270.00 度"；单击属性管理器中的 新组(N) 按钮，选择中间 2、4 两条线段（见图 10-14），并勾选属性管理器中的"镜向轮廓"复选框，单击"竖直轴"单选按钮，旋转角度设为"90.00 度"（见图 10-15）；单击 新组(N) 按钮，选择中间线段 5，其属性设置如图 10-16（a）所示；再次单击 新组(N) 按钮，选择中间线段 6，其属性设置如图 10-16（b）所示；使角铁槽向内向下，完成构件初步设

计，如图 10-16（c）所示，单击"确定"按钮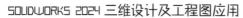。

（3）调整构件。从图 10-16（c）可以看出，"结构构件 1"矩形管接口需要调整"穿透点"，沿线段 1、4、5、6 创建的角铁构件剪裁，以使之正确对接。

① 改变上部方形管轮廓的穿透点。选择特征设计树中的 **矩形管 60 X 40 X 3.2(1)**，单击"编辑特征"按钮，在"结构构件 1"属性管理器中选择"组 2"，依次单击"找出轮廓"按钮 **找出轮廓(L)**、外框矩形的上中点（视图显示如图 10-17 所示）、"确定"按钮。

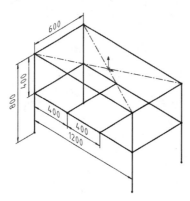

图 10-7　焊件草图

图 10-8　设置"结构构件"属性

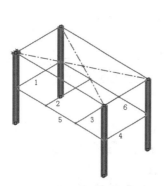

图 10-9　结构构件组 1

图 10-10　结构构件组 2

图 10-11　属性管理器

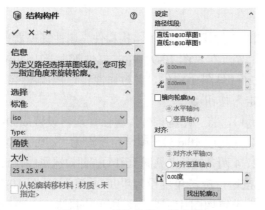

图 10-12　结构构件 2 的参数

图 10-13　结构构件 2

图 10-14　结构构件 3

图 10-15　属性管理器

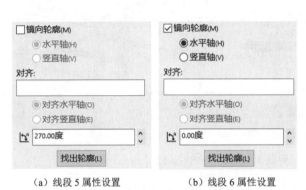

（a）线段 5 属性设置　　　　（b）线段 6 属性设置

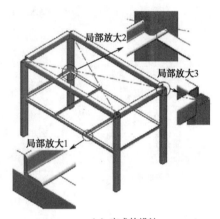

（c）完成的设计

图 10-16　构件初步设计

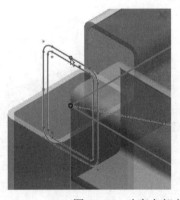

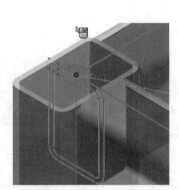

图 10-17　改变上部方形管轮廓的穿透点

② 改变长角铁 5、6 轮廓的穿透点。操作方法同上，穿透点改在角铁上中点，如图 10-18 所示。

③ 剪裁 1、4、5、6 角铁构件。单击"焊件"工具栏中的"剪裁/延伸"按钮，将"边角类型"设为"终端剪裁"，"要剪裁的实体"选择 1、4、5、6 角铁，"剪裁边界"按"实体"选择 1、2、3、4 矩形管（见图 10-19），单击"确定"按钮。

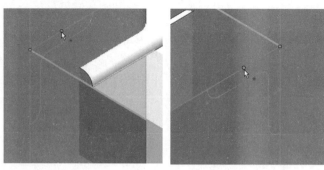

图 10-18　改变长角铁 5、6 轮廓的穿透点

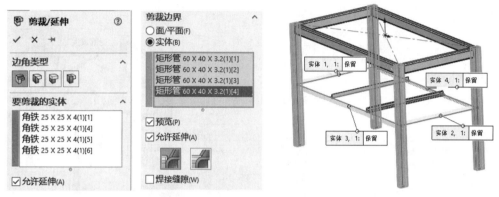

图 10-19　剪裁 1、4、5、6 角铁构件

④ 延伸 2、3 角铁构件到 4、5 角铁构件外侧面。按回车键（重复单击"剪裁/延伸"按钮），将"剪裁/延伸"属性按图 10-20 所示进行设置，单击"确定"按钮。

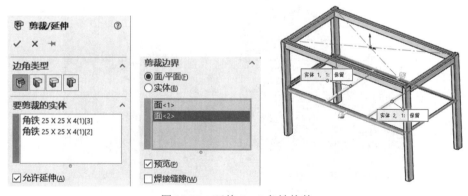

图 10-20　延伸 2、3 角铁构件

（4）添加角撑板。单击"焊件"工具栏中的"角撑板"按钮，选择竖直和上矩形构件的邻接面（见图 10-21），将"轮廓距离"设为"80"，单击"确定"按钮。将另外 3 个角添加同样的角撑板。注意：有两个角撑板的"位置""定位于起点"，其余两个"定位于端点"。

（5）添加顶端盖。先单击"焊件"工具栏中的"顶端盖"按钮，再依次单击 4 个竖直矩形构件的上端面，将厚度设置为"2"，单击"确定"按钮。

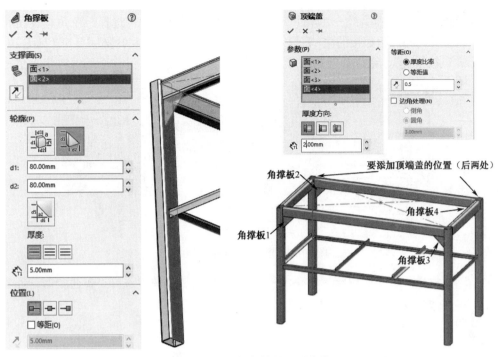

图 10-21　添加角撑板及顶端盖

（6）生成焊缝。

① 方形管的焊接。选择"插入"→"焊件"→"焊缝"菜单命令，单击"焊缝"属性管理器"焊接路径"下的"智能焊接选择工具"按钮，依次用笔状指针在"横竖方形管"中两邻接构件面上画一条横跨两面的线，勾选"切线延伸"复选框，将"焊缝大小"设置为"1.5"。在另外 7 个邻接部分的两面间画线（见图 10-22），出现 8 条封闭焊缝。单击"确定"按钮，完成横竖方形管间的焊接，在特征设计树中出现　焊接文件夹。

② 其他构件的焊接。操作方法同上，"设定"可分别设置为"两边"和"全周"。

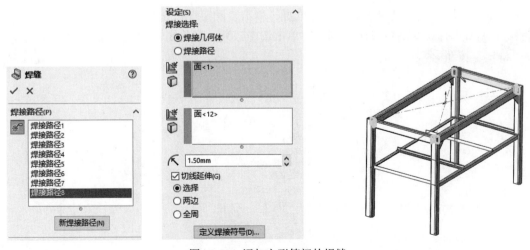

图 10-22　添加方形管间的焊缝

③ 圆角焊。选择"插入"→"焊件"→"圆角焊"菜单命令，选择一个角撑板面和"第二组面"，再选择与角撑板邻接的面，将焊缝类型设为"全长"，焊缝大小设为"1.5"（见图 10-23），单击"确定"按钮✔。完成其他圆角焊。

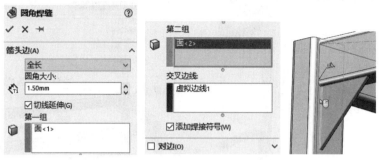

图 10-23　添加角撑板的圆角焊

（7）添加材质。右击按钮 ⛭材质 <未指定>，在弹出的快捷菜单中选择"普通碳钢"命令，同时切割清单 ⊞切割清单自动更新。

（8）隐藏三维草图。依次单击按钮 3D 3D草图1 和"隐藏"按钮 ◎ 。

（9）保存文件。

（10）生成焊件工程图。

① 新建工程图文件。

② 改变系统选项。单击"选项"按钮 ▤，将"文档属性"中的"绘图标准"改为"GB"，"尺寸"中的"箭头"改为"以尺寸高度调整比例"，单击"确定"按钮。

③ 插入模型视图。

④ 创建其他视图。

⑤ 插入模型项目。

⑥ 调整注释显示。

⑦ 插入焊件切割清单。右击轴测图，在弹出的快捷菜单中选择"表格"→"焊件切割清单"命令，在图纸空白处单击确定表格位置，单击"确定"按钮✔。

⑧ 编辑焊件切割清单。在 C 列上方单击选中该列，将其属性设置为如图 10-24 所示，单击"确定"按钮✔。

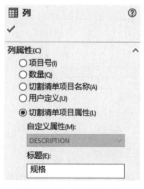

图 10-24　C 列属性

⑨ 插入焊接表。右击轴测图，在弹出的快捷菜单中选择"表格"→"焊接表"命令，在图纸空白处单击确定表格位置，单击"确定"按钮 ✔。

⑩ 插入零件序号。右击轴测图，在弹出的快捷菜单中选择"注释"→"自动零件序号"命令，使其靠左排列，调整序号按顺序显示。

（11）保存工程图文件。

习　　题

参照图 10-25 所示爬架的图片信息，创建其三维模型及工程图，尺寸自定。

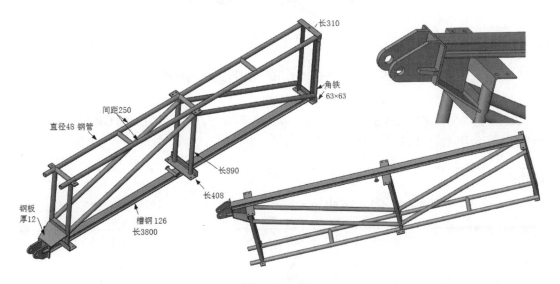

图 10-25　爬架

第11章　文件输入与输出

SOLIDWORKS 提供了与其他 CAD 软件系统，如 ProE/Creo、UG、SolidEdge、Inventor、AutoCAD 等进行数据交换的功能。本章重点介绍 SOLIDWORKS 与 AutoCAD 的数据交换。

11.1　文件的输入

输入文件的步骤如下。

（1）进入 SOLIDWORKS 系统，单击"打开"按钮，弹出"打开"对话框，如图 11-1 所示。

（2）单击"文件名"文本框右边的"文件类型"列表框，弹出 SOLIDWORKS 能够打开的文件类型，如图 11-2 所示。

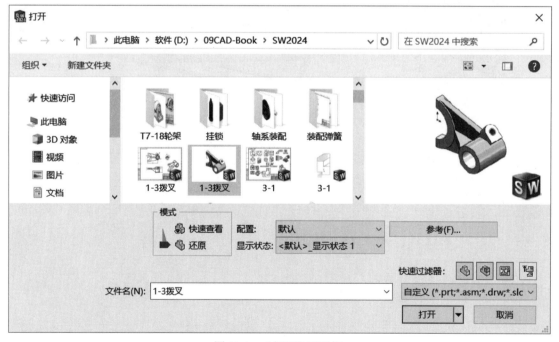

图 11-1　"打开"对话框

```
SOLIDWORKS 文件 (*.sldprt; *.sldasm; *.slddrw)    IDF (*.emn;*.brd;*.bdf;*.idb)
SOLIDWORKS SLDXML (*.sldxml)                       IFC 2x3 (*.ifc)
SOLIDWORKS 工程图 (*.drw; *.slddrw)                IGES (*.igs;*.iges)
SOLIDWORKS 装配体 (*.asm; *.sldasm)               JT (*.jt)
SOLIDWORKS 零件 (*.prt; *.sldprt)                  Lib Feat Part (*.lfp;*.sldlfp)
3D Manufacturing Format (*.3mf)                    Mesh Files(*.stl;*.obj;*.off;*.ply;*.ply2)
ACIS (*.sat;*.sab;.asat;*.asab)                    Parasolid (*.x_t;*.x_b;*.xmt_txt;*.xmt_bin)
Add-Ins (*.dll)                                    PTC Creo Files (*.prt;*.prt.*;*.xpr;*.asm;*.asm.*;*.xas)
Adobe Illustrator Files (*.ai)                     Rhino (*.3dm)
Adobe Photoshop Files (*.psd)                      Solid Edge Files (*.par;*.psm;*.asm)
Autodesk AutoCAD Files (*.dwg;*.dxf)               STEP AP203/214/242 (*.step;*.stp)
Autodesk Inventor Files (*.ipt;*.iam)              Template (*.prtdot;*.asmdot;*.drwdot)
CADKEY (*.prt;*.ckd)                               Unigraphics/NX (*.prt)
CATIA Graphics (*.cgr)                             VDAFS (*.vda)
CATIA V5 (*.catpart;*.catproduct)                  VRML (*.wrl)
DraftSight Files (*.dwg;*.dxf)                      所有文件 (*.*)
```

图 11-2　SOLIDWORKS 能够打开的文件类型

11.2　文件的输出

输出文件的步骤如下。

（1）在 SOLIDWORKS 零件模块中创建好零件，单击"保存"按钮■（或"另存为"按钮■），弹出"保存"对话框。

（2）单击"保存类型"列表框，弹出 SOLIDWORKS 能够保存的文件类型，如图 11-3 所示。

① 若是在工程图模块中，SOLIDWORKS 能够保存的文件类型如图 11-4 所示。

② 若是在装配体模块中，SOLIDWORKS 能够保存的文件类型如图 11-5 所示。

```
SOLIDWORKS 零件 (*.prt; *.sldprt)
SOLIDWORKS 2022 Part (*.sldprt)
SOLIDWORKS 2023 Part (*.sldprt)
3D Manufacturing Format (*.3mf)
3D XML For Player (*.3dxml)
ACIS (*.sat)
Additive Manufacturing File (*.amf)
Adobe Illustrator Files (*.ai)
Adobe Photoshop Files (*.psd)
Adobe Portable Document Format (*.pdf)
CATIA Graphics (*.cgr)
Dwg (*.dwg)
Dxf (*.dxf)
eDrawings (*.eprt)
Extended Reality (*.gltf)
Extended Reality Binary (*.glb)
Form Tool (*.sldftp)
HCG (*.hcg)
HOOPS HSF (*.hsf)
IFC 2x3 (*.ifc)
IFC 4 (*.ifc)
IGES (*.igs)
JPEG (*.jpg)
Lib Feat Part (*.sldlfp)
Microsoft XAML (*.xaml)
Parasolid (*.x_t;*.x_b)
Part Templates (*.prtdot)
Polygon File Format (*.ply)
Portable Network Graphics (*.png)
ProE/Creo Part (*.prt)
STEP AP203 (*.step;*.stp)
STEP AP214 (*.step;*.stp)
STL (*.stl)
Tif (*.tif)
VDAFS (*.vda)
VRML (*.wrl)
```

图 11-3　零件模块能够
保存的文件类型

```
SOLIDWORKS 工程图 (*.drw; *.slddrw)
SOLIDWORKS 2022 Drawing (*.slddrw)
SOLIDWORKS 2023 Drawing (*.slddrw)
Adobe Illustrator Files (*.ai)
Adobe Photoshop Files (*.psd)
Adobe Portable Document Format (*.pdf)
Dwg (*.dwg)
Dxf (*.dxf)
eDrawings (*.edrw)
JPEG (*.jpg)
Portable Network Graphics (*.png)
Tif (*.tif)
工程图模板 (*.drwdot)
```

图 11-4　工程图模块能够
保存的文件类型

```
SOLIDWORKS Part (*.prt;*.sldprt)
SOLIDWORKS 装配体 (*.asm; *.sldasm)
SOLIDWORKS 2022 Assembly (*.sldasm)
SOLIDWORKS 2023 Assembly (*.sldasm)
3D Manufacturing Format (*.3mf)
3D XML For Player (*.3dxml)
ACIS (*.sat)
Additive Manufacturing File (*.amf)
Adobe Illustrator Files (*.ai)
Adobe Photoshop Files (*.psd)
Adobe Portable Document Format (*.pdf)
Assembly Templates (*.asmdot)
CATIA Graphics (*.cgr)
Dwg (*.dwg)
Dxf (*.dxf)
eDrawings (*.easm)
Extended Reality (*.gltf)
Extended Reality Binary (*.glb)
HCG (*.hcg)
HOOPS HSF (*.hsf)
IFC 2x3 (*.ifc)
IFC 4 (*.ifc)
IGES (*.igs)
JPEG (*.jpg)
Microsoft XAML (*.xaml)
Parasolid (*.x_t;*.x_b)
Polygon File Format (*.ply)
Portable Network Graphics (*.png)
ProE/Creo Assembly (*.asm)
STEP AP203 (*.step;*.stp)
STEP AP214 (*.step;*.stp)
STL (*.stl)
Tif (*.tif)
VRML (*.wrl)
```

图 11-5　装配体模块能够
保存的文件类型

若保存其他类型的文件，需要进行设置。例如，将 SOLIDWORKS 的工程图保存成 dwg 文件。若要将 SOLIDWORKS 的字体转换到 AutoCAD 中，需要将字体类型设为"TrueType"。

11.3　用 dwg 文件制作三维模型

dwg 文件是 AutoCAD 的图形文件，它可以和多种文件格式相互转换，如 dxf、dwf 等。在 SOLIDWORKS 中，主要将 dwg 文件作为二维草图来转换三维模型。

SOLIDWORKS 提供了将二维草图转换到三维模型的功能，工具栏如图 11-6 所示。

前 7 个按钮是使所选草图绘制实体转换到三维零件时成为前视、上视、右视、左视、下视、后视和辅助视图草图。

> **注意**：在转换辅助视图时，必须在另一个视图中选择一条直线来指定辅助视图的角度。

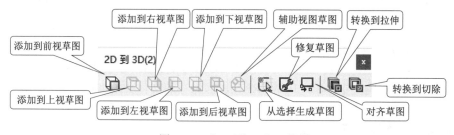

图 11-6　"2D 到 3D"工具栏

从选择生成草图：所选草图绘制实体成为新草图，用它可以提取草图，并在生成特征之前进行修改。

修复草图：用它可修复所选草图中的错误，使草图可用于拉伸或切除特征。典型的错误是重叠的几何体、小的间隙或聚集成一个单一实体的众多小断面。

对齐草图：在一个视图中选择的边线与在另一个视图中选择的边线对齐。选择的顺序很重要，先选择的草图边线与后选择的草图边线对齐。

转换到拉伸：从所选草图绘制实体拉伸特征，操作时不必选择完整的草图。

转换到切除：从所选草图绘制实体切除特征，操作时不必选择完整的草图。

> **注意**：二维草图转换到三维模型时，二维草图可以是输入的工程图，或者是在 SOLIDWORKS 中构建的草图，它们使用的都是零件文件中的单个草图。
>
> 虽然草图可以是输入的工程图，但是必须将它输入零件文件的一个草图中。可以从工程图文件中复制和粘贴工程图，或者将工程图直接输入零件文件的二维草图中。

1．基本转换流程

（1）在 SOLIDWORKS 中打开 AutoCAD 格式的文件。

（2）将 dwg、dxf 文件输入成 SOLIDWORKS 的草图。

（3）编辑草图。

（4）将草图中的各个视图转为前视、上视等草图，草图会自动折叠到合适的视角。

（5）对齐草图。在进行对齐操作时，必须遵循以下规则。

① 主要以侧视图、顶视图和辅助视图为操作对象，而不对正视图进行任何操作。

② 仅对草图的一个点、两个点或直线起作用。如果选择一个点，则系统默认此点与草图原点对齐；如果选择两个点、两条线或一个点、一条线，则第一个被选实体的草图会移动。

③ 选取的两个对齐对象必须和预绘制实体在同一个面上。

④ 先选取的对象为操作实体，即移动实体。

⑤ 如果工程图中有中心线，那么在对齐过程中先对其进行操作。

⑥ 在对齐过程中，应设置一个基准参照视图。

（6）拉伸基体特征。

（7）切除或拉伸其他特征。

2. 二维图纸准备工作

转换主要使用图形的轮廓线，所以在 AutoCAD 中，需要将二维图形按照 1∶1 的比例绘制在独立的层中，不要与文字、尺寸等混用同一个层。

> **注意**：输入 SOLIDWORKS 的 CAD 二维图形一定要注意比例，在单位统一的前提下（如都是"mm"），SOLIDWORKS 是严格按照输入的 CAD 图形转换为草图并生成模型的。

对于已经绘制好的图纸，可以把比例改为 1∶1，将各个视图按投影关系布置，并将中心线、标注线、剖面线等分别设置在各自独立的图层中。

在生成三维模型的特征时，各草图的轮廓一般是封闭的（曲面除外），所以在进行下一步操作之前，最好将拟用作草图的图线补画成封闭的，有确切的图线能够代表拟进行的拉伸或拉伸切除的深度。

3. 操作实例

下面利用如图 11-7 所示的托架图形（dwg 格式），介绍将二维图形转化为三维模型的方法。

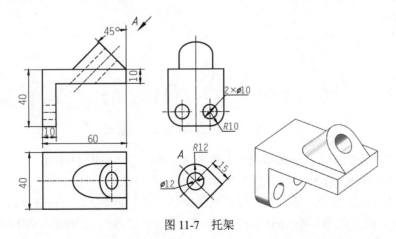

图 11-7　托架

（1）导入 dwg 文件。

① 进入 SOLIDWORKS 系统。

② 单击"标准"工具栏中的"打开"按钮，在"打开"对话框的"文件类型"列表框中选择"dwg"格式，并在所选项目清单中选取要进行操作的工程图文件，如图 11-8 所示。

③ 单击"打开"按钮，弹出"DXF/DWG 输入"对话框，引导用户进行文件输入。

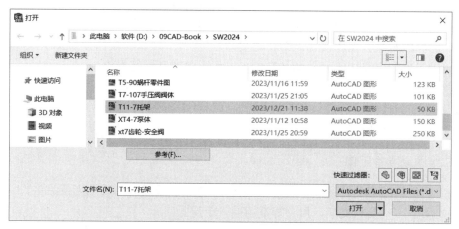

图 11-8 "打开"对话框

④ 单击"输入到新零件为"及其下的"2D 草图"单选按钮（见图 11-9），单击"下一页"按钮，进入"DXF/DWG 输入-文档设定"对话框。

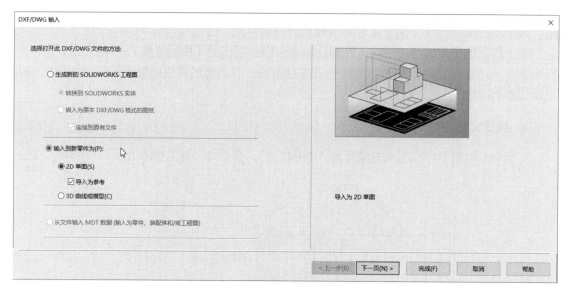

图 11-9 "DXF/DWG 输入"对话框

⑤ 单击"选定的图层"单选按钮，去除不需要的图层（见图 11-10），单击"下一页"按钮，进入"DXF/DWG 输入-工程图图层映射"对话框（见图 11-11）。

⑥ 单击"完成"按钮，结束工程图的调入操作。选定的图层在特征设计树中显示，在图形区域显示完整的工程图（输入图形均为蓝色显示），与此同时，系统进入草图绘制模式，"2D

到 3D"工具栏自动开启,如图 11-12 所示。

注:若配置不当,"Model"显示为不可编辑,此时右击 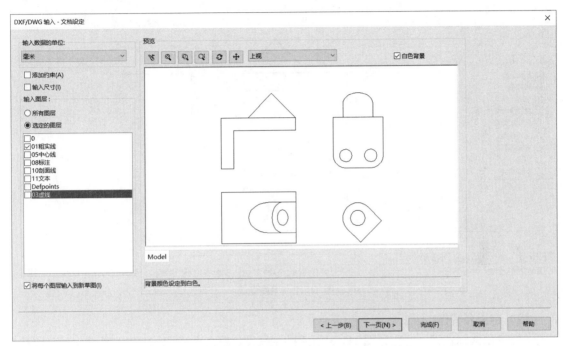 (-) Model 按钮,在弹出的快捷菜单中选择 制作编辑草图 (B) 选项即可。

图 11-10 "DXF/DWG 输入-文档设定"对话框

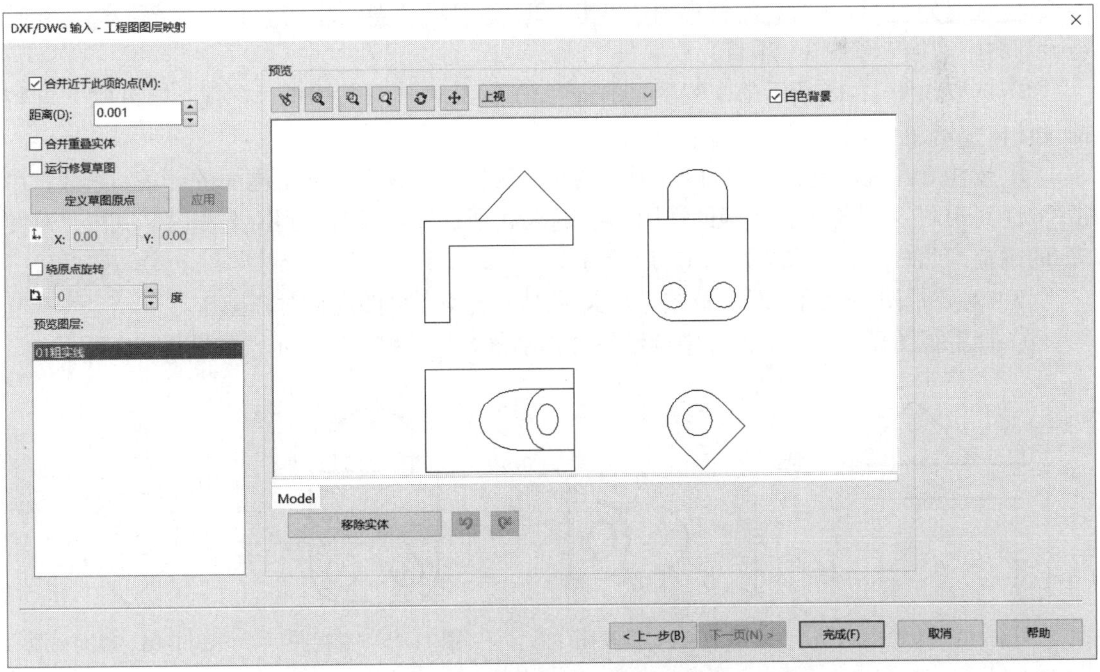

图 11-11 "DXF/DWG 输入-工程图图层映射"对话框

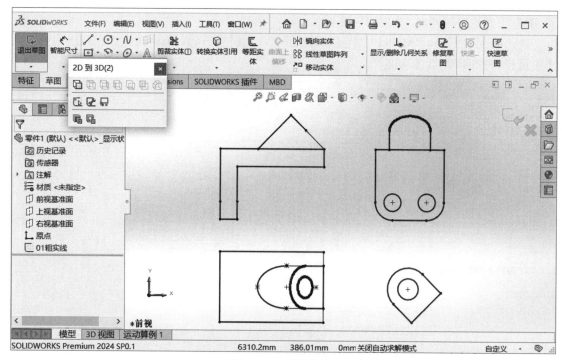

图 11-12　系统状态

（2）定义各视图。

① 按住鼠标左键，框选如图 11-13 所示的主视图，单击"2D 到 3D"工具栏中的"前视"按钮 ⬚，此时被选草图由蓝色变为灰色，并且特征设计树中增加"草图 2"项目。

② 选取如图 11-14 所示的俯视图，单击"2D 到 3D"工具栏中的"上视"按钮 ⬚，在特征设计树中增加"草图 3"项目。

③ 选取如图 11-15 所示的左视图，单击"2D 到 3D"工具栏中的"左视"按钮 ⬚，在特征设计树中增加"草图 4"项目。

④ 按住 Ctrl 键，选取如图 11-16 所示的辅助视图及主视图中右上端面的一条斜线段，单击"2D 到 3D"工具栏中的"辅助视图"按钮 ⬚，所选图形就对齐到所选线段，完成"草图 5"的确定，此时，显示状态如图 11-17 所示。

（3）对齐视图。使用"对齐草图"工具 ⬚ 对上述 4 个草图进行对齐操作。

① 调整视图显示。按下鼠标中键滚轮并拖动鼠标，调整视图显示，如图 11-18 所示。

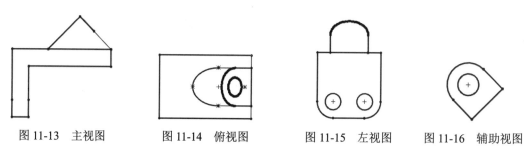

图 11-13　主视图　　图 11-14　俯视图　　图 11-15　左视图　　图 11-16　辅助视图

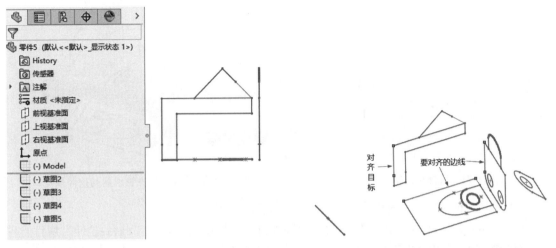

图 11-17　定义 4 个草图后的系统状态　　　　图 11-18　调整后的视图显示

② 先选取俯视图中的后边线（要对齐的边线），按住 Ctrl 键，再选取主视图中的左边线（对齐目标），如图 11-18 所示，单击"2D 到 3D"工具栏中的"对齐草图"按钮🖳，对齐主、俯视图。

③ 先选取左视图中的后边线（要对齐的边线），按住 Ctrl 键，再选取主视图中的左边线（对齐目标），如图 11-18 所示，单击"2D 到 3D"工具栏中的"对齐草图"按钮🖳，对齐主、左视图。

④ 先选取辅助视图中的圆心点，按住 Ctrl 键，再选取主视图右上端面斜线段的中间点（见图 11-19），单击"对齐草图"按钮🖳，使辅助视图与主视图对齐。

⑤ 单击图形区取消点的选择，先选取辅助视图中的右下点，按住 Ctrl 键，再选取左视图上的点 2（见图 11-20），单击"对齐草图"按钮🖳，使辅助视图与左视图对齐。

⑥ 单击确认角中的"确认"按钮↩，结束草图绘制。

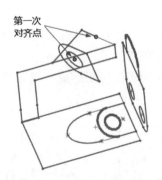

图 11-19　辅助视图与主视图对齐

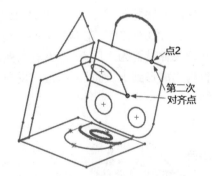

图 11-20　辅助视图与左视图对齐

（4）拉伸。

① 按住 Ctrl 键并选取主视图的 L 形外轮廓，如图 11-21 所示，封闭的线段表示拉伸的实体面。

② 单击"2D 到 3D"工具栏中的"转换到拉伸"按钮🖫，设置"凸台-拉伸"属性管理器如图 11-22 所示，单击左视图上的前左上端点，单击"确定"按钮✔，完成拉伸 1 特征的绘制。

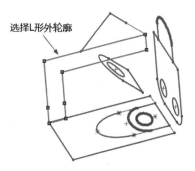

图 11-21　选择拉伸轮廓

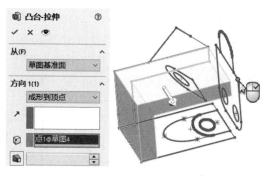

图 11-22　"凸台-拉伸"属性管理器与拉伸预览

③ 按住 Ctrl 键并选取辅助视图的 U 形外轮廓，如图 11-23 所示。

④ 单击"2D 到 3D"工具栏中的"转换到拉伸"按钮 🔲，显示"凸台-拉伸"属性管理器，将开始条件设置为"顶点"，单击主视图上的斜端面线与中心线的交点，如图 11-24 所示，将终止条件设置为"成形到下一面"，单击"确定"按钮 ✔，完成拉伸 2 特征的绘制。

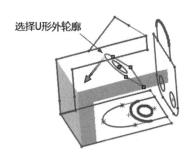

图 11-23　选择斜凸台拉伸轮廓

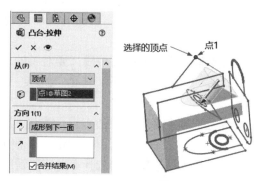

图 11-24　"凸台-拉伸"属性管理器与拉伸预览

（5）切除孔。

① 选择辅助视图中的圆，如图 11-25 所示（切除斜孔）。

② 单击"2D 到 3D"工具栏中的"转换到切除"按钮 🔲，显示"切除-拉伸"属性管理器，将开始条件设置为"顶点"，单击主视图上的斜端面线的中点，如图 11-26 所示，将终止条件设置为"成形到下一面"，单击"反向"按钮 🔁 后单击"确定"按钮 ✔，完成切除 1 特征的绘制。

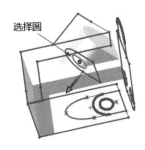

图 11-25　选择辅助视图中的圆

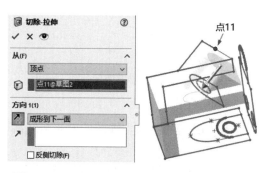

图 11-26　"切除-拉伸"属性管理器与切除预览

③ 调整视图显示。按住 Ctrl 键并选取左视图中的两个圆，如图 11-27 所示。

④ 单击"2D 到 3D"工具栏中的"转换到切除"按钮，显示"切除-拉伸"属性管理器，如图 11-28 所示，将终止条件设置为"完全贯穿"，单击"反向"按钮后单击"确定"按钮，完成切除 2 特征的绘制。

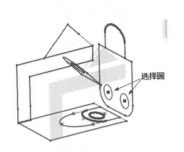

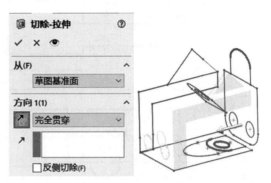

图 11-27　选择左视图中的两个圆　　　　　　图 11-28　"切除-拉伸"属性管理器与切除预览

（6）切除圆角。

① 选择左视图中的前下圆弧，如图 11-29 所示（切除圆角）。

② 单击"2D 到 3D"工具栏中的"转换到切除"按钮，显示"切除-拉伸"属性管理器，勾选"方向 1"中的"反侧切除"复选框，如图 11-30 所示，单击"确定"按钮，完成切除 4 特征的绘制。

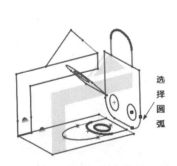

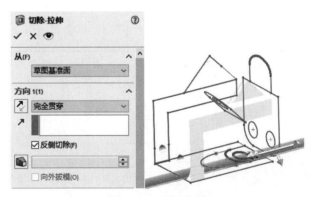

图 11-29　选择左视图中的前下圆弧　　　　　　图 11-30　圆角切除

③ 同理，切除出 L 板后下方的圆角。

（7）隐藏草图，结果如图 11-7 实体部分所示。

（8）保存文件。

习　　题

将图 11-31 用 dwg 格式绘制出来，并转化为三维模型。

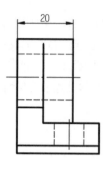

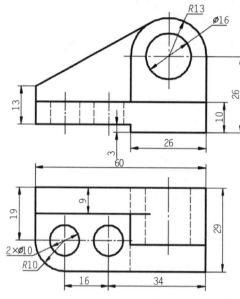

图 11-31　习题图

参 考 文 献

[1] 赵秋玲，周克媛，曲小源．SOLIDWORKS 2006 产品设计应用范例[M]．北京：清华大学出版社，2006．

[2] 曹岩，赵汝嘉．SOLIDWORKS 2006 工程应用教程·精通篇[M]．北京：机械工业出版社，2006．

[3] 曹岩，池宁骏．SOLIDWORKS 2007 产品设计实例精解[M]．北京：机械工业出版社，2007．

[4] 田东．SOLIDWORKS 2005 三维机械设计[M]．北京：机械工业出版社，2006．

[5] 林翔，谢永奇．SOLIDWORKS 2004 基础教程[M]．北京：清华大学出版社，2004．

[6] 戴向国，于复生，李方义，等．SOLIDWORKS 2003 基础教程[M]．北京：清华大学出版社，2004．

[7] 魏峥．三维计算机辅助设计 SOLIDWORKS 实用教程[M]．北京：高等教育出版社，2006．

[8] 高广镇，田东，段辉．SOLIDWORKS 2008 机械设计一册通[M]．北京：电子工业出版社，2009．

[9] 关鼎，肖平阳．SOLIDWORKS 三维造型典型实例教程[M]．北京：机械工业出版社，2006．

[10] DS SOLIDWORKS 公司，陈超祥，叶修梓．SOLIDWORKS 高级教程简编[M]．北京：机械工业出版社，2011．

[11] 刘朝儒，吴志军，高政一，等．机械制图[M]．北京：高等教育出版社，2006．

[12] 许纪旻，高政一，刘朝儒．机械制图习题集[M]．北京：高等教育出版社，2006．

[13] 赵建国，田辉，牛红宾．画法几何及机械制图[M]．2 版．北京：机械工业出版社，2022．

[14] 赵建国，何文平，段红杰，等．工程制图[M]．3 版．北京：高等教育出版社，2018．

[15] 赵建国，邱益．AutoCAD2023 快速入门与工程制图[M]．北京：电子工业出版社，2023．